高等职业教育“十四五”规划教材
中国特色高水平高职专业建设计划成果
现代农业装备应用技术专业群系列教材

现代农业机械装备

徐　云　主编

中国农业大学出版社
·北京·

内 容 简 介

《现代农业机械装备》较全面地介绍了农业机械装备的用途、基本构造、工作过程及其应用。内容包括现代农业生产中使用的动力机械和作业机械中的耕整地机械、播种与栽植机械、田间管理机械及联合收获机械，以及其他作业机械中的谷物干燥机械，农副产品加工机械，园林、果树机械和畜牧机械，最后还有部分现代化的智能机械。此外，书中还介绍了典型农业机械的结构特点和正确使用等内容。本书作为现代农业装备专业以及相关专业学生的教学用书，帮助学生了解农业生产过程中应用的农业机械装备的种类和功能，为后续专业课程的学习奠定基础。

图书在版编目(CIP)数据

现代农业机械装备 / 徐云主编 . -- 北京 : 中国农业大学出版社, 2025. 6. -- ISBN 978-7-5655-3476-8

Ⅰ. S22

中国国家版本馆 CIP 数据核字第 2025RV4917 号

书　　名　现代农业机械装备

作　　者　徐　云　主编

策划编辑　许晓婧　张秀环　　**责任编辑**　许晓婧

封面设计　李尘工作室

出版发行　中国农业大学出版社

社　　址　北京市海淀区圆明园西路 2 号　　**邮政编码**　100193

电　　话　发行部 010-62733489,1190　　读者服务部 010-62732336

编辑部 010-62732617,2618　　出　版　部 010-62733440

网　　址　http://www.caupress.cn　　**E-mail**　cbsszs@cau.edu.cn

经　　销　新华书店

印　　刷　北京溢漾印刷有限公司

版　　次　2025 年 6 月第 1 版　　2025 年 6 月第 1 次印刷

规　　格　185 mm×260 mm　　16 开本　　14.75 印张　　360 千字

定　　价　45.00 元

图书如有质量问题本社发行部负责调换

编审人员

主　编　徐　云

副主编　汪振凤　徐云超

参　编　（按姓名笔画排序）

马　君　尹大庆　牟金库

审　稿　杜长征

前　　言

党的二十大报告为我们描绘了二〇三五年的宏伟蓝图：经济、科技、综合国力将实现大幅跃升，现代化经济体系将全面建成，新发展格局也将逐步形成，新型工业化、信息化、城镇化、农业现代化将基本实现。报告特别强调，要全面推进乡村振兴，坚持农业农村优先发展，加快建设农业强国，扎实推动乡村在产业、人才、文化、生态、组织等各方面全面振兴，并要强化农业科技和装备支撑，确保中国人的饭碗牢牢端在自己手中。农业机械化作为农业现代化的关键支撑，对于推动农业高质量发展、实现乡村振兴具有重要意义。在此背景下，我们编写了《现代农业机械装备》这本教材，旨在传递农业机械化的最新技术，培养适应现代农业发展的高素质技术技能型人才。

一、立足农业长远发展规划，助力乡村振兴和农业机械化发展

乡村振兴战略的实施，要求我们必须加快农业机械化步伐，提高农业生产效率，降低农业生产成本，促进农民增收。农业机械化发展作为推动农业现代化的关键力量，主要体现在以下几个方面：

1. 提高农业生产效率。现代农业机械装备具有高效、节能、环保等特点，能够显著提高农业生产效率，减轻农民劳动强度，为乡村振兴提供有力支撑。

2. 促进农业产业结构调整。农业机械化的发展，有助于推动农业产业结构优化升级，发展特色农产品，提高农业附加值。

3. 改善农业生产条件。农业机械化水平的提高，有利于改善农业生产条件，提高土地利用率，促进农业可持续发展。

4. 增强农业抗风险能力。现代农业机械装备能够在一定程度上抵御自然灾害，降低农业风险，保障国家粮食安全。

本教材紧密结合我国农业生产实际，系统介绍了现代农业机械装备的结构、工作原理及应用技术，旨在为培养现代农业应用技术人才提供有力支持。

二、聚焦职业教育发展，凸显教材特点及目标

1. 实践性。职业教育注重实践能力的培养，本教材紧密结合农业生产实际，以案例分析、实训操作等形式，提高学生的实践操作能力。

2. 应用性。本教材以现代农业机械装备为载体，注重理论知识与实际应用相结合，培养学生解决实际问题的能力。

3. 针对性。针对现代农业应用技术专业群人才培养需求，本教材精选内容，突出重点，提高教学效果。

通过本教材的学习，学生可以了解现代农业机械装备的发展现状、趋势及关键技术，培养

学生掌握现代农业机械装备的操作、维护和管理能力，为乡村振兴输送高素质技术技能人才，推动农业现代化的发展。

《现代农业机械装备》教材包括绪论、动力机械、作业机械、其他农业机械四个组成部分，可作为农机专业及农学、园林和农经等涉农专业的专业基础课程的教材，教学过程中可以根据专业人才培养方案及教学计划适当选用教学内容，学习时长以30～40学时为宜。希望能够为广大师生提供有益的参考，为我国现代农业应用技术专业群人才培养和农业机械化事业发展贡献力量。

参加本教材编写的人员有：黑龙江农业工程职业学院徐云（绪论、项目四、五、六、七、八）、黑龙江农业工程职业学院汪振凤（项目一、二、三）、黑龙江农业工程职业学院徐云超（项目九、十、十三）、东北农业大学尹大庆（项目十一）、黑龙江农业机械工程科学研究院马君（项目十二）、凯斯纽荷兰工业（哈尔滨）机械有限公司牟金库（项目二、七、十二）。黑龙江农业工程职业学院徐云担任主编，负责全书的统稿、定稿工作，黑龙江农业工程职业学院杜长征教授担任主审，负责审稿工作。

本书在编写过程中参阅了有关文献，也得到了编者所在单位和出版社的大力支持和帮助，在此一并表示诚挚的谢意。

由于编者水平有限，同时农机技术内容广泛，发展迅速，书中难免存在不当之处，恳请读者批评指正。

编　者

2025年1月

目　　录

第三篇　其他农业机械

绪　论

一、农业机械的概念与作用

现代的农业生产包含了种植业、养殖业、加工业、运输业等多种行业和产前、产中、产后等多个环节。从广义上来讲，用于农业生产的机械设备统称为农业机械，其包括动力机械和作业机械（即农机具）两大类。动力机械如内燃机、拖拉机、电动机等为作业机械提供动力；作业机械如播种机、深松机、脱粒机等直接完成农业生产中的各项作业。多数的动力机械与作业机械通过一定的方式连接起来，形成作业机组，进行移动性作业，如耕地机组、播种机组等；有些动力机械与作业机械是通过一定的传动方式固定安装，进行固定性作业，如排灌机组、脱粒机组等；也有些作业机械与动力机械设计制造成为一个整体，如联合收获机等。

农业机械化，简单地说就是用机械设备代替人、畜力进行农业生产的各项作业，实现“优质、高效、低耗、安全”的农业生产。农业机械化既是农业现代化的重要组成部分，也是农业现代化的基础。农业机械在现代化农业生产中具有十分重要、不可替代的作用。

1. 保证农业增产措施的实现，促进农业增产增收

首先，利用农业机械能保证农业增产措施的实现。如利用深松机进行深耕深松，增加单位面积产量；用免耕播种施肥机等进行少耕和免耕，防止水土流失、跑墒；采用精密播种联合作业机组一次完成整地、施肥、精播、压密和施除草剂，减少机组进地次数，节省种子和增产；用水泵进行排灌，以及用喷灌、滴灌系统进行适时适量的灌溉，以保证大幅度增产等。其次，利用农业机械能大规模地、迅速地扩大耕地面积。开垦荒地、整治黄土沟壑区、沙荒干旱区、低洼易涝盐田区和建设山区、牧区、林区和滩涂等工作必须利用功率较大的拖拉机和农机具。

2. 抵御自然灾害，减少农业损失

农业生产中自然灾害如旱灾、涝灾、病虫害、低温冷灾等频繁发生。特别是我国干旱、半干旱面积大，旱涝灾害时常发生。只有利用农业机械，才能有效地抵御自然灾害，减少农业损失。如利用大功率、大管径水泵排除洪涝，利用灌溉机械设备进行灌溉以防止旱灾；利用飞机在低空喷洒农药和除草剂大面积防治病虫草害；采用人工降雨以避免局部地区旱灾；利用大型收割机和联合收获机等及时收获稻、麦，减少谷粒损失，用烘干机具干燥农产品以防霉变质等。

3. 提高劳动生产率

利用农业机械，一个农业劳动力每年、每天的生产效率可以比用人、畜力提高几倍甚至几十倍。在作业高峰时期采用农业机械能大大地提高劳动生产率，并腾出更多的人力从事其他事业，促进农村经济的全面发展，提高农民的收入水平。

4. 降低农业生产成本

使用农业机械保证了增产措施的实现，抗御了自然灾害，因此能大幅度地增加农畜产品的产量。同时也能提高劳动生产率，降低生产成本。另外，农畜产品质量的提高，也相应地降低了生产成本。

5. 减轻劳动强度和改善劳动条件

农业生产具有很强的季节性，传统的人工作业劳动强度大、作业条件差。在生产中使用农业机械，可以大大改善劳动条件，减轻劳动强度，从而把农民从繁重的体力劳动中解放出来。因此，在生产中使用农业机械，是农业发展的需要，也是广大农民的意愿。

二、农业机械的特点与种类

（一）农业机械的特点

（1）农业机械的工作对象如种子、作物、土壤、肥料、农药等物料的物理机械性能比较复杂，作业质量和效果又直接影响作物的收成；农业生产的周期较长，每个作业环节的失误将造成不可挽回的损失。因此，农业机械首先必须具有良好的工作性能，能适应各种物料的特性，满足各项作业的农业技术要求，保证农业增产丰收。其次，农业机械必须和农艺紧密结合，并随农艺的发展而发展。

（2）农业生产过程包括许多不同的作业环节，同时各地自然条件、作物种类和种植制度等又有较大的差异，这就决定了农业机械的多样性和区域性。另外，农业机械必须因地制宜，能满足不同地区、不同作物和不同作业的要求，应具有良好的适应性。

（3）农业生产季节性很强，有些作业的季节很短，有的甚至只有几天的时间，因而农业机械的使用也具有很强的季节性，必须工作可靠，有较高的生产率，并能适应作业季节的气候条件。

（4）农业机械大多在野外工作，工作环境和条件较差，因而农业机械应具有较高的强度和刚度，有较好的耐磨、防腐、抗震等性能，有良好的操纵性能，有必要的安全防护设施。

（5）农业机械的使用对象是农民，不像工业工人那样有较细的专业分工和固定的岗位，而是要在农业生产的不同环节，使用各种不同的机械进行各种不同的作业，因而农业机械的使用维护应尽可能简单方便。

（6）农业机械涉及面广，工作量大，农机产品必须经济实用，并尽量提高综合利用程度。

（二）农业机械的种类和型号

农业机械种类繁多，可分为动力机械与作业机械（农机具）。动力机械包括柴油机、汽油机、拖拉机、汽车、农用运输车、电动机、风力机等；作业机械包括土壤耕作机械、种植与施肥机械（含育苗移栽机械）、田间管理和植物保护机械、收获、脱粒与清选机械、谷物干燥与种子加工机械、农田排灌机械、农产品加工机械、畜牧机械、水产养殖机械、园艺与园林机械等。

根据我国《农机具产品编号规则》标准的规定，农机具定型产品除了有牌号和名称外，还应按统一的方法确定型号。型号由三部分符号和数字组成，分别表示产品的类别、特征和主参数。

1. 类别代号

由用数字表示的分类号和用字母表示的级别号组成。分类号共有 10 个，用阿拉伯数字表示，分别代表 10 类不同的机具。组别号用产品基本名称的汉语拼音的第一个字母表示。如“L”表示犁，“B”表示播种机，“G”表示收割机等。

2. 特征代号

用产品特征汉语拼音的一个主要字母表示，如牵引用“J”，半悬挂用“B”，液压用“Y”，联合用“L”，通用用“T”，排肥用“P”等。

3. 主参数

用产品的主要结构或性能参数表示。如犁用铧数和每个犁体耕幅的厘米数表示；收割机一般用割幅的米数表示；脱粒机一般用滚筒长度的毫米数表示等。

三、国内外农业机械技术的发展

从农业生产出现到现在，世界和中国都发生了巨大的变化。发达国家农业劳动生产率提高的根本原因是实现了农业机械化、集约化生产。进入20世纪90年代，发达国家的农业机械产品更加多样化、性能更可靠。计算机、机电一体化、自动化等高新技术的应用，使农业机械作业更加精确化，更能满足人们使用的方便性、安全性与舒适性要求。发达国家农业机械在产品品种与技术水平及质量上有较大的技术进步，其发展趋势主要表现在以下方面。

(1)适应农业可持续发展，保护农业生态环境与提高农业资源(水、肥、种、农药、土壤及能源等)利用率的技术与装备将得到进一步发展。节能型动力与机械，节水灌溉设备，精量播种、施肥、施药机械，复式联合作业机，保护农业生态的低污染(低排放、低噪声、低振动)动力与农业机械均将有较快发展。

(2)农产品的工业化、工厂化生产技术与设备，尤其是特种畜禽及水产品的工厂化高效养殖设备，蔬菜、花卉等高价值作物生产所需的设施农业技术装备，畜禽与水产品生产废弃物无害化处理与综合利用技术与装备等有较大突破，高品质、更接近天然的畜禽与水产品饲养技术与装备将有所发展。

(3)高新技术在农业机械上的应用将更加广泛。例如，信息技术、计算机机器视觉技术、生物技术、微电脑与空间技术、机电一体化、农业机器人等，特别是农业生产专家系统与基因工程的应用，使农产品生产更接近人们预期的品质。

(4)农产品的精深加工及其副产品的高价值的综合利用将继续快速发展。特别是功能食品、营养食品、快捷食品和保健食品等加工成套设备将在不断满足人生活需求的过程中获得新的发展。

(5)高度重视农业机械的产品质量与标准化、通用化、系列化，提高企业产品的市场竞争力。为了确保产品质量，产品设计普遍采用CAD及可靠性设计，采用先进的制造技术如激光自动切割机、自动焊接机器人等，加强装机前零部件的质量检测、性能试运转以及整机空运转与可靠性试验，达到质量标准才出厂。

(6)提高农业机械使用的安全性、舒适性和操作的方便性。如拖拉机设置安全防护架，防止翻车时对驾驶员的伤害；拖拉机和联合收获机安装密封良好、隔尘、隔热、隔噪声的空调驾驶室，故障报警系统，机具作业量自动记录系统；农业机械上采用机械、微电脑、液(气)压一体的高新技术，以提高操作的方便性。

我国目前农业机械化的发展突破了依靠国家、集体投资兴办农业机械化的模式，形成了多种所有制经济共同发展的新格局，调动了广大农民购买、经营和使用农业机械的积极性，加速了农业机械化的发展。农机企业能生产拖拉机、内燃机、耕作机械、植保机械、排灌机械、收获机械、畜牧机械、农业运输机械、渔业机械、设施农业装备、小农具、农副产品加工机械等16大类103类4 000余个品种的农业机械产品，基本上能够满足市场的需求。此外，中型功率轮式拖拉机及配套农机具、小型自走式联合收割机、小型碾米和制粉加工机组等农机产品已经出口北美、南美、东南亚及非洲的许多国家。

我国农机工业虽有巨大发展，但面对21世纪实现农业现代化的需要和全球经济一体化的挑战，尚有许多差距。主要体现在：农业机械新产品研制、开发落后，产品品种与质量不能满足农业生产和农民急需；农机企业整体水平低，影响产品质量和水平的进一步提高；以农机企业为主导的销售和售后服务体系尚未形成，影响了农机产品的进一步发展和市场占有率的扩大；市场管理混乱、企业无序竞争影响了农机工业的健康发展。

面对新的机遇与挑战，我们应该加强研究国内外市场需求，加强技术创新，加快农业机械新产品的开发。具体体现在以下几个方面。

(1)适度规模经营所需主要粮食和经济作物生产的关键技术与设备。如水稻工厂化育秧、栽植、收获机械，玉米育苗移栽、收获机械，大田作物间作套种成套机械，棉花、油料等主要经济作物种植、收获、产后加工机械与运输机械等。

(2)农业可持续发展及农业资源高效利用所需的低污染、节能型内燃机、拖拉机；机械化旱作节水农业成套机械；无污染、低污染病虫害防治技术与设备；化肥深施机械；先进高效的节水灌溉技术与设备；适应西部大开发战略及生态建设要求的坡耕地退耕还草、还林所需的牧草种植、营林与护林用机械等。

(3)禽及经济动物集约化、工厂化成套饲养设备，大型饲料加工成套技术与装备；设施农业生产技术与装备，如低污染、小动力耕作、种植、收获机械及温室环境因子自动控制设备；水产养殖、捕捞与深加工、保鲜、运输设备等。

(4)农业产业化经营及农产品精深加工、贮藏、保鲜、运输、分级与包装设备等。

(5)跟踪世界农业机械技术发展动向，采用高新技术，逐步实现农业机械作业的精确化、高效化与自动化；重点研究机电液一体化、微电脑技术、航空航天技术在农业机械上的应用。发展精细农业，不断提高农业机械自动监控水平以及舒适性与安全性。

四、本课程的任务、内容和要求

(一)本课程的任务

农业机械概论是专业基础课程，其任务是：

(1)让学生了解农业机械与农业机械化的基本概况，熟悉和掌握农业机械的基本构造、功用与工作性能。

(2)了解农业机械的基本使用要求，能够根据农艺要求进行正确地选用、使用与调整。

(3)使学生掌握必要的农业机械基础知识，将来能够组织农业现代化生产，科学地进行农业管理，最大限度地发挥农业机械的作用，取得最佳经济效果。

本门课程主要讲授农业生产过程中常用的动力机械和作业机械的主要构造、功用和性能，以及正确使用和合理运用的方法。

(二)本课程的内容

农业机械概论课程的内容范围很广，主要包括以下几个方面。

1. 动力机械

农用动力包括了人力、畜力、水力、风力和动力机械等。动力机械包括柴油机、汽油机、电动机、拖拉机、农用运输车辆、风力机等，其功用是为作业机械提供动力。

2. 作业机械(农机具)

根据农业生产的行业与生产环节的不同，作业机械的种类繁多，其分类方法也不相同。常见的分类方法是按农业生产的行业或环节分类，如农田作业机械、场上作业机械、农产品加工机械、农业运输机械、林业机械、果树机械、畜牧机械、水产养殖机械等。

农田作业机械包括耕地、整地、播种、栽植、中耕、施肥、植保、保护地、排灌、农作物及果蔬的收获机械。

场上作业机械包括谷物脱粒、清选及干燥设备和机械。

农产品加工机械包括制米、磨面及果蔬的加工、保鲜设备和机械。

园林、果树机械包括育苗机械、挖坑机械、植树机械、整形修剪机械。

畜禽、水产养殖机械包括饲料加工机械、畜禽饲养机械和水产养殖机械。

(三)本课程的教学要求

本课程要在拓宽专业知识面的基础上，给学生奠定学习后续专业课程的基础，教会学生综合应用所学知识分析解决实际问题的一般方法。

农业机械概论的内容非常丰富，由于课时所限，课堂讲授只能是少数常用的典型机械，对于其他农业机械的类似问题，要求学生通过自学、参观、阅读参考书、多媒体课件及网络教材等形式，自学掌握。

本课程的教学环节包括课堂讲授、实训实践、自学、社会调查、课堂讨论等，各学校可以在达到教学大纲要求的前提下，因地制宜、因校制宜地组织实施。组织教学要注意以下几个问题。

(1)我国幅员辽阔，各地农业生产条件相差很大，所使用及适用的农业机械不尽相同，而本教材是按“全面、精炼”的原则讲述一般性规律。所以在掌握本书主要内容的前提下，各校可根据具体情况，教学过程中安排一些当地有代表性的机具，做到举一反三，融会贯通。

(2)本课程是一门与生产实际联系很强的专业基础课，要注意“精讲多练”，理论联系实际，农业机械的结构和工作过程可通过实践实训加深认识。

(3)本课程包含了较全面的农业机械的基本知识，教学内容的安排和重点的选择要结合学生的专业特点和农业生产实际。另外，从农业生产的发展和培养学生适应能力的角度考虑，一定要处理好教学内容的重点、深度及广度几方面的关系。

本门课程除课堂讲授外，必须保证实践教学环节，建议实践教学环节的学时应不少于该门课程的1/3。

第一篇　动力机械

动力装置是驱动各类农业机械行驶和工作的动力源，是把其他形式的“能”转变为“机械能”的装置。根据能量转换形式的不同，动力装置可分为热力式、电力式、水力式和风力式等。

热力发动机是把燃料燃烧时所产生出的热能转变成机械能的装置。热力发动机可分为内燃发动机和外燃发动机两种，简称内燃机和外燃机。内燃机燃料的燃烧是在发动机汽缸内部进行的，最常用的内燃机有汽油机和柴油机两种。内燃机由于具有结构紧凑、轻便、热效率高及起动性好等优点，因此在无电源供应的固定式或移动式的农业作业机械上被普遍采用。

电动机是将电能转变为机械能的装置。由于结构简单、使用方便，故在有电源供应的地方，固定式或移动速度慢、移动距离短的作业机械上一般常用电动机作原动力。

风力机是把风能转变为机械能的一种动力机械，也称作风动机或风车。风力机可以进行多种作业。目前，我国主要用于提水和发电，其他许多作业也可以全部或部分地用风力机来完成，如风力脱谷、磨面、碾米、粉碎、增氧（水产养殖用风力增氧机）等。

项目一　内燃机

内燃发动机（简称内燃机）是热力发动机的一种，它是将液体或气体燃料与空气混合直接输入汽缸内部燃烧产生热量，然后转变为机械能的机器。而另一种燃料在汽缸外部的锅炉内燃烧，将水加热产生的水蒸气送进汽缸内部使热能转变为机械能的机器称为外燃机。

内燃机热效率高、体积小、起动性好、移动方便，除了在交通运输车辆上广泛应用外，也是农业、林业及园林生产作业机械的首选动力机械。

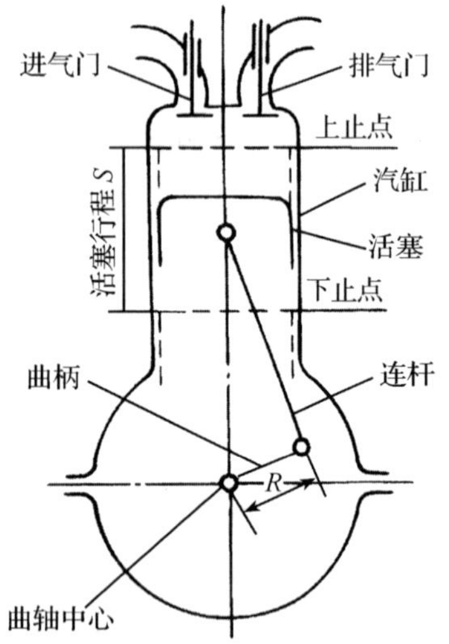

图 1-1　内燃发动机示意图

图 1-1 为内燃发动机的示意图。活塞在圆筒形汽缸内做上下往复运动，并通过连杆与曲轴相连。活塞顶部离曲轴中心最远处，即活塞最高位置，称为上止点。活塞顶部离曲轴中心最近处，即活塞最低位置，称为下止点。上、下止点之间的距离 S 称为活塞行程，曲轴与连杆下端的连接中心至曲轴中心的距离称为曲柄半径，活塞行程 S 等于曲柄半径 R 的 2 倍。

活塞从上止点运行到下止点所扫过的容积称为汽缸工作容积或汽缸排量。多缸发动机各汽缸工作容积的总和，称为发动机工作容积或发动机排量。活塞在下止点时，其顶部以上的容积称为汽缸总容积。当活塞在上止点时，其顶部以上的容积称为燃烧室容积。压缩前汽缸中气体的最大容积与压缩后的最小容积之比称为压缩比。

压缩比表示气体在汽缸中被压缩的程度。压缩比越大，表示气体在汽缸中被压缩得越厉害，压缩终了时气体的温度和压力就越高。柴油机的压缩比一般为 16～20；汽油机的压缩比一般为 6～9。

内燃机工作时要经历进气、压缩、做功、排气四个过程。每完成这四个过程一次叫一个工作循环。四行程内燃机曲轴需旋转两周，活塞经过四个行程才能完成一个工作循环。图 1-2 所示为单缸四行程柴油机的工作过程。

（1）进气行程　曲轴旋转第一个半周，经连杆带动活塞从上止点向下止点运动，使汽缸内产生真空吸力。此时进气门打开，排气门关闭，新鲜空气被吸入汽缸。进气终了时，进气门关闭（图 1-2a）。

（2）压缩行程　曲轴旋转第二个半周，带动活塞从下止点向上止点运动，此时进、排气门都关闭。汽缸内气体受到压缩，压缩终了时，汽缸内的温度和压力远远大于进气终了时的温度和压力（图 1-2b）。

（3）做功行程　压缩行程临近终了，活塞在上止点前 10°～35°曲轴转角时，喷油器用高压将柴油以雾状喷入汽缸，与被压缩的高温空气相混合而自行着火燃烧。此时进、排气门都关闭，汽缸内的温度和压力急剧升高。高温高压气体推动活塞迅速向下运动，通过连杆带动曲轴旋转第三个半周。当活塞到达下止点时，做功行程结束（图 1-2c）。

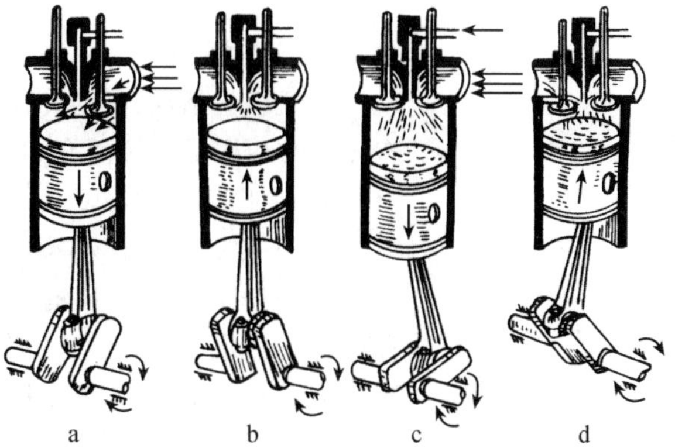

图 1-2 单缸四行程柴油机的工作过程

a. 进气行程 b. 压缩行程 c. 做功行程 d. 排气行程

(4)排气行程 曲轴旋转第四个半周,带动活塞从下止点向上止点运动。此时排气门打开,进气门关闭,燃烧后的废气随活塞上行被排出汽缸之外(图 1-2d)。

排气行程结束后,曲轴依靠飞轮转动的惯性仍继续旋转,上述各过程又重复进行。

多缸内燃机具有两个以上的汽缸,各缸的做功行程以相同的时间间隔交替进行,可使曲轴较均匀地旋转,并可采用较小的飞轮。在拖拉机上普遍采用四缸内燃机,曲轴每转两周,四个汽缸按工作顺序轮流做功一次,各缸依次完成一个工作循环。其工作顺序有 1-3-4-2 和 1-2-4-3 两种,其中以 1-3-4-2 为最多。

任务一 曲柄连杆机构与机体零件

一、曲柄连杆机构

曲柄连杆机构主要由活塞组、连杆组、曲轴飞轮组等组成。其功用是将燃料燃烧时放出的热能转换为机械能。

(一)活塞组

活塞组包括活塞、活塞环和活塞销(图 1-3)。

活塞是一个圆筒形部件,安装在汽缸内,它的顶部与汽缸、汽缸盖共同组成燃烧室,周期性地承受汽缸内燃烧气体的压力并通过活塞销将力传递给连杆,以推动曲轴旋转。活塞是在高温、高压、高速的条件下工作的,所以要求它必须具有足够的强度和刚度,另外要耐磨、重量轻、密封性好。一般由铝合金制成,分为顶部、防漏部和裙部三个部分。

活塞环包括气环和油环两种,两种环都是具有一定弹性的开口圆环。气环主要起密封和传热作用,而油环则主要起布油和刮油作用。为使活塞环受热后有膨胀的余地,装入汽缸后,在接口处及沿环槽高度的方向都留有一定的间隙,称为开口间隙和边间隙。使用中,当间隙超过规定值后,应更换新的活塞环。一般柴油机有 3～4 道气环和 1～2 道油环。安装时,各环的开口应互相错开,并应避开活塞销座孔的位置,以提高密封性。

活塞销的作用是连接活塞和连杆小头,并将活塞承受的气体压力传给连杆。在柴油机上普遍采用"浮式"安装方法,即活塞销在销座孔和连杆小头铜套内均可转动,仅在两端活塞销座

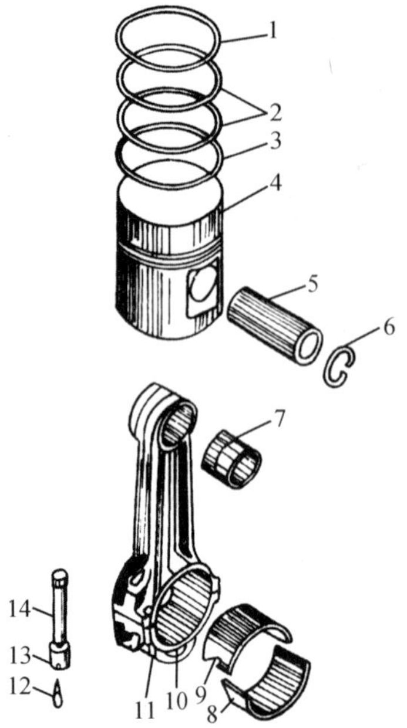

图 1-3 活塞连杆组

1、2. 气环 3. 油环 4. 活塞 5. 活塞销 6. 活塞销挡圈 7. 连杆小头铜套 8、9. 连杆轴瓦 10. 连杆盖 11. 连杆体 12. 开口销 13. 连杆螺母 14. 连杆螺栓

孔处有弹性卡簧，以防止活塞销轴向窜动。

（二）连杆组

连杆组包括连杆、连杆螺栓和连杆轴承（图 1-3）。连杆组的功用是连接活塞和曲轴，将活塞承受的力传给曲轴，并将活塞的往复运动变为曲轴的旋转运动。

连杆主要由连杆小头、杆身和连杆大头三部分组成。连杆小头孔内压有耐磨的青铜衬套，套内开有润滑用的油孔和油道，以保证活塞销与衬套之间的润滑。杆身制成工字形断面以增加强度。其内部有油道，能将连杆大头内的润滑油引至小头润滑。为便于安装，连杆大头一般做成可分开的，用连杆螺栓加以固定。为减少曲轴的磨损，在连杆大头内装有连杆轴瓦。与连杆大头一样，连杆瓦也分成两半。安装时，靠其定位唇卡在大头相应位置的凹槽中，以防止工作中连杆轴承转动或轴向移动。靠油道将润滑油压送到它的工作表面进行润滑。

（三）曲轴飞轮组

曲轴飞轮组的组成如图 1-4 所示。

曲轴的功用是把活塞的往复运动变为旋转运动，并把连杆传来的切向力转变为扭矩，以对外输出功率和驱动各辅助系统。

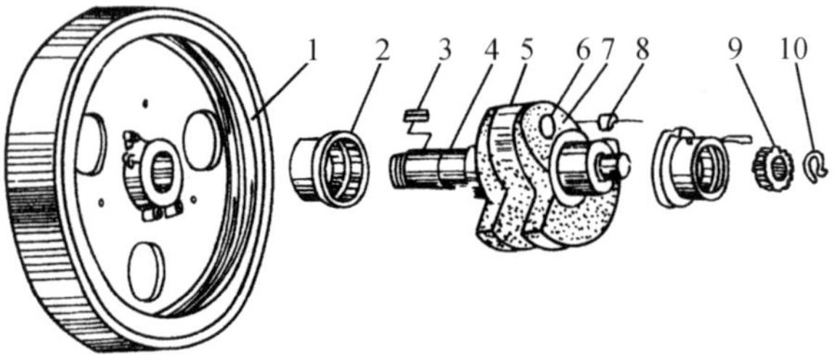

图 1-4 单缸柴油机的曲轴飞轮组

1. 飞轮 2. 主轴承 3. 键 4. 主轴颈 5. 曲柄销 6. 离心净化室 7. 曲柄 8. 螺塞 9. 曲轴正时齿轮 10. 挡圈

曲轴可分为主轴颈、曲柄销、曲柄、曲轴前端和后端五部分。曲轴前端装有正时齿轮、甩油盘、风扇皮带轮和起动爪等零件，后端固定飞轮。主轴颈装在曲轴箱的主轴承里，大多数主轴承采用滑动轴承，有油道输送压力润滑油进行润滑。曲柄销与连杆大端相连接，在曲柄销上有油道与主轴颈的油道相通。曲柄则是主轴颈和曲柄销之间的连接部分。

飞轮的功用是贮藏和释放能量，帮助曲柄连杆机构越过上、下止点以完成辅助行程，使曲轴旋转均匀，此外还能帮助克服短时间的超负荷。

飞轮是一个铸铁圆盘，用螺栓固定在曲轴后端的接盘上。由于飞轮上刻有表示活塞在汽缸中特定位置的记号，所以曲轴和飞轮的连接必须严格定位。一般都采用定位销，也有将两个飞轮螺栓颈部滚花或加工成不对称的螺孔进行定位的方式。飞轮的边缘上一般都镶有齿圈以便在启动时由启动机小齿轮带动旋转。

二、机体零件

机体零件主要包括机体、汽缸套、汽缸盖及汽缸垫等。

机体为内燃机的骨架，在机体内外安装着内燃机所有主要的零部件和附件。它由汽缸体、曲轴箱及油底壳等组成(图 1-5)。

机体承受着燃烧气体的压力、往复运动惯性力、旋转运动惯性力、螺栓预紧力等，受力情况十分复杂。要求机体应有足够的强度和刚度，以保证各主要运动部件之间正确的安装位置。

汽缸套是燃烧室的组成部分，活塞在其间作往复运动。汽缸以汽缸套的形式与机体分开，其目的是降低机体成本。而且缸套磨损后可以更换，不必将整个机体报废。根据汽缸套外表面是否直接与冷却水接触，可将其分为湿式和干式两种。

汽缸盖用以密封汽缸，构成燃烧室(图 1-6)。缸盖上安装喷油器或火花塞、进排气门以及布置进排气道和冷却水通道。汽缸盖结构形状非常复杂，温度分布很不均匀。为此，要求缸盖应具有足够的强度和刚度，另外还要冷却可靠，进、排气道的流通阻力要小。

汽缸垫大多采用金属-石棉缸垫，安装在缸盖与机体之间，其功用是保证汽缸盖与机体接触面的密封，防止漏水、漏气。

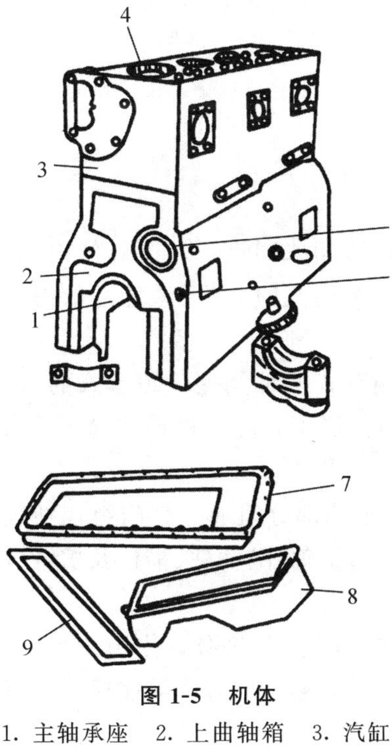

图 1-5 机体

1. 主轴承座 2. 上曲轴箱 3. 汽缸体 4. 汽缸套安装孔 5. 凸轮轴轴孔 6. 主油道 7. 安装座 8. 油底壳 9. 汽缸垫

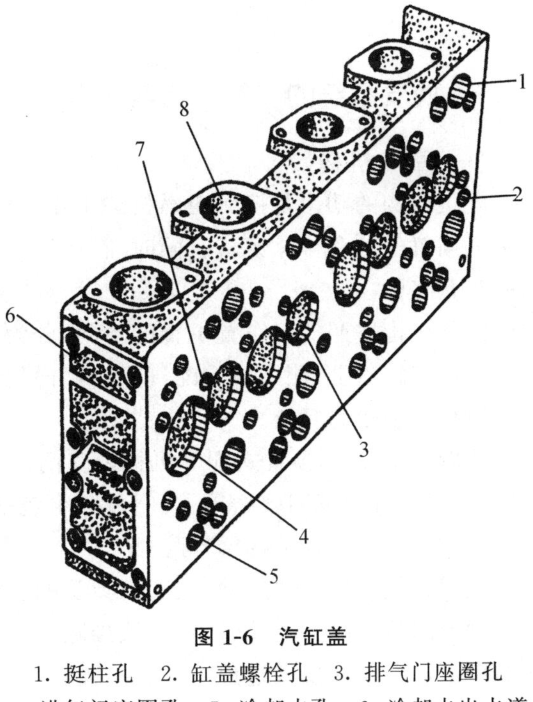

图 1-6 汽缸盖

1. 挺柱孔 2. 缸盖螺栓孔 3. 排气门座圈孔 4. 进气门座圈孔 5. 冷却水孔 6. 冷却水出水道 7. 喷油器孔 8. 进气道

任务二 换气系统

换气系统按照内燃机的工作循环,准时地供给汽缸所需新鲜气量(空气或可燃混合气),并及时和尽可能彻底地排除废气。换气系统主要由空气滤清器、进气管道、配气机构、排气管道、消音灭火器等组成(图 1-7)。

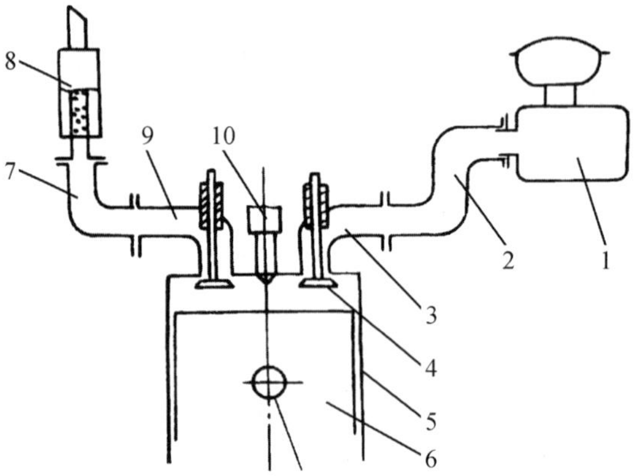

图 1-7 换气系统

1. 空气滤清器 2. 进气管 3. 进气歧管 4. 气门式配气机构 5. 汽缸
6. 活塞 7. 排气管 8. 消音灭火器 9. 排气歧管 10. 喷油器

一、换气系统的主要机构与装置

(一)配气机构

配气机构的功用是按照内燃机的工作过程,适时地开启和关闭进、排气门,使内燃机能按时吸入新鲜气量和排除废气。同时,在压缩和做功行程中关闭气门,保证燃烧室的密闭,使内燃机正常工作。

配气机构按照气门布置位置的不同,分为顶置式和侧置式两种类型。顶置式的配气机构气门装在汽缸盖上,侧置式的配气机构气门位于汽缸侧面。侧置式配气机构传动简单,顶置式配气机构传动较为复杂。

如图 1-8 所示,顶置式配气机构由气门组和气门传动组两部分组成。气门组包括气门、气门座、气门导管及气门弹簧等;气门传动组包括正时齿轮、凸轮轴、随动柱、推杆及摇臂(侧置式配气机构省去了推杆及摇臂)等。

气门在气门导管中运动,在气门弹簧的作用下压紧在气门座上起密封作用。当传动组中凸轮轴上的凸轮向上转动时,就会顶推随动柱,通过推杆、调整螺钉把力传给摇臂,使摇臂转动从而压下气门实现换气过程。

(二)空气滤清器及消音灭火器

空气滤清器的功用是清除流入汽缸中的空气所含的灰尘杂质,以减少汽缸、活塞和活塞环等零件的磨损。由于空气滤清器的存在才使得有关零件的使用寿命得以成倍地提高,所以对于空气滤清器来说,应具有滤清能力强、流通阻力小及使用时间长等特点。

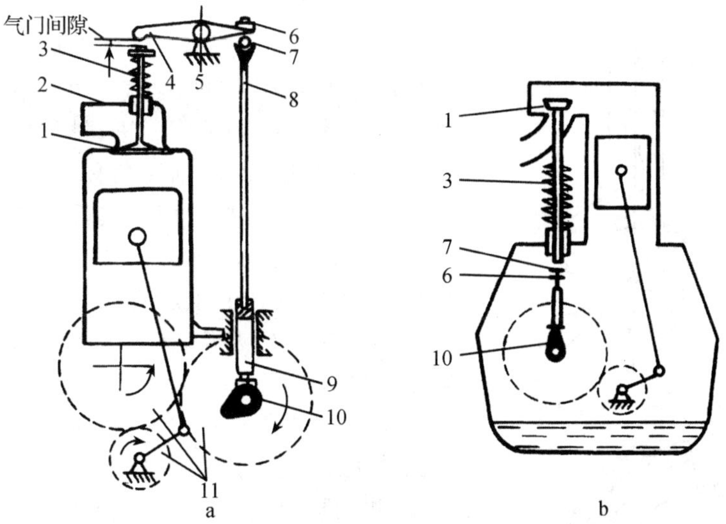

图 1-8 配气机构

a. 顶置式 b. 侧置式

1. 气门 2. 气门导管 3. 气门弹簧 4. 摇臂 5. 摇臂轴 6. 固定螺母 7. 调节螺钉 8. 推杆 9. 随动柱 10. 凸轮轴 11. 正时齿轮

滤清器是通过不同的方式过滤空气的。惯性过滤是利用空气高速进入滤清器产生的高速旋转运动,使较大的尘土被甩向集尘罩,然后落入集尘杯内;机油过滤是通过空气沿吸气管往下冲击滤清器油碗中的油面,并急剧改变方向向上流动,从而使一部分尘土被黏附在油面上;滤芯过滤是使用溅有机油的金属滤芯或用微孔滤纸制成的纸质滤芯,使细小的尘土被黏附、阻留在滤芯上。经过几级过滤后的清洁空气才能进入汽缸。

消音灭火器的功用是减小汽缸中燃烧废气排出时的噪声、消除火花。其工作原理是引导废气通过消音灭火器的孔眼,反复改变气流方向,并通过收缩和扩大相结合的流通断面消耗废气的能量,使气流膨胀、减速、降温,从而使噪声减弱、火花消除。

(三)减压机构

柴油机的压缩比较高。为了在预热、启动和保养时便于转动曲轴,在柴油机上一般都设有减压机构。

减压机构有多种型式,常用的有两种:一是抬升配气机构中的随动柱,使进气门或排气门不受配气凸轮的控制而保持开启状态;二是直接压下摇臂端头。后者应用较为广泛。

二、内燃机的换气过程

内燃机的每个实际循环结束后,必须用新鲜空气或可燃混合气重新充入汽缸取代燃料燃烧后的废气。前一循环的排气过程和后一循环的进气过程互相衔接并有一定重叠,它们进行的特点又较相似,所以合称为换气过程。

换气过程的任务是将汽缸内废气尽量排净,使新鲜气体尽量充足汽缸。排气愈彻底,进气才能愈充分,有利于以后燃烧过程的进行。因此,换气过程的完善程度,将直接影响发动机的动力性和经济性。

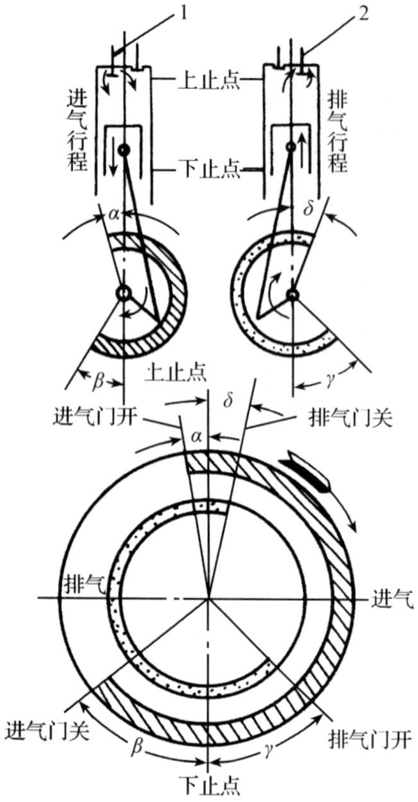

图 1-9 配气相位

1. 进气门 2. 排气门

(一)配气相位

为使内燃机进气充足、排气彻底,进、排气门大都提前开启和延迟关闭,即进、排气门并非在活塞运动时的两个极限位置才开启和关闭。进、排气门的实际开闭时刻和延续时间所对应的曲轴转角称为配气相位。如图 1-9 所示,四行程内燃机排气门的实际开启时间在做功行程活塞到达下止点前 30°～60°,称为排气提前角 γ;经过排气行程,当活塞到达上止点后 10°～30°排气门才关闭,这个角度称为排气延迟角,用 δ 表示。进气门的实际开启时间是在排气行程活塞到达上止点前 0°～20°,称为进气提前角 α,经过进气行程,当活塞到达下止点后 20°～60°,进气门才关闭,这个角度称为进气延迟角,用 β 表示。由此可知,进、排气门在排气上止点附近有一同时开启的时间,用曲轴转角表示,即为 $\alpha+\beta$。在这段时间里,由于进、排气门开启的角度均不大,在汽缸压力和高速排气流的惯性作用下,不致使废气窜入进气道或新鲜气体随废气一同排出。

(二)换气过程

做功膨胀后期汽缸内气体压力很大,在 294 kPa 以上。这时排气门提前开启,利用废气自身的压力向缸外排气,直到汽缸内气体压力接近于大气压力,这个时期称为自由排气阶段。这一阶段中,排出的废气量最多,约占一半以上。汽缸压力达到大气压以后,缸内废气靠活塞强制排出,即强制排气阶段。这一阶段一直持续到活塞到达上止点,此后利用气体流动惯性继续排气直到排气门关闭为止,这个阶段为惯性排气阶段。排气门关闭时,汽缸内仍有残余废气,汽缸内气体压力略高于环境压力。

进气门在排气行程活塞到达上止点前提前开启,这是和排气门重叠开启的阶段,此时汽缸压力高于大气压力。进气管内新鲜气体的吸入要待进气行程活塞下行到一定程度,汽缸压力低于进气管内压力之后才能进行。随着活塞的不断下行,汽缸内的真空度越来越大,进气管内气体的流动速度也在逐渐增加,进入汽缸的气体也越来越多。当活塞越过下止点而上行时,由于进气门延迟关闭,气体可在惯性作用下继续充入汽缸直到进气门关闭为止。由于受进气系统阻力的影响,进气终了的汽缸压力总是低于环境压力。

任务三 燃油供给系统

柴油的黏度较大,不易蒸发,混合气不能在汽缸外面直接形成,只能利用专门的喷油设备将柴油提高压力后喷入汽缸与空气相混合。所以,柴油发动机燃油供给系的功用是:根据柴油机工作的要求,将具有一定压力、干净的适量柴油,在适当的时间以良好的雾化质量喷入燃烧室,使它与空气迅速而良好地混合和燃烧。

一、柴油发动机燃油供给系的组成与工作原理

柴油机的燃油供给系一般由燃油箱、柴油滤清器(包括粗滤器和细滤器)、输油泵、喷油泵、喷油器、调速器及高、低压油管等组成(图1-10)。

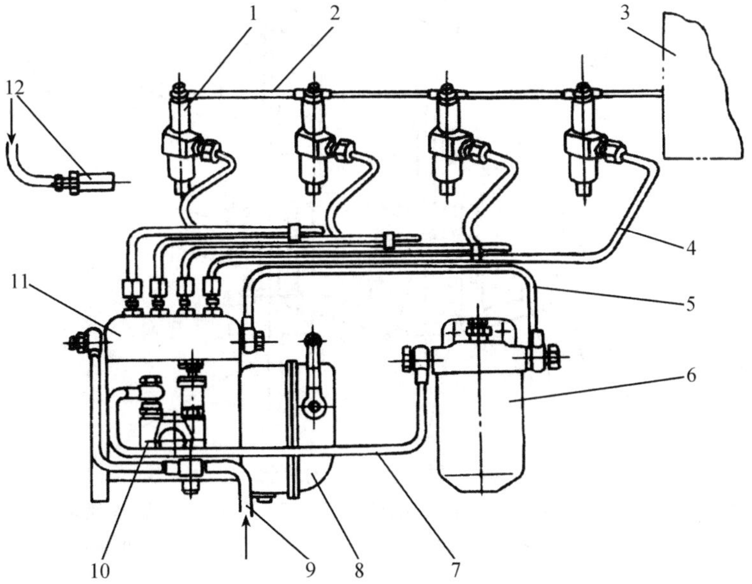

图1-10 柴油机燃油供给系统简图

1. 喷油器 2. 回油管 3. 燃油箱 4. 高压油管 5. 喷油泵进油管 6. 燃油滤清器 7. 滤清器进油管 8. 调速器 9. 输油泵进油管 10. 输油泵 11. 喷油泵 12. 预热塞

燃油箱内的柴油由输油泵吸出,并压至滤清器过滤后送入喷油泵。再由喷油泵增压后经高压油管送到喷油器而喷入燃烧室。从喷油器泄出的柴油,经回油管流回燃油箱。由于输油泵的供油量大大超过喷油泵的泵油量,多余的柴油便经过单向回油阀和油管回到输油泵,有的柴油机回油则直接流回燃油箱。

二、柴油发动机燃油供给系的主要部件

1. 柴油滤清器

柴油滤清器的作用是使柴油中的机械杂质和水分得到过滤,以保证输油泵、喷油泵和喷油器的正常工作。

柴油机上一般装有粗、细两个滤清器,有的在油箱出口处还设置沉淀杯,以达到多级过滤,确保柴油的清洁。

粗滤器多采用金属带缝隙式的,其滤芯由黄铜带绕在波纹筒上构成,相邻两带之间有0.04～0.09 mm的缝隙,使用这种滤芯可将大于此缝隙的杂质滤下。

细滤器多采用纸质滤芯式的,其滤芯内部是冲有许多小孔的中心管,中心管外面是折叠的专用滤纸,上下两端用盖板将其胶合密封。这种专用滤纸经酚醛树脂处理后具有良好的抗水性能,应用较广泛。

2. 输油泵

输油泵的功用是将柴油从油箱中吸出,并适当增压以克服管路和滤清器的阻力,保证连续

不断地向喷油泵输送足够数量的燃油。

常用的输油泵有活塞式、膜片式两种。活塞式输油泵的工作原理如图 1-11 所示。输油泵常与喷油泵组装在一起，由喷油泵凸轮轴上的偏心轮推动活塞运动。

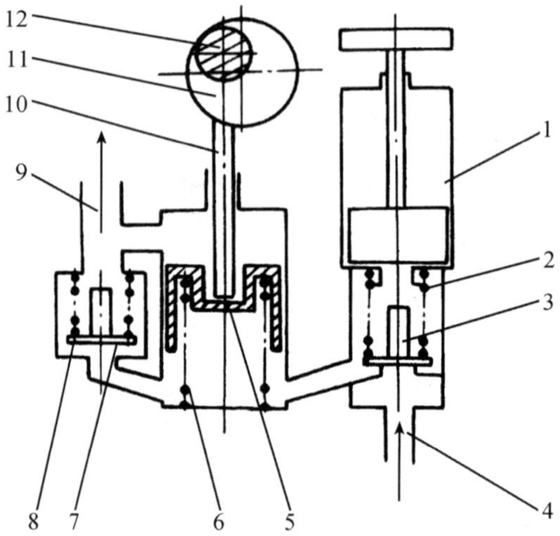

图 1-11　活塞式输油泵

1. 手压泵　2. 弹簧　3. 进油阀　4. 进油管接头　5. 活塞　6. 活塞弹簧　7. 出油阀　8. 弹簧　9. 出油管接头　10. 顶杆　11. 偏心轮　12. 喷油泵凸轮轴

当活塞向下运动时，活塞前腔的容积变小，后腔的容积变大。前腔内的柴油受压缩，压力升高顶开出油阀，柴油被压送到活塞后腔。当偏心轮的突起部分越过后，在活塞弹簧的作用下，活塞向上运动，此时后腔容积变小，油压增加，出油阀关闭。具有一定压力的柴油被输送到细滤器，此时活塞前腔容积变大，进油阀被吸开，由油箱来的油进入活塞前腔，至此活塞完成了一次进油和一次压油的过程。

膜片式输油泵是靠偏心轮顶动膜片运动的，由于膜片前腔容积的变化而输出具有一定压力的柴油。

3. 喷油泵

喷油泵又称高压油泵或燃油泵。其主要功用是将经过滤清的柴油由低压变成高压，并按柴油机的工作要求，定时、定量地将柴油输送到喷油器，喷入燃烧室。

喷油泵的种类较多，现在常用的有柱塞泵和转子分配泵两种，其中以柱塞泵应用最多。柱塞泵又有单体泵（用于单缸柴油机）和多缸泵（用于多缸柴油机）之分。

柱塞泵主要由柱塞和柱塞套（合称柱塞偶件）、柱塞弹簧、弹簧座、出油阀和出油阀座（合称出油阀偶件）、出油阀弹簧、喷油泵凸轮轴、滚轮挺柱体总成等组成（图 1-12）。

柱塞泵的工作过程可分为进油、供油和终止供油三个阶段（图 1-13）。

进油阶段（图 1-13a）　凸轮的凸起转过最高位置后，在柱塞弹簧的作用下，柱塞向下运动。柱塞套上的进、回油孔被打开，柴油自低压油道经两个油孔同时进入柱塞上端的套筒内。进油过程一直延续到柱塞运动到下止点时为止。

供油阶段（图 1-13b）　凸轮继续转动，凸轮的凸起部顶起滚轮挺柱体，推动柱塞向上运动至柱塞顶端面封闭进、回油孔后，由于柱塞偶件的精密配合以及出油阀在出油阀弹簧力的作用下关闭，柱塞上方成为一个密闭油腔。柱塞继续上行，柴油被压缩，油压迅速升高。当油压升高到足以克服出油阀弹簧的弹力时，出油阀被推开，高压柴油便经出油阀进入高压油管，送至喷油器。供油过程延续到柱塞斜槽边与回油孔开始相通时为止。

终止供油阶段(图 1-13c)　柱塞上升到柱塞斜槽边与回油孔相通时，高压柴油经柱塞头部的轴向孔以及下面的径向孔回流到低压油道。柱塞上方的油压急剧下降，出油阀在弹簧力的作用下迅速下落，切断油路，供油终止。同时由于出油阀减压环带的作用，高压油管内的油压立即减小，防止喷油器喷油终了时有滴油现象。在柱塞继续上行到上止点的行程中，柱塞上部的柴油继续流回低压油道。出油阀偶件的作用就是使喷油泵供油开始和结束都能迅速干脆。

由上述可知，柱塞从下止点到上止点的总行程 L(图 1-13d)，即凸轮的行程是不变的，而柱塞开始供油到终止供油的实际供油行程 a 则取决于柱塞顶端面至回油孔所对斜槽边的距离。当转动柱塞改变斜槽边与回油孔的相对位置时，供油的实际行程 a 将会改变，a 越大、供油量越多。因此转动柱塞即可以调节供油量。

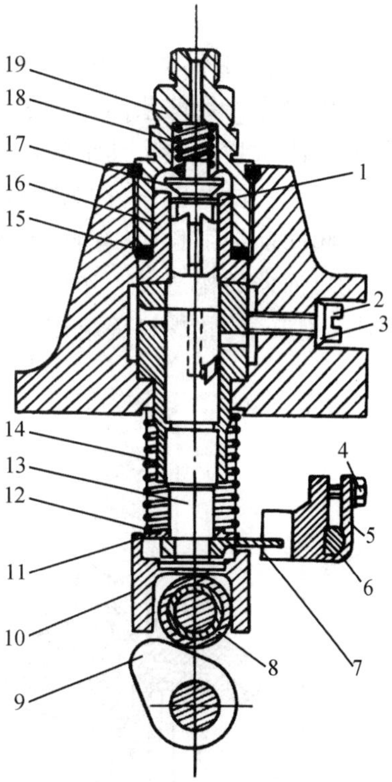

图 1-12　柱塞式喷油泵

1. 减压环带　2. 定位螺钉　3. 垫片　4. 夹紧螺钉　5. 调节叉　6. 供油拉杆　7. 调节臂　8. 滚轮　9. 凸轮　10. 滚轮体　11. 弹簧座　12. 柱塞弹簧　13. 柱　14. 柱塞套　15. 垫片　16. 出油阀座　17. 出油阀　18. 出油阀弹簧　19. 出油阀紧座

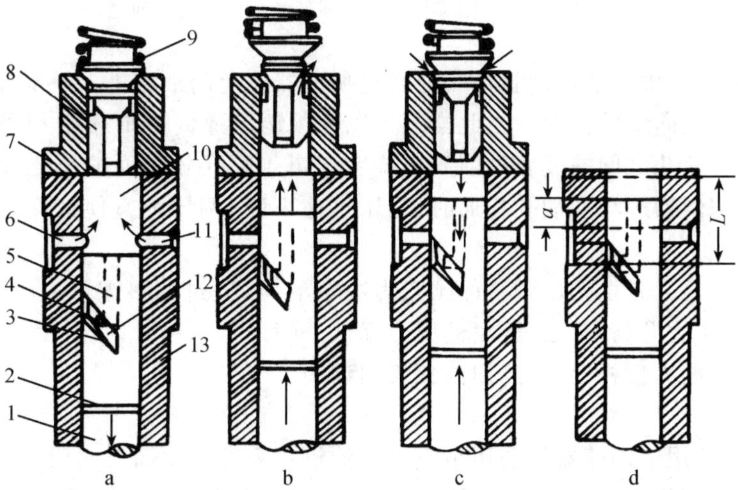

图 1-13　柱塞泵工作过程

a. 进油　b. 供油　c. 终止供油　d. 柱塞行程 L 和供油行程 a

1. 柱塞　2. 润滑油槽　3. 斜槽空腔　4. 径向孔　5. 轴向孔　6. 回油孔　7. 出油阀座　8. 出油阀　9. 出油阀弹簧　10. 柱塞上腔　11. 进油孔　12. 斜槽边　13. 柱塞套

4. 喷油器

喷油器又称喷油嘴，其功用是将喷油泵送来的高压柴油以一定压力（120～180 MPa）、呈细雾状喷入燃烧室。目前柴油机上多采用闭式喷油器。这种喷油器在不工作时，其内腔与燃烧室不相通。闭式喷油器按其结构，可分为轴针式和孔式两种。轴针式的特点是针阀的前端有一段圆柱体和一段倒锥体，称为轴针，不喷油时，轴针的一部分伸出针阀体的喷孔外。孔式喷油器的针阀的前端细长，没有轴针，不喷油时针阀不伸出针阀体外。

轴针式喷油器的构造及工作原理见图 1-14，主要由喷油器体、针阀和针阀体（合称喷油嘴偶件）、挺杆、弹簧、调整螺钉等组成。

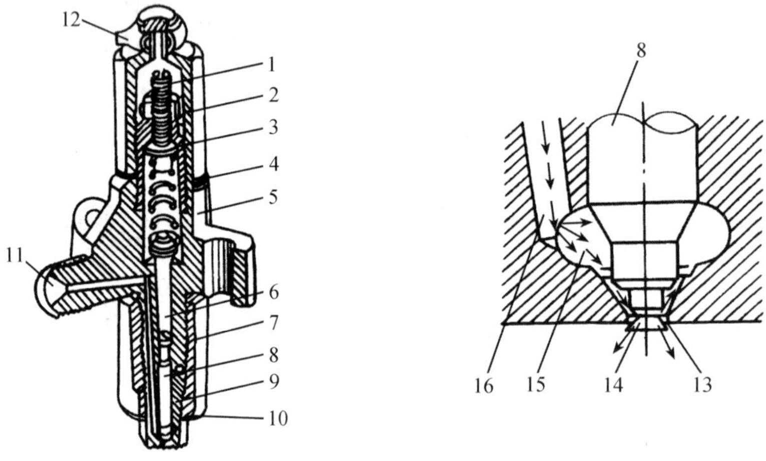

图 1-14 轴针式喷油器

a. 构造图 b. 工作图

1. 调节螺钉 2. 固紧螺母 3. 弹簧罩壳 4. 垫片 5. 喷油器体 6. 顶杆 7. 紧帽 8. 针阀 9. 针阀体 10. 密封垫圈 11. 高压油管接头 12. 回油管接头 13. 喷孔 14. 倒锥体 15. 环形油槽 16. 斜油道

喷油泵供油时，高压柴油从油管接头处通过喷油器体上的油道进入下部环形油槽，高压柴油对针阀的锥面产生向上的推力。当此推力足以克服调压弹簧的弹力时，针阀便向上抬起，高压柴油即从轴针与喷孔之间的缝隙处喷入燃烧室。由于喷孔较小而油压较高，柴油呈雾状喷出。喷油泵的柱塞斜槽边与回油孔相通时，油压迅速下降，调压弹簧使针阀迅速下落，关闭喷孔，喷油终止。

喷油器的喷油压力是由调压弹簧的预紧力决定的，可通过调整螺钉来改变。顺时针拧进螺钉压紧弹簧时，压力升高；反之，则喷油压力降低。喷油器工作时，会有少量柴油通过针阀与针阀体之间的间隙漏入挺杆上部，经回油孔流回油箱。

5. 调速器

（1）调速器的功用　调速器的功用是根据柴油机负荷的变化而自动调节供油量，使柴油机在规定的转速范围内稳定运转。负荷是指柴油机驱动工作机械时所需要发出的扭矩值（即阻力矩值）。

柴油机输出的功率与供油量有关。一般情况下，供油量大，则输出功率也大；反之，则小。在输出功率不变的情况下，柴油机的转速与输出扭矩成反比。而柴油机输出扭矩的大小又取决于阻力矩值即负荷的大小。负荷加大，则柴油机的转速就将下降；反之，则转速升高，柴油机的转速随负荷的改变而变化。实际工作中，负荷经常变化，如果柴油机总是处在由于负荷的改变而使其转速经常变化的情况下工作，不仅生产率低、作业质量差，而且，严重时会因负荷增加过大，柴油机因转速急剧下降而熄火。也会因负荷减少过多，转速急剧上升而“飞车”，引起机件损坏。因此，柴油机必须安装调速器，使柴油机的转速能保持稳定，不因负荷的改变而有较大的变化。

(2)调速器的基本构造和工作原理　农用柴油机上普遍采用机械式调速器。这种调速器主要由感应元件(钢球、飞锤或飞块)和执行机构两部分组成。按其调速范围的不同可分为：单程调速器、全程调速器和两极调速器。

全程调速器一般由钢球、传动盘、推力盘、调速弹簧、弹簧座、限制螺钉、操纵手柄以及供油拉杆等组成(图 1-15)。其基本工作原理是靠钢球旋转时所产生的离心力与调速弹簧的弹力之间的平衡与否来调节供油量的大小，从而维持柴油机的稳定转速。

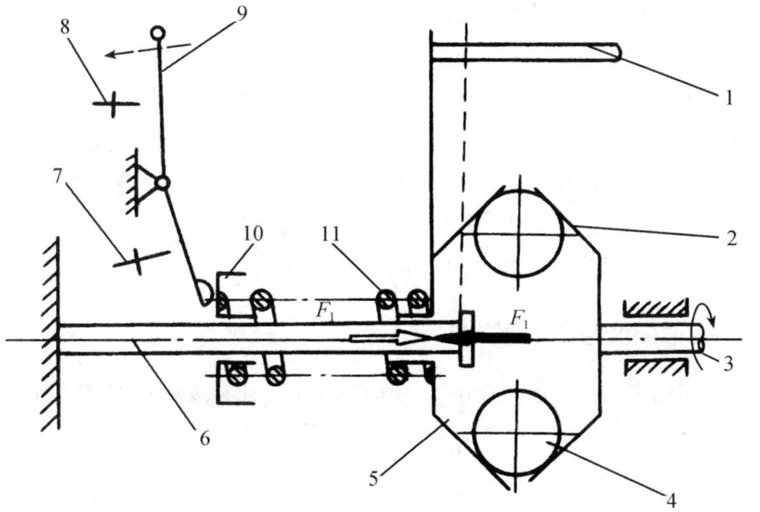

图 1-15　全程调速器简图

1. 供油拉杆　2. 传动盘　3. 喷油泵凸轮轴　4. 钢球　5. 推力盘　6. 支承轴　7. 怠速限制螺钉　8. 高速限制螺钉　9. 操纵杆　10. 弹簧座　11. 调速弹簧

当操纵手柄保持在某一位置时，弹簧的预紧力不变，即决定了调速器在该情况下所控制的供油量，柴油机在相应的转速下稳定运转，此时钢球的离心力沿轴向的分力与弹簧预紧力平衡。如果因负荷增加而使曲轴转速降低时，钢球旋转的离心力也会相应减小，它与弹簧预紧力之间的平衡遭到破坏。在两种力的压力差的作用下，推力盘将带着供油拉杆向右移动，加大供油量。由于供油量的加大，曲轴转速得以回升，钢球离心力又逐渐增大，直到与弹簧预紧力重新获得平衡时为止。反之，当曲轴转速因负荷减小而升高时，由于钢球所产生的离心力大于弹簧预紧力而使供油量减小，使曲轴转速下降，直到两力重新达到平衡时为止。因此，当操纵手柄位置不变时，调速器能根据负荷变化而相应地加大或减小供油量，使柴油机在操纵手柄该位置所决定的转速下稳定运转。

负荷稳定不变时要想改变柴油机转速，只需改变操纵手柄的位置，增大或减小调速弹簧的预紧力，破坏原来转速下弹簧预紧力和钢球离心力之间的平衡关系，使推力盘带着供油拉杆左右移动，改变供油量，即可实现柴油机转速的变化。

任务四　润滑系统

一、润滑系统概述

润滑系统的功用是向各摩擦表面提供干净的润滑油，以减少摩擦损失和零件的磨损。通过润滑油的循环，还可冷却和净化摩擦表面，润滑油膜附着在零件表面，能防止氧化和腐蚀，同时还能起到密封作用。

内燃机的润滑方式有两种：一是压力润滑，二是非压力润滑。压力润滑是利用机油泵将机油提高压力后送到需要润滑的摩擦表面进行润滑。非压力润滑是利用运动零件飞溅起来的润滑油滴或油雾，散落在摩擦表面或经汇集后从油孔流到摩擦表面进行润滑。

润滑系统所使用的介质是机油，其最主要的性能指标是黏度，通常用运动黏度来表示。机油按其在 100 ℃时运动黏度的大小分为多种牌号，如汽油机润滑油有 6D、6、10 和 15 四个牌号，其代号分别为 HQ-6D、HQ-6、HQ-10 和 HQ-15；柴油机机油有 8、11、14 三种牌号，其代号分别为 HC-8、HC-11 和 HC-14。一般来说，机油的牌号越高，其黏度越大。

一般情况下，汽油机冬季用 HQ-6D 或 HQ-6，夏季用 HQ-10；当汽油机严重磨损时，夏季用 HQ-15 号。柴油机夏季用 HC-11 或 HC-14，冬季用 HC-8 或 HC-11；当柴油机磨损严重、连续重负荷作业时，应选用黏度较大的润滑油。

二、润滑系统的组成与工作原理

图 1-16 为润滑系统简图。润滑系统主要由油底壳、集滤器、机油泵、机油滤清器、机油压力表等组成。

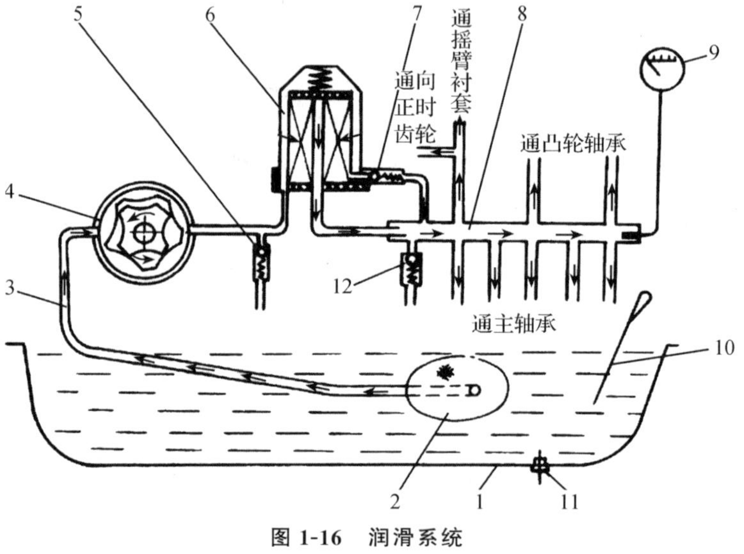

图 1-16　润滑系统

1. 油底壳　2. 集滤器　3. 吸油管道　4. 机油泵　5. 限压阀　6. 机油滤清器　7. 旁通阀　8. 主油道　9. 机油压力表　10. 机油标尺　11. 放油螺塞　12. 回油阀

内燃机工作时，机油泵将机油从油底壳经过滤网的集滤器沿油管吸出，提高压力后再将油压到机油滤清器。经过滤清的机油进入主油道，然后再分送至主轴承、连杆轴承、凸轮轴各轴承等摩擦表面进行润滑。进入连杆轴承中的润滑油，经杆身油道进入连杆小端内，以润滑衬套和活塞销，然后这部分润滑油直接喷到缸壁上润滑缸套和活塞。

进入凸轮轴轴承中的机油，一部分经机体与缸盖中的油道向上流到摇臂轴中心孔内，再经摇臂轴的径向孔进入各摇臂衬套，另一部分沿摇臂上的油道流出，滴落在配气机构其他零件表面上。主油道中还有一部分机油流至正时齿轮室，润滑各正时齿轮。

为使润滑系统能正常工作，在油路中还设有限压阀和旁通阀（安全阀）。限压阀用来控制机油泵的出油压力，保证向主油道供给一定压力的机油，多余的机油则流回油底壳，防止主油道压力过高。旁通阀与滤清器并联，当机油滤芯堵塞时，机油可以不经滤清器而从旁通阀直接进入主油道，保证零件摩擦表面得到必要的润滑。

（一）机油泵

机油泵的功用是提高机油压力和保证足够的循环油量。通常有齿轮式和转子式两种。

1. 齿轮泵

齿轮泵是利用装在壳体内的一对齿轮的旋转运动，使得进油腔处因齿轮脱离啮合，容积变大，产生真空吸力，机油便经集滤器被吸入齿轮与壳体间，并随齿轮的旋转沿齿轮边缘被带到出油腔内。由于齿轮在出油腔内进入啮合时容积变小、油压升高，因而以一定压力将机油压送出去（图 1-17）。

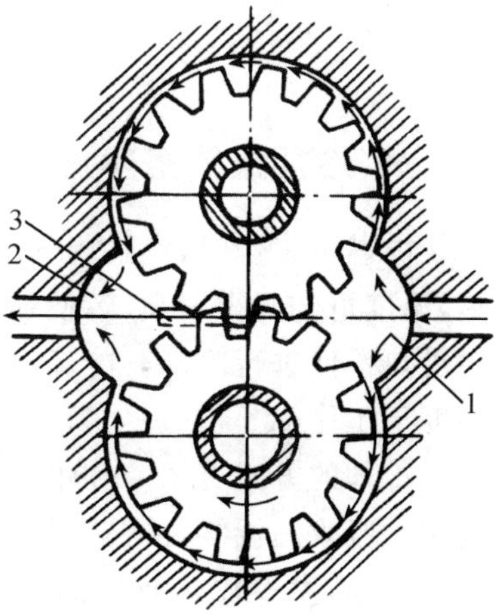

图 1-17 齿轮式机油泵

1. 进油腔 2. 出油腔 3. 卸压槽

2. 转子泵

转子泵由内、外转子和壳体组成。内转子有 4 个凸齿，外转子有 5 个凹齿，内、外转子偏心安装。

内转子被驱动做旋转运动并带动外转子同向转动。无论转子转到任何角度，内、外转子各齿形之间总有接触点并分隔成五个腔。进油道一侧的空腔由于转子脱离啮合，容积增大，产生真空度，机油被吸入并被带到出油道一侧。此后，转子进入啮合，油腔容积减小，机油压力升高，并从齿间被挤出，增压后的机油从出油道送出（图 1-18）。

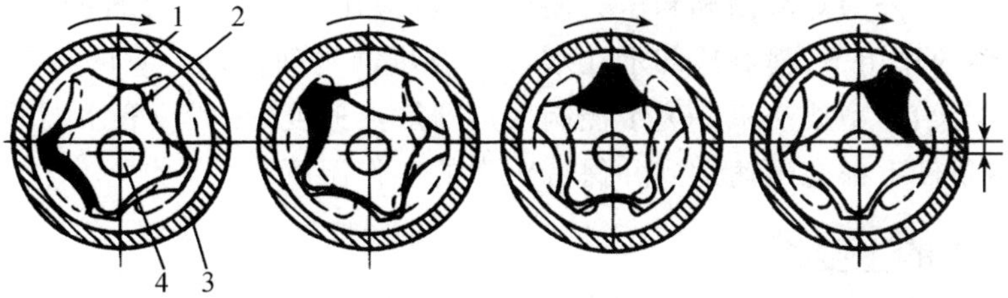

图 1-18 转子式机油泵

1. 外转子 2. 内转子 3. 壳体 4. 泵轴

（二）机油滤清器

机油滤清器的功用是滤去机油中的金属磨屑和机械杂质、减少零件磨损并防止油道堵塞。

润滑系中一般装有几个不同滤清能力的滤清器——集滤器、粗滤器和细滤器。

集滤器是一个用金属丝编织成的滤网，装在油底壳内机油泵吸口处，用以阻止较大的机械杂质进入机油泵。

粗滤器用以滤去机油中较大的杂质，串联在机油泵与主油道之间。滤芯用金属片缝隙或金属带缝隙式的。当机油通过滤芯时，靠缝隙把机械杂质阻挡在滤芯外面，只有洁净的机油能通过滤芯，进入主油道。

细滤器多采用离心式的，其内部具有一转子，转子底部沿圆周方向开有两个方向相反的喷孔。当具有一定压力的机油进入转子内腔后会从两个喷孔喷出，转子在反作用力的作用下绕转子轴高速旋转(5 000 r/min)，在转子内的机油中，比重大于机油的各种杂质，在离心力的作用下被甩向四周，沉积在转子内壁上。清洁的机油从喷孔喷出并流回油底壳。

滤清器在使用一定时期后会逐渐脏污，影响润滑系统的正常工作，所以要定期清洗或更换滤芯。同时还应按说明书规定，定期更换机油和清洗油道。另外，柴油机工作时，应经常注意油压是否正常，如果油压为零，必须立即停止工作，进行检查。

任务五　冷却系统

一、冷却系统概述

内燃机工作时，汽缸内气体温度可高达 1 800～2 000 ℃。与高温气体接触的零件强烈受热，温度也会升得很高，致使强度下降，正常配合破坏并使机油变质，所以必须设置冷却系统，对受热零件进行冷却。冷却系的功用是及时带走高温零件吸收的热量，使柴油机在最适宜的温度下工作。

冷却的方式有风冷和水冷两种。风冷是用高速流动的空气直接冷却受热零件表面；水冷是用水吸收高温零件的热量，然后再散发到大气中。

目前，大多数柴油机的冷却系采用的都是水冷，常用的水冷却方式有蒸发式和循环式两种。

蒸发式的水冷绝大多数用在单缸柴油机上，其作用原理是利用水在蒸发时会带走大量的热量，从而使受热的零件得到冷却。

循环式的水冷又分为对流循环和压力循环，后者应用广泛。压力循环式的水冷却系统中装有水泵，在水泵的作用下，强制冷却水在水套和散热器之间循环。它的特点是工作可靠、散热能力强，适用于大、中型柴油机。为了控制散热器散热速度，一般设有水温调节装置，使发动机在不同的使用条件下都能迅速达到并保持正常的工作温度。

二、冷却系统的主要机件

压力循环的水冷却系统主要由散热器(水箱)、风扇、水泵、水温调节装置等组成(图 1-19)。

散热器的功用是将从水套吸热后的冷却水所携带的热量散入大气，从而降低冷却水的温度，由上水箱、散热器芯和下水箱组成。散热器芯是由导热良好的铜料制成的许多小管，小管周围还镶有多层散热薄片，上、下水箱靠这些小管相连通，形成散热器整体。上水箱有加水口，口上装有水箱盖。下水箱底部有放水开关，冬季柴油机工作结束后，要将水箱及水套中的水放

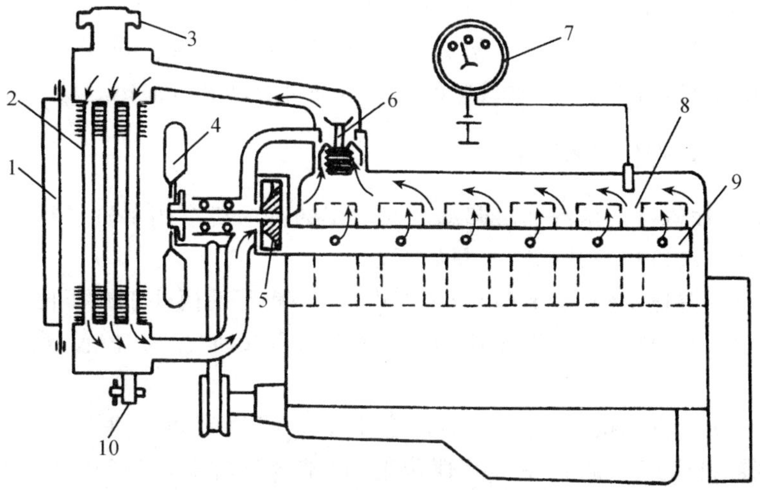

图 1-19 冷却系统

1. 百叶窗 2. 散热器 3. 散热器盖 4. 风扇 5. 水泵 6. 节温器 7. 水温表 8. 水套 9. 分水管 10. 放水阀

净,防止机体冻裂。

风扇与水泵一般安装在同一根轴上,由曲轴皮带轮驱动。风扇的作用是产生强大的气流吹到散热器芯上,以增强冷却水的散热作用。水泵的作用是使冷却水以一定的压力加速循环流动,一般采用离心式水泵。在工作中应定期检查和调整风扇皮带松紧度,以保持冷却水最适宜的水温(85～95 ℃)。

节温器的作用是自动调节进入散热器的水量,以调节冷却强度。节温器一般安装在缸盖出水管与上水箱相连的通道内,有液体式和蜡式两种。液体式节温器在其由薄铜皮制成的皱纹筒内装入低沸点的液态乙醚,然后密封。在皱纹筒上端固定着阀门,当水温超过 70 ℃时,乙醚由液态变成气态使皱纹筒伸长,将阀门打开使冷却水进入散热器中进行冷却。进入散热器中水的流量越多,冷却强度也越大。蜡式节温器的作用原理与液体式的相似,只是其内部的填充剂为石蜡和白蜡的混合物。

任务六 起动系统

一、发动机的起动方法

内燃机起动时必须克服各运动部件的摩擦阻力、机件加速运动的惯性力和压缩汽缸内气体的阻力,所以在起始阶段必须借助外力帮助曲轴旋转。曲轴在外力作用下开始转动过渡到能自动维持稳定运转的过程,称为起动。

柴油机和汽油机在起动时所需要的最低转速是不同的,汽油机为 50～70 r/min,而柴油机则需要 100～300 r/min。

根据内燃机的用途、功率大小、结构型式和使用燃料的不同,采用的起动方法也不同。常用的起动方法有:人力起动、电动机起动、柴油机用辅助汽油机起动(简称汽油起动机起动)和压缩空气起动。人力起动只适用于小功率单缸柴油机，每次起动时间不应超过 30 s。压缩空气起动适用于大、中功率的柴油机（汽缸直径大于 150 mm）。柴油机用汽油起动只是在一些老式机型上使用，现已被淘汰。应用最广泛的是电动机起动和汽油机起动。

二、汽油起动机的传动机构

功率较大的柴油机可采用汽油机起动。起动用的汽油机多用单缸二行程汽油机，并附有一套传动、啮合和分离机构。其起动步骤如下。

（1）将柴油机的调速手柄（手油门）处于停供位置，减压手柄处于减压位置，变速手柄放在"Ⅰ"速位置。将自动分离啮合手柄扳到"啮合"位置后再扳回"分离"位置，离合器手柄放在"分离"位置。

（2）起动汽油机。汽油机起动后，结合离合器，用"Ⅰ"速带动柴油机转动，预热 1～3 min，然后分离离合器，将变速手柄放在"Ⅱ"速位置，再结合离合器，用高速带动柴油机运转 1～2 min。扳动减压手柄使柴油机部分汽缸不减压，于是柴油机开始预热。

（3）柴油机充分预热后，使柴油机全部汽缸都处在不减压状态，同时操纵调速手柄，使柴油机供油，柴油机即可着火。

（4）柴油机着火后，迅速将离合器手柄扳至"分离"位置并使起动汽油机熄火，起动过程结束。

三、电起动机啮合驱动机构

电起动机起动方便可靠，重量轻，体积小，有足够的起动功率和适宜的起动转速，且具有重复起动能力，因而被广泛应用在拖拉机、汽车上。目前，拖拉机、汽车的发动机普遍采用串激直流电动机（其磁场绕组与电枢绕组串联）作为起动机。其电磁式啮合驱动机构如图 1-20 所示。

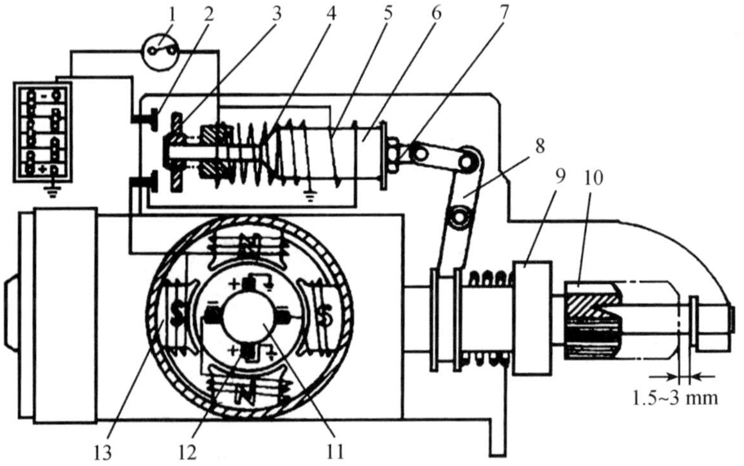

图 1-20　电磁式啮合驱动机构

1. 起动开关　2. 定触点　3. 动触桥　4. 保持线圈　5. 吸拉线圈　6. 铁芯　7. 拉杆　8. 传动叉　9. 单向离合器　10. 驱动齿轮　11. 电枢　12. 电刷　13. 磁极

起动时，接通起动开关，吸拉线圈和保持线圈通电后产生电磁吸力，吸动铁芯左移，带动传动叉将单向离合器的驱动齿轮与飞轮齿圈啮合。此时，电枢绕组和激磁绕组均已通电，但因吸拉线圈串联在电路中，电流较小，故电动机转动慢，使驱动齿轮与飞轮齿圈的啮合较柔和。

铁芯继续左移，动触桥与定触点接触，此时吸拉线圈被短路，保持线圈仍通电流，其电磁吸力保持动触桥与定触点闭合，电动机直接接通蓄电池而开始工作。

起动后，断开起动开关，切断电源，保持线圈磁力消失，铁芯在回位弹簧作用下复位，电动机停止工作。

电动机每次连续工作不应超过 15 s。如果一次不能起动，最少应停歇半分钟后再用，否则将使线圈发热以致烧坏。

任务七　汽油发动机

汽油机是以汽油为燃料的内燃机。它不仅广泛地用于汽车上，在农业生产中也广泛应用，特别是小功率的汽油机。由于汽油机压缩比小，起动容易，一些大功率拖拉机上的柴油机常采用汽油机作为发动机。同时，有些农业机械直接用它作为动力，如插秧机、弥雾喷粉机、抽水机等。许多园林机械也用汽油机作为动力。

汽油机和柴油机在工作原理上根本的区别主要有以下两点。

(1)混合气的形成方式不同　柴油机混合气的形成是在汽缸内部进行的，而汽油机的混合气是在汽缸外部准备完毕，进气时被吸入汽缸。

(2)混合气着火方式不同　柴油机混合气是依靠压燃着火，所以叫压燃式发动机；汽油机混合气由电火花强制点火，因此叫点燃式发动机。

汽油机由于压缩冲程压缩的是可燃混合气，压缩终了时，汽缸内的温度不能过高，否则会引起自燃，导致可燃混合气无规则地过早燃烧，因此汽油机的压缩比比柴油机小。

四冲程汽油机与柴油机从构造上来比较，都有曲柄连杆机构、配气机构、燃料供给系、润滑系和冷却系。但汽油机的燃料供给系与柴油机的不同，并且在汽油机上还另有用来定时产生电火花的点火系，本节将重点介绍这两部分。

一、汽油机燃油供给系统

汽油机燃料供给系统的功用是根据发动机的要求，配制出一定数量和浓度的混合气，供入汽缸，并将燃烧后的废气从汽缸内排出到大气中。传统上为化油器式燃料供给系统，汽油与空气在化油器内初步形成可燃混合气，并在通往和到达汽缸后继续汽化与混合，最终成为工作混合气。

(一)化油器式汽油供给系统的组成

化油器式发动机燃料供给系统如图 1-21 所示，主要由下列装置组成。

1. 汽油供给装置

包括汽油箱、滤清器、输油管和汽油泵，用以完成汽油的储存、输送和清洁的任务。

2. 空气供给装置

即空气滤清器，用以清洁进入发动机的空气。

3. 可燃混合气形成装置

即化油器，用于形成可燃混合气。

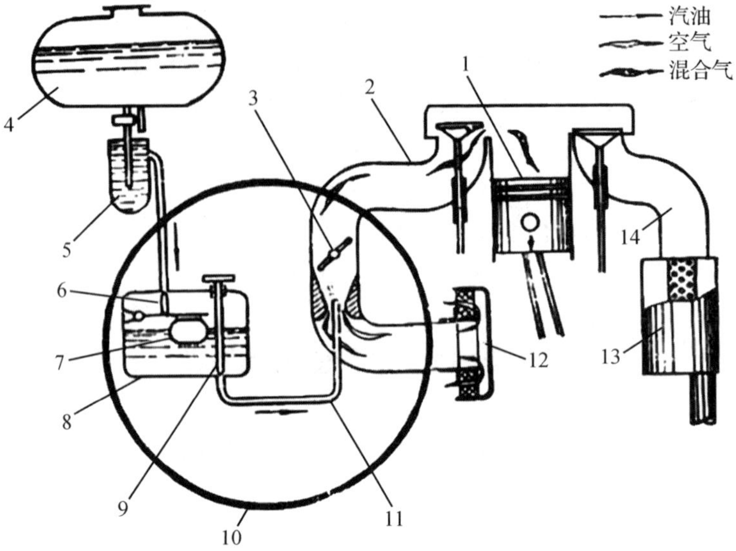

图 1-21 汽油机燃油供给系统

1. 活塞 2. 进气管 3. 节气门 4. 汽油箱 5. 沉淀杯 6. 针阀 7. 浮子 8. 浮子室 9. 油量调节针 10. 化油器 11. 喷管 12. 空气滤清器 13. 消声器 14. 排气管

4. 可燃混合气供给与废气排出装置

包括进气歧管、排气歧管、排气消声器等。

汽油从汽油箱流经滤清器，滤去所含水分和杂质后被吸入汽油泵，汽油泵将汽油泵入化油器。空气经空气滤清器滤去所含灰尘后进入化油器。汽油在化油器中雾化和蒸发，并与空气形成可燃混合气，经进气歧管分配到各汽缸中。燃烧后的废气经排气歧管排入大气。汽油直接喷射式发动机燃料供给系，是将汽油直接喷入进气歧管或汽缸中，以汽油喷射泵代替化油器。

(二)可燃混合气形成过程与化油器工作原理

化油器式汽油机形成混合气的装置是化油器。它由两部分组成，即燃油与空气进行混合的部分和控制燃油量的部分，如图 1-22 所示。

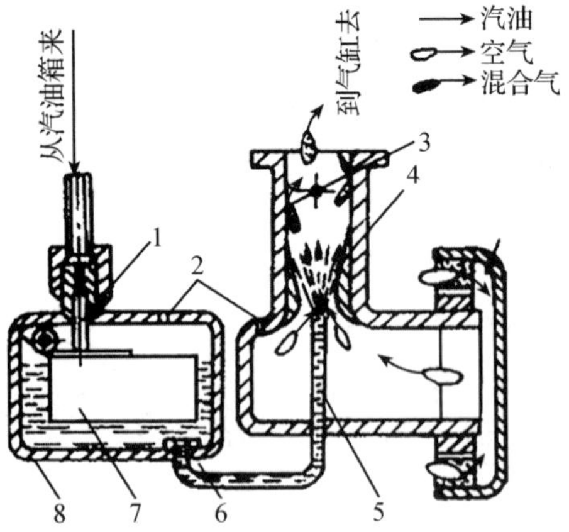

图 1-22 化油器示意图

1. 针阀 2. 通气孔 3. 节气门 4. 喉管 5. 主喷管 6. 主量孔 7. 浮子 8. 浮子室

汽油与空气混合的部分是由阻风门、喉管、主喷口、节气门等组成。当发动机工作时，从喉管上方吸入空气的流速在喉管处加快，故这里压力降低，产生一定的真空度，使汽油从主喷口被吸出，并在空气流的冲击下雾化成细小的颗粒，与空气混合后向下流动，形成可燃混合气。可燃混合气流量的大小是靠节气门调节的，而节气门是通过脚踏板控制的。浮子室内储存着自汽油泵输送来的燃油，依靠浮子及针阀使汽油的油面维持在一定的高度上。如果油面达到标准高度，浮子就会将针阀顶起紧压在进油口阀座上，使汽油不能继续进入浮子室。若油面低于标准高度，则浮子下落，针阀离开阀座，汽油流进浮子室。

实际上，由于发动机的工作状况时时都在变化，简单化油器很难按发动机各工况提供最佳混合比的燃料。为此，现代实用化油器一般要具有如下燃油控制系统。

1. 怠速系统

发动机对外无功率输出时的燃油供给系统。

2. 主供油系统

发动机除怠速和极小负荷以外，其他范围运转状态的燃油供给系统。

3. 加浓系统

当发动机在大负荷至全负荷时额外供油，保证发动机在全负荷时发出最大功率的燃油供给系统。

4. 加速系统

加速时供给必要的额外燃油的系统。

5. 起动系统

在发动机起动时形成必要混合气的系统。

(三)化油器的类型

化油器的具体结构型式很多，但它们的工作原理是基本相同的。

按照喉管处空气流动方向的不同，化油器可分为上吸式、下吸式和平吸式三种(图 1-23)。其中应用最多的是下吸式。

1. 平吸式化油器

如图 1-23a 所示，一般在汽油机顶部空间较小时采用这种化油器，空气水平流入化油器的进气管。

2. 上吸式化油器

如图 1-23b 所示，一般应用在利用重力输送汽油的汽油机上。化油器安装位置较低，空气必须被强迫向上运动进入汽缸。

3. 下吸式化油器

如图 1-23c 所示，下吸式化油器具有较大的空气通道，依靠重力作用帮助混合气进入汽缸。因此，下吸式化油器在汽油机高速大功率运转时，能供给更多的汽油。

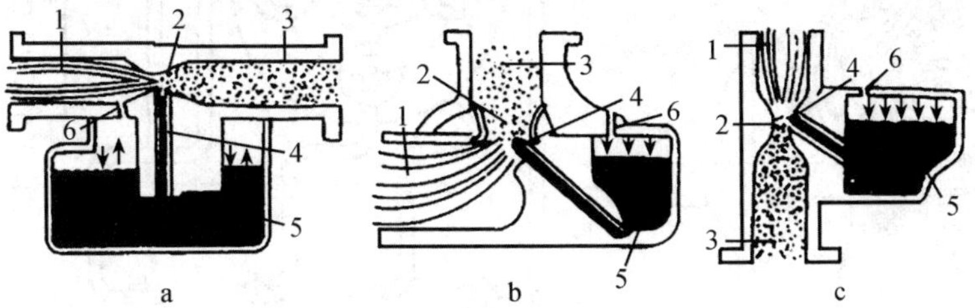

图 1-23 化油器的类型

a. 平吸式 b. 上吸式 c. 下吸式

1. 空气流 2. 喉管 3. 混合气 4. 主喷管 5. 汽油 6. 通气孔

为保持浮子室内油面恒定，浮子室必须直接或间接与大气相通。浮子室与大气直接相通的，称为不平衡式浮子室；浮子室与化油器喉管之前与空气相通的，称为平衡式浮子室。采用平衡式浮子室，当空气滤清器堵塞时，浮子室内的压力与喉管处的压力相差不多，不影响混合气的成分。另外，进入浮子室的空气是被滤清过的，可以避免将灰尘带入浮子室。

另外，按重叠的喉管数目，化油器可分为单喉管式、多重(双重和三重)喉管式；按其空气管腔数目，化油器又可分为单腔式、双腔并动式和双腔(或四腔)分动式三种。

二、汽油机点火系统

汽油机汽缸内的混合气是由火花塞电极间隙产生的电火花点燃的。保证按时在火花塞间隙产生电火花的全部装置，称为点火系统。其功用是：按照内燃机的工作顺序，定时地供给足够能量的高压电，使火花塞产生足够强的电火花，以点燃混合气。

点火系在各种使用条件下都能保证火花塞产生电火花所需的高电压(一般为 1 000～20 000 V，称为击穿电压)，同时还应具有足够的点火能量和合适的点火时刻。

按照产生高压电方法的不同，常用的点火系可分为蓄电池点火系和磁电机点火系两种。

(一)蓄电池点火系统

目前用于各种汽油机的蓄电池点火系统有普通触点式点火系统、触点晶体管点火系统、无触点晶体管点火系统和电容放电式点火系统等多种型式。

图 1-24 所示为普通触点式点火系统简图，包括低压回路和高压回路两部分。低压回路有蓄电池和发电机、点火开关、断电器以及点火线圈中匝数较少的初级线圈；高压回路包括点火线圈中匝数较多的次级线圈、配电器、高压线及火花塞。

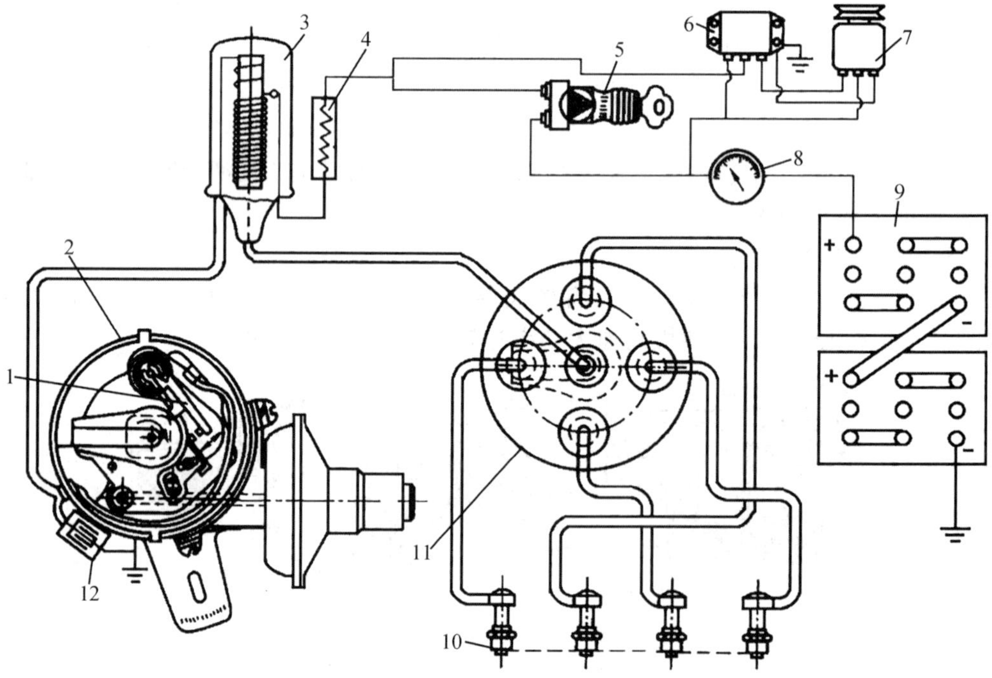

图 1-24　普通触点式点火系统简图

1. 断电器　2. 分电器　3. 点火线圈　4. 附加电阻　5. 点火开关　6. 调节器　7. 发电机　8. 电流表　9. 蓄电池　10. 火花塞　11. 配电器　12. 电容器

汽油机工作时，配气凸轮轴驱动断电器凸轮轴旋转而控制断电器的触点开闭。触点闭合时，低压回路连通，点火线圈中的初级线圈通电后而产生磁场，并由铁芯的作用而加强。当断电器凸轮顶开触点时，初级电流及磁场迅速消失，在次级线圈中感应出高电压，从而使火花塞两电极间产生电火花。

配电器转子每转一圈，各汽缸按照工作顺序轮流点火一次。

断电器触点打开时，触点处会产生电火花，烧坏触点，影响断电器的正常工作，导致次级电压降低。为了减小这一影响，在断电器触点两端并联一个电容器。

1. 点火线圈

各种点火线圈的构造大体上相同。铁芯由硅钢片叠加而成，铁芯上绕有 11 000～23 000 匝的次级线圈和 240～370 匝较粗的初级线圈。初、次级线圈组成自耦变压器。每当初级线圈中电流中断时，次级线圈便由于互感而产生高压电。附加电阻又称热变电阻，可以改善点火系统的工作特性。

2. 断电-配电器

断电-配电器又名分电器，由断电器、配电器及电容器等组成。

(1)断电器　断电器凸轮的棱数与汽缸数相同，每一个凸轮棱顶起胶木顶块时，断电器触点便被打开一次。

(2)配电器　配电器由分电器盖和分火头组成，它的功用是将高压电流按照汽油机点火次序分配到各个汽缸的火花塞上。

分电器用胶木制成，装在配电器的上部，盖中央的中央接线插孔，用以和点火线圈的高压接头引出的高压导线连接。盖的四周有与汽缸数目相同的旁插孔，由此引出高压线与各汽缸的火花塞相连。在中央插孔下部有炭精触头，借助于弹簧弹力与分火头上的导电片紧密接触，旁插孔下方有伸出的铜质侧电极。

分火头用胶木制成，并嵌有导电片，套装在断电器凸轮顶端，并随凸轮一起转动。在分火头转动过程中，每当断电凸轮将触点顶开时，正好导电片依次与侧电极相对，将高压电流分配到对应汽缸的火花塞上。

(3)电容器　电容器装在分电器外壳上，其两极与断电器触点并联。

3. 点火提前角自动调节装置

点火时刻用点火提前角来衡量。点火时，曲轴的曲柄位置与活塞在压缩上止点时曲柄位置之间的夹角，称为点火提前角。在活塞处于压缩上止点前某一时刻适时点火，可使混合气燃烧良好，从而使汽油机获得最大功率和最低的燃油消耗率。此时的点火提前角被称为“最佳”点火提前角。

不同内燃机的最佳点火提前角是不相同的，并随内燃机的工况而变。内燃机转速增高时，燃烧过程所占的曲轴转角增大，这时应适当加大点火提前角；内燃机负荷增大时，汽缸内混合气增多，压缩终了的温度和压力增高，燃烧速度加快，这时点火提前角应适当减小；辛烷值高的燃料抗爆性好，对应的点火提前角也大。

(1)离心式点火提前角自动调节装置　安装在分电器壳中，功用是保证内燃机在不同转速各工况时，始终提供最有利的点火提前角。

(2)真空式点火提前角自动调节装置　位于分电器壳体外，功用是在不同负荷下，始终提供最有利的点火提前角。

(3)辛烷值校正器　汽油机换用不同辛烷值的汽油时,用辛烷值校正器改变初始的点火时刻。该装置由两块板组成,一块为带箭头的调节装置支架,另一块为带刻度的固定板,二者套装在分电器壳体下部的轴头上。调节时,将固定螺钉旋松,转动支架即可改变点火提前角度。

4. 火花塞

火花塞将配电器引出的高压电引入燃烧室,其两电极间产生强烈的电火花,点燃工作混合气。

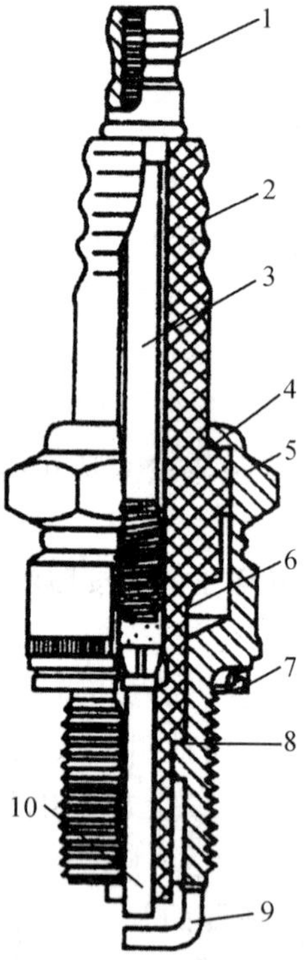

图 1-25　火花塞

1. 螺帽　2. 绝缘体　3. 金属杆　4、8. 内垫圈　5. 壳体　6. 导电玻璃　7. 密封垫圈　9. 侧电极　10. 中心电极

火花塞的构造如图 1-25 所示,螺帽用以连接高压线,侧电极焊在钢制壳体上,由镍铅丝制成。中心电极也用镍铅丝制成,比侧电极稍粗,以增加其传热能力。中心电极上端与金属杆连接,安装在以钢玉瓷质制成的绝缘体的中心孔中。紫铜制成的内垫圈不仅使绝缘体和钢制壳体间获得良好的密封,而且增加中心电极的传热作用。火花塞利用钢制壳体下端的螺纹旋入汽缸盖上,两者之间的紫铜密封垫圈使壳体和缸盖之间获得密封。

(二)磁电机点火系

磁电机点火系由磁电机和火花塞组成。

1. 磁电机

磁电机既是一种发电装置,也是升压变压器。它的功能是根据汽油机的需要在规定时间内产生高压电,供给火花塞产生火花。小型汽油机大多采用飞轮磁电机,它主要由磁极、点火线圈、断电器等组成。

(1)磁极　由四块永久磁铁组成,镶嵌在飞轮内缘上,随飞轮一起转动。

(2)点火线圈　是磁电机的电枢,装在磁电机底板上。点火线圈由初级线圈、次级线圈和铁芯组成。初、次级线圈组成自耦变压器。每当初级线圈中电流中断时,次级线圈便由于互感而产生高压电。

(3)断电器　安装在磁电机底板上,用来切断低压电路。一般由断电触点、断电臂、断电臂弹簧、断电凸轮等组成。

2. 磁电机点火系的工作原理

磁电机的工作原理如图 1-26 所示。

当飞轮转动时,镶嵌在飞轮上的四块永久磁铁随飞轮一起转动,形成一个旋转磁场,使其通过点火线圈铁芯中的磁通量的大小和方向不断发生变化,从而在点火线圈的初级、次级线圈中产生感生电动势。断电器触点处于闭合状态时,初级线圈中产生感生电流,并感生出一个电枢磁场,这个磁场与永久磁铁所产生的磁场叠加在一起通过次级线圈。断电器触点打开,低压电路被切断,电枢磁场也随之消失,在初级线圈和次级线圈中均感应出电动势。次级线圈的感生电压在 20 000 V 以上,作用在火花塞两极上产生电火花,将混合气点燃。

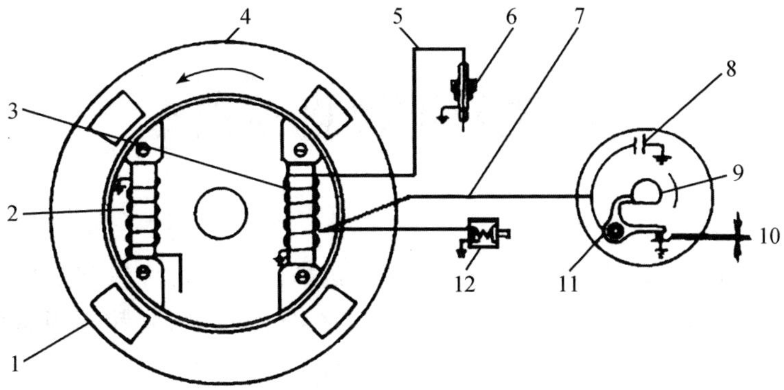

图 1-26　磁电机的工作原理

1. 磁极　2. 照明电路　3. 点火线圈　4. 飞轮　5. 高压线　6. 火花塞　7. 低压线　8. 电容器　9. 点火凸轮　10. 断电器触点　11. 断电器弹簧片　12. 熄火开关

项目二 拖拉机与汽车

拖拉机、汽车及农用运输车是主要的农业动力机械。拖拉机可以与农机具配合进行耕整地、播种、中耕、收获等各种田间移动作业,也可以进行抽水排灌、脱粒等固定作业。轮式拖拉机还可用于运输作业。

一、拖拉机与汽车的类型

(一)拖拉机

1. 按用途分类

拖拉机按用途分类可分为工业用、林业用及农业用三大类。

工业用拖拉机主要用于筑路、矿山、水利、石油和建筑等工程,也可用于农田基本建设工作。

林业用拖拉机主要用于林区集材,收集采伐下来的木材并送往木场。如果带上专用工具,也可做植树造林和伐木工作。

农业用拖拉机主要用于农业生产,按用途不同又可分为普通型、园艺型、中耕型和特殊用途型拖拉机四类。

(1)普通型拖拉机　应用范围较广,主要用于一般条件下的农田移动作业、固定作业和运输作业等。

(2)园艺型拖拉机　主要用于果园、菜地、茶林等各项作业,特点是体积小、功率小、机动灵活。

(3)中耕型拖拉机　主要用于中耕作业,具有较高的地隙和较窄的行走装置,可用于玉米、高粱、棉花等高秆作物的中耕。有些拖拉机,地隙比普通拖拉机稍高些,既适用于一般农田作业,又可用于中耕,又被称为"万能"中耕型拖拉机。

(4)特殊用途型拖拉机　适用于在特殊工作环境下作业或适用于某种特殊需要,如山地、沤田(船形)、水田和葡萄园拖拉机等。

2. 按行走装置分类

拖拉机按行走装置分类可分为履带式(或称链轨式)、轮式及手扶式三类,半履带式拖拉机是这两种拖拉机的变型。

(1)履带式拖拉机　主要用于土质黏重、潮湿地块田间作业和农田水利、土方工程等农田基本建设作业。

(2)轮式拖拉机　其行走装置是轮子。按驱动型式可分为两轮驱动与四轮驱动。两轮驱动一般为两后轮驱动、两前轮导向,驱动型式代号用 4×2 来表示(4 为车轮总数,2 为驱动轮数)。主要用于一般农田作业、排灌作业和农副产品加工以及运输作业等。四轮驱动型拖拉机,前后四个轮子都由发动机驱动,驱动型式代号为 4×4。在农业上主要用于土质黏重、大块地深翻、泥道运输作业等,在林业上用于集材和短途运材。

(3)手扶式拖拉机 其行走轮轴只有一根,因此在农田作业时操作者多为步行,用手扶持操纵拖拉机,习惯上称为手扶式拖拉机。轮轴上只有一个车轮的,称为独轮拖抡机,有两个车轮的称为双轮拖拉机。

3. 按功率大小分类

功率为 73.6 kW 以上的,为大型拖拉机;功率在 14.7～73.6 kW 之间的,为中型拖拉机;功率在 14.7 kW 以下的,为小型拖拉机。

(二)汽车

按用途分类可分为运输汽车(轿车、客车、货车、牵引汽车)和特种汽车两大类;按动力装置分类,有汽油机汽车、柴油机汽车、电动汽车等。

(三)农用运输车

农用运输车是我国 20 世纪 80 年代后期发展起来的一种适于农村特点的运输车辆,按行走装置分为三轮和四轮。按载货质量分,三轮农用运输车有 0.5 t 级、0.75 t 级,四轮农用运输车有 0.5 t 级、0.75 t 级、1.0 t 级、1.5 t 级和 2.0 t 级。

二、拖拉机与汽车的总体构造

拖拉机、汽车及农用运输车总体构造基本相同,主要由发动机、传动系、行走系、转向系、制动系、电气设备及辅助装置等组成。图 2-1 为轮式拖拉机纵向剖面图。拖拉机和汽车上除发动机和电气设备以外的其他部分统称为底盘。拖拉机发动机都是柴油机,汽车发动机有柴油机和汽油机,而目前柴油机在汽车特别是在中、大型汽车上的应用越来越多。农用运输车的发动机主要是柴油机。

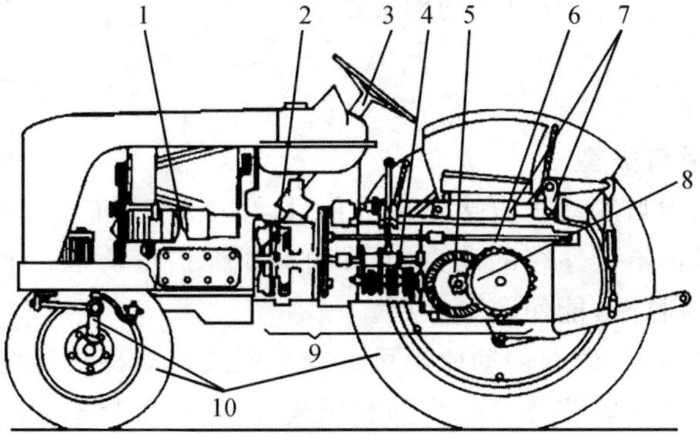

图 2-1 轮式拖拉机纵向剖面图

1. 发动机 2. 离合器 3. 转向系统 4. 变速箱 5. 中央传动 6. 动力输出轴 7. 液压悬挂系统 8. 最终传动 9. 传动系统 10. 行走系统

任务一 传动系统

传动系统的功用是将发动机的动力传递到驱动轮(拖拉机农也包括动力输出装置),并根据工作需要改变车辆的行驶速度、驱动力,以及使车辆前进或后退,平稳起步或停车。拖拉机、汽车的传动系有机械式和液压式两大类。机械式传动系使用广泛。

轮式拖拉机的传动系统由离合器、变速箱、中央传动、最终传动及其半轴等组成(图 2-2)。履带式拖拉机传动系统与轮式拖拉机传动系统的区别在于没有差速器而有左、右转向离合器(图 2-3)。

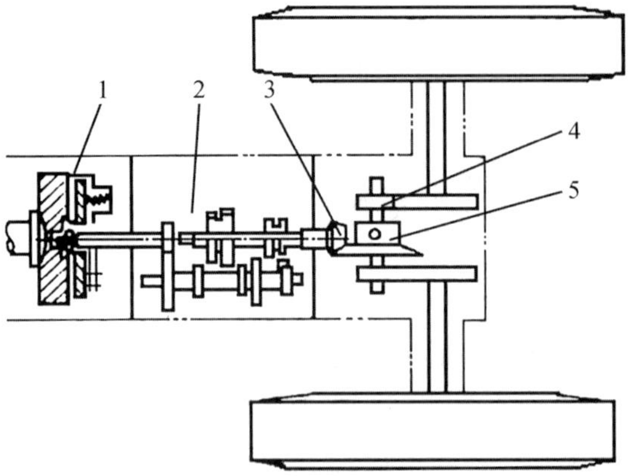

图 2-2 轮式拖拉机传动系统的组成

1. 离合器 2. 变速器 3. 中央传动 4. 最终传动 5. 差速器

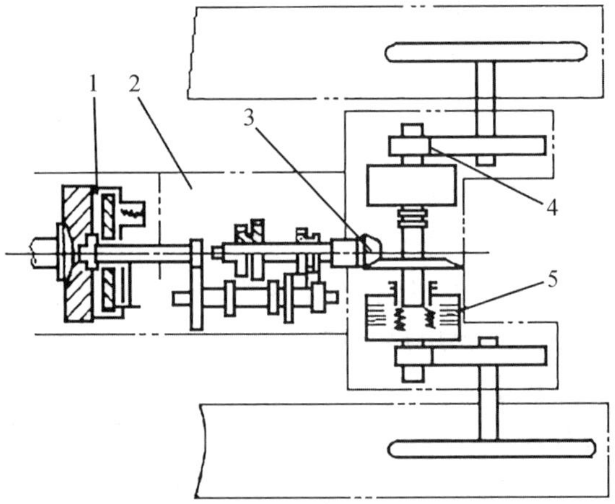

图 2-3 履带式拖拉机传动系统的组成

1. 离合器 2. 变速器 3. 中央传动 4. 最终传动 5. 转向机构

汽车、轮式拖拉机的差速器和履带式拖拉机、手扶拖拉机的转向离合器都是传递动力的主要部件,在结构上与中央传动和最终传动密切相连,而且装在同一后桥壳体内,但它们最主要的功用是为了满足转向的需要,所以把它们作为转向系统的组成部分。

履带式拖拉机的离合器与变速箱之间和汽车的变速箱与驱动桥之间,因距离较大,难以保证轴线间的同轴度,所以常采用万向传动轴来传递动力。

一、离合器

(一)离合器的功用与类型

离合器是传动系统中与发动机直接连接的部件,位于发动机与变速箱之间。离合器的功用是接合或切断发动机传给变速箱的动力,并在过载时保护传动系。平稳接合离合器时,能使车辆平稳起步;分离离合器时,能使车辆换挡。

离合器的分类方法很多,根据传动原理可分为牙嵌式与摩擦式;根据从动盘的数目可分为单片、双片和多片式;根据压紧装置可分为弹簧压紧式、杠杆压紧式和液压压紧式;根据摩擦表面的工作条件可分为干式和湿式;根据离合器在传动系中的作用可分为单作用式和双作用式。

拖拉机、汽车上所采用的多数是摩擦式、干式、弹簧压紧式离合器,牙嵌式离合器仅在手扶拖拉机的转向离合器上应用。

(二)离合器的结构与工作原理

摩擦式离合器的基本工作原理是依靠主动部分和被动部分摩擦表面之间的摩擦力来传递转矩。

不同型式的离合器,虽然具体结构不尽相同,但基本构造与原理相同。离合器主要由三部分组成,即主动部分(飞轮、压盘和离合器罩)、从动部分(离合器片、离合器轴)、压紧和操纵机构(离合器弹簧、分离轴承、分离杠杆、分离拉杆、拨叉、踏板等),如图 2-4 所示。

拖拉机常用的单片、干式、常接合单作用式离合器的构造和工作原理如下。

离合器罩用螺钉固定在飞轮上，多个离合器弹簧均匀分布在离合器罩与压盘间，并加压在压盘上，使离合器片与飞轮紧压在一起。离合器片与离合器轴以花键连接，并可在轴上做轴向移动。在离合器轴上套有分离轴承，压盘与离合器罩之间装有分离拉杆，拉杆的一端铰接分离杠杆。

分离离合器时，踩下离合器踏板使分离轴承前移，加压于分离杠杆球头，分离杠杆与分离拉杆铰接，分离拉杆带动压盘克服离合器弹簧的弹力向后移动，离合器片与压盘和飞轮之间出现间隙，摩擦力消失，切断动力。

重新接合离合器时，平缓地放回离合器踏板，在离合器弹簧的作用下，压盘逐渐将离合器片压向飞轮，摩擦力逐渐加大，离合器片平稳地带动离合器轴旋转，保证车辆的平稳起步，以减轻传动机构的冲击载荷。当离合器踏板完全放回后，离合器弹簧以规定的压力使压盘将离合器片压紧在飞轮上，发动机曲轴的全部转矩传递给离合器轴。

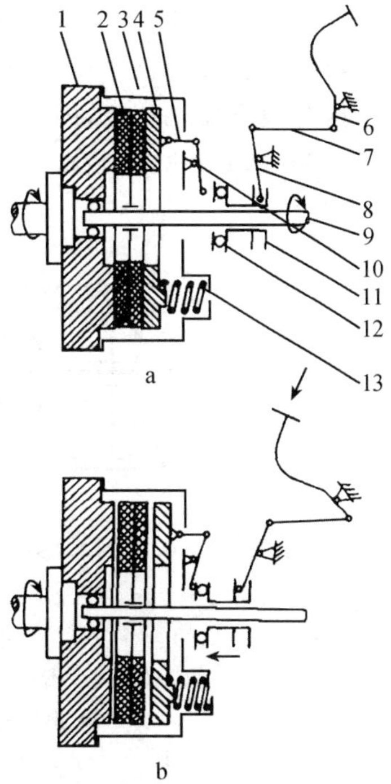

图 2-4　单作用式离合器的基本构造

a. 接合　b. 分离

1. 飞轮　2. 离合器片　3. 离合器罩　4. 压盘　5. 分离杠杆　6. 踏板　7. 拉杆　8. 拨叉　9. 离合器轴　10. 分离杠杆　11. 分离轴承器　12. 分离轴承　13. 弹簧

(三)离合器的正确使用

(1)接合离合器时，必须缓慢地松开离合器踏板，使压盘、离合器片和飞轮能柔和地接合，这样可减少离合器片和其他传动机构零件受到的冲击负荷，延长使用寿命，并使车辆起步平稳。分离离合器时，必须迅速、彻底，避免离合器片处于半接合、半分离状态。

(2)车辆行驶时，不要把脚踩在离合器踏板上使离合器处于半接合状态，否则会加速离合器片摩擦衬面的磨损，甚至因摩擦生热，温度升高而烧毁离合器片。

(3)按说明书规定，定期对离合器进行润滑、检查和调整。

二、变速箱

(一)变速箱的功用与类型

拖拉机、汽车都有变速箱，其功用是在发动机转矩和转速不变的情况下，增大驱动轮的扭矩、降低转速；在发动机转速不变的情况下，改变车辆的行驶速度和驱动力，以适应不同工况条件；在发动机曲轴转向不变的情况下，改变车辆的行驶方向，即前进或后退；在发动机运转时，使车辆停车或拖拉机固定作业。

变速箱分有级式和无级式两大类。有级式变速箱是利用齿轮传递动力，变速箱内装有齿数及传动比不同的多组齿轮副，以获得一定数量的变速级别(即挡位)，每个挡位对应的车辆速度不同。无级式变速箱采用液压传递动力，可得到所需的任意传动比，即得到在一定范围内的任意行驶速度。拖拉机及国产汽车上普遍采用有级式变速箱。

(二)变速箱的构造与工作原理

变速箱安装在离合器之后,主要由变速器、壳体及操纵机构组成。变速箱如图 2-5 所示,第一轴直接与离合器轴相连,即为变速箱主动轴。安装在主动轴上的齿轮为主动齿轮,与主动齿轮啮合的为从动齿轮,安装在从动轴上。从动轴将主动轴传过来的动力输出变速箱。

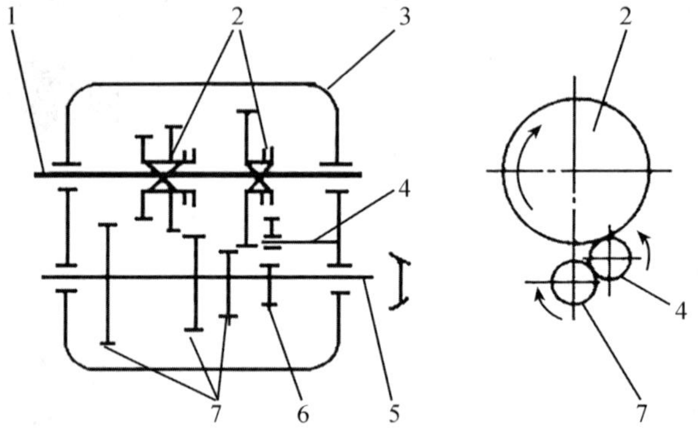

图 2-5 双轴式变速箱示意图

1. 第一轴 2. 滑动齿轮 3. 变速箱外壳 4. 倒退轴和倒退挡齿轮
5. 第二轴 6. 倒挡从动齿轮 7. 固定齿轮

从动齿轮与主动齿轮的齿数之比称为传动比,即

$$i=n_1/n_2=z_2/z_1$$

式中,n_1,n_2——分别为主动轴与从动轴的转速;

z_1,z_2——分别为主动齿轮与从动齿轮的齿数。

当主动轴转速 n_1 一定时,传动比 i 越大(即变速箱在低挡位),则从动轴的转速 n_2 越低、扭矩越大;反之也相反。由此可知,齿轮对数越多,变速箱的挡位也就越多。在两个齿轮间加入中间齿轮,可改变从动轴的旋转方向,从而达到使车辆倒退行驶的目的。

(三)变速箱的操纵机构

变速箱的操纵机构一般由变速机构、自锁机构、互锁机构组成,在某些拖拉机上还采用联锁机构。

1. 变速机构

变速机构的作用是移动滑动齿轮使之与相应的齿轮啮合,以达到变速、后退或停车的目的,由变速杆、变速轴和变速叉组成。

2. 自锁机构(或称定位机构)

将变速叉锁定在需要位置,防止车辆在工作中因振动而产生自动脱挡现象。

3. 互锁机构

用以防止变速时拨动两根变速轴而同时挂上两个挡位。

4. 联锁机构

用以防止离合器未彻底分离时进行变速而发生齿轮冲击(俗称打牙)。该结构仅在少数大、中型拖拉机变速箱采用。

三、后桥

拖拉机后桥是变速箱与驱动轮之间所有传动部件及壳体的总称(不包括万向节传动),由中央传动、转向机构、最终传动及半轴等组成，参见图 2-1、图 2-2 和图 2-3。拖拉机后桥还包括动力输出装置。

(一)中央传动

中央传动的功用是进一步增大汽车、拖拉机传动系统的传动比、降低转速，增大扭矩，并改变动力旋转方向。中央传动由一对圆锥齿轮组成，小圆锥齿轮与变速箱从动轴制成一体或通过传动轴相连，由它驱动大圆锥齿轮，二者相交成直角，所以改变了动力旋转的方向。在汽车、轮式拖拉机上，大圆锥齿轮装在差速器壳上，在履带式拖拉机中则装在后桥轴上。

(二)最终传动

最终传动的功用是再一次增大传动比，降低转速，增大扭矩，再将动力传递给驱动轮。最终传动的形式有圆柱齿轮式和行星齿轮式，采用圆柱齿轮式的较多。

(三)动力输出装置

拖拉机上装有动力输出轴和动力皮带轮，用以扩大拖拉机的使用范围。动力输出皮带轮用于固定作业，如带动脱粒机、铡草机和排灌机械等。动力输出轴则主要用于驱动需要动力传动进行田间作业的农机具，如旋耕机、收割机、秸秆还田机和植保机械。

动力输出轴一般设在拖拉机后面，国产动力输出轴轴端均采用八齿矩形花键。动力输出轴可分为标准式和同步式两种，前者的转速与拖拉机各挡位的行驶速度无关，后者则与拖拉机各挡位的行驶速度成正比，即“同步”。

根据操纵方式的不同，标准式动力输出轴又可分为非独立式、半独立式和独立式三种。非独立式动力输出轴从主离合器获得动力，主离合器分离时，动力输出轴停止转动；半独立式动力输出是在拖拉机上采用双作用离合器；独立式动力输出要求有两套离合器和分开的操纵机构，动力输出与拖拉机的行驶互不影响。

任务二　行走系统

行走系统的主要功用是把发动机传到驱动轮上的扭矩转变为拖拉机、汽车行驶时的驱动力，此外还支承拖拉机、汽车的重量并减轻冲击和振动。

拖拉机、汽车的行走系统主要有轮式和履带式两种。

一、轮式拖拉机、汽车的行走系统

轮式拖拉机、汽车的行走系统主要包括车架、车桥、车轮和悬架。

(一)车架

车架是整车的骨架，支承连接拖拉机、汽车的各零部件，并承受来自车内外的各种载荷。轮式拖拉机的车架有半梁架式和无梁架式两种(图 2-6)。半梁架式车架的一部分是梁架，另一部分是传动系的壳体。无梁架式车架则根本没有梁架，全部由各部件的壳体连成。

汽车车架的结构型式基本上有两种：框架式车架和管梁式车架。框架式车架由两根纵梁和若干根横梁组成，管梁式车架只有一根位于中央的纵梁。

(二)车桥

车桥也称车轴，通过悬架和车架相连，两端安装车轮。其功用是传递车架与车轮之间各方向的作用力。车桥又可分为转向桥、驱动桥、转向驱动桥和支持桥四种类型。一般拖拉机、汽

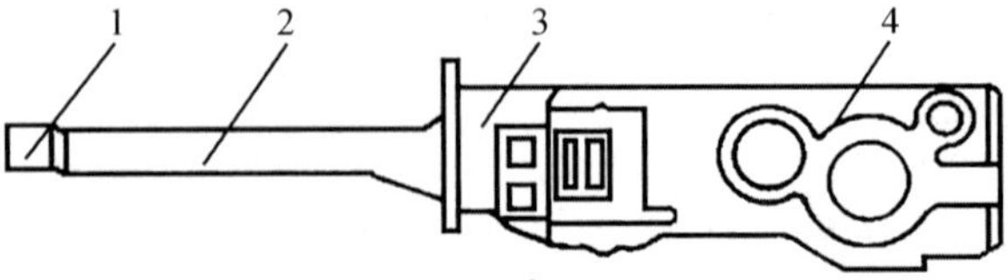

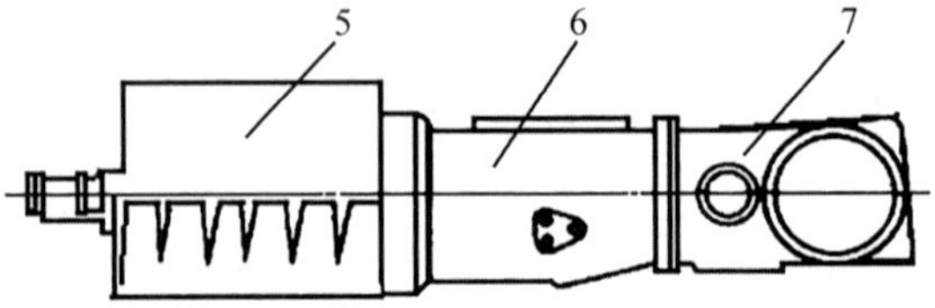

图 2-6　轮式拖拉机车架

a. 半梁架式车架　b. 无梁架式车架

1. 前梁　2. 纵梁　3. 离合器壳　4. 变速箱和后桥壳　5. 发动机壳　6. 变速箱壳　7. 后桥壳杆

车的前桥都为转向桥，而后桥则是驱动桥。

转向前桥主要由前轴、转向节支架、转向节主销、前轮轴和摇摆轴组成。机体与前桥通过摇摆轴铰接，拖拉机在不平路面上行驶时可以使前轴横向摆动，保证两个前轮始终同时着地。

驱动桥由中央传动、差速器、半轴和驱动桥壳等组成。其作用是将万向传动装置输入的动力经过降速增扭、改变传递方向后，分配给左右驱动轮，使拖拉机、汽车行驶，并允许左右驱动轮以不同的转速旋转。

(三)车轮和悬架

轮式车辆通过车轮与路面接触，支承车辆的重量，减轻振动并确定车辆的行驶方向。除水田用的铁轮外，绝大多数车轮都采用低压充气轮胎，其组成包括轮胎(外胎和内胎)、轮圈、辐板和轮毂四部分。

轮毂与辐板相连接，轮毂安装在轮轴上，轮圈固定在辐板上，轮圈上再安装内、外胎。

拖拉机的后轮为驱动轮，并支承着拖拉机后部的重量。由于工作条件特殊，轮式拖拉机行走系的结构有一些特点。田间土壤较松软、潮湿，土壤产生附着力的条件较差，但拖拉机拖带农机具在田间作业时需要较大的牵引力，因此拖拉机大部分的重量要集中在驱动轮上，以增加产生附着力的重量。为了能够承受这个重量，同时增加与土壤的接触面积，驱动轮大多是采用直径较大的低压轮胎，而且表面上都有凸起的花纹。

此外，拖拉机在田间作业时需要经常调头、转弯，为了减少在田间土壤条件下的转向困难，导向轮都是采用小直径的，而且轮胎表面大都有环状花纹，以增加防止侧滑的能力。

为了不伤害农作物，拖拉机应有合适的农艺离地间隙，有的拖拉机的离地间隙做成可调节的。此外，为了适应各种作物的不同行距，拖拉机的前后轮的轮距也应该可以调节。

悬架是车架与车桥(或车轮)之间的弹性连接的传力部件，具有缓冲、减振、导向等作用。由于拖拉机的田间作业速度都不高，另外低压轮胎本身具有一定的减振和缓冲作用，所以许多拖拉机都不采用弹性悬架，而是后桥与机体刚性连接，前轴与机体采用铰链连接。在有些拖拉机上，为了适应运输速度的提高，前轴采用弹性悬架。

二、履带式拖拉机的行走系统

履带式拖拉机的行走系统由车架、驱动轮、支重轮、履带张紧装置和导向轮、托带轮以及履带等组成(图 2-7)。

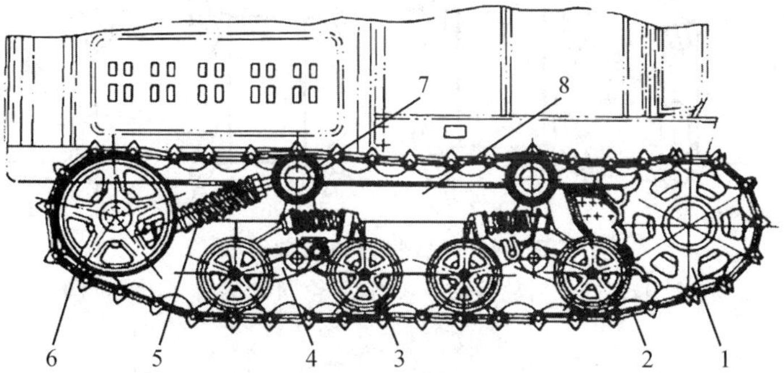

图 2-7　履带式拖拉机行走系统

1. 驱动轮　2. 履带　3. 支重轮　4. 台车　5. 履带张紧装置　6. 导向轮　7. 托带轮　8. 车架

履带式拖拉机的车架一般都采用全梁架式结构,相当于汽车的框架式车架。拖拉机的所有部件都安装在这个框架上,同时车架也承受着来自车内外的各种载荷。

驱动轮用以驱动履带,保证拖拉机行驶。悬架用以连接支重轮和拖拉机机体,机体的重量经悬架传递给支重轮;同时履带和支重轮在行驶中所受的冲击也通过悬架传到机体上。

支重轮支承拖拉机的重量,并在履带的轨道面上滚动,同时还用来夹持履带,不使履带横向滑脱。托带轮托住履带防止其过度下垂,并防止履带侧向脱落。

张紧装置使履带保持一定的张紧度,减少履带在运动中的振跳现象,并防止履带由于过松而在转弯时脱落。农用拖拉机常用的是曲柄式张紧机构,张紧装置的弹簧既是张紧弹簧,也是缓冲弹簧。当履带遇到障碍或是卡入石块等硬物时,导向轮能压缩弹簧向后移动。导向轮是张紧装置的一部分,并引导履带运动的方向。

履带的功用是承受拖拉机的重量,并将其分布在较大的支持面上,以减少单位面积的接地压力,同时产生足够的附着力。另外,履带板接地的两端铸有履带刺,起抓地、减少履带打滑的作用。

任务三　转向系统

转向系统用来操纵车辆的行驶方向。除转弯外,由于路面条件及车辆自身技术状况因素的影响,车辆直行时也会自动偏离原来的行驶方向,这时也需要操纵转向机构来“纠偏”。

车辆之所以能够在转向机构的作用下实现转向,是地面与行走装置之间的相互作用使车辆产生了与转弯方向相一致的转向力矩。地面与行走装置产生转向力矩的方式——转向方式有三种:第一种是依靠车辆的轮子(前轮或后轮)相对车身偏转一个角度来实现;第二种是靠改变行走装置两侧的驱动力来实现;第三种是既改变两侧行走装置的驱动力又使轮子偏转。

汽车、大多数轮式拖拉机采用第一种转向方式,履带拖拉机和无尾轮手扶拖拉机采用第二种转向方式,有尾轮手扶拖拉机及轮式拖拉机在某种情况下采用第三种转向方式。

汽车、轮式拖拉机、农用运输车及工程上应用的各种轮式车辆(铲运机、挖掘机)等,均采用车轮偏转的方式实现转向。车轮偏转方式有四种(图 2-8),即前轮偏转、后轮偏转、前后轮同时偏转和折腰转向。汽车、轮式拖拉机和农用运输车一般均采用前轮偏转的方式进行转向。

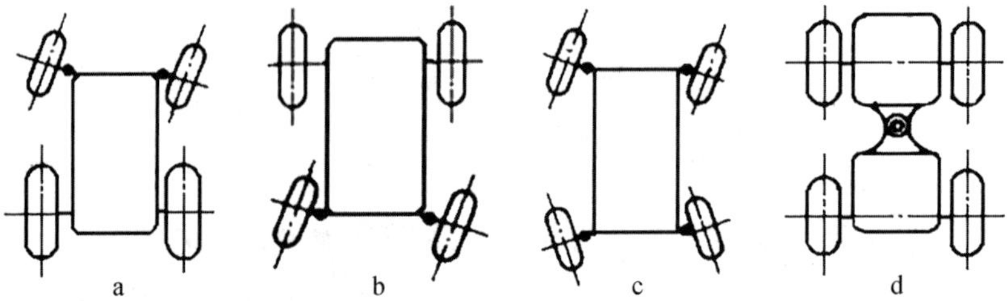

图 2-8　轮式拖拉机转向方式

a. 前轮偏转　b. 后轮偏转　c. 前后轮同时偏转　d. 折腰转向

一、轮式车辆转向系统

轮式车辆转向系统由转向操纵机构和差速器组成。

(一)转向操纵机构

转向操纵机构的功用是使前轮(或称转向轮)偏转。根据转向操作的主要动力来源,转向操纵机构可分为机械式和液压式两种。

机械式转向操纵机构如图 2-9 所示,主要由方向盘转向器和传动杆件组成。转向器有多种型式,由转向节臂、横拉杆、转向杠杆和前轴构成了一个梯形四杆机构,其功用是转向时使两侧前轮的偏转角保持一定的关系。

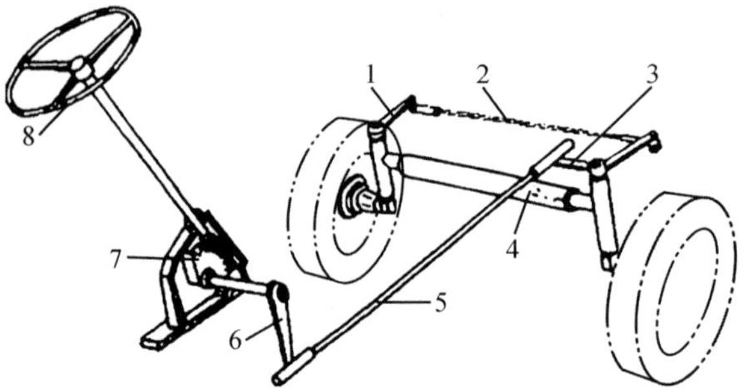

图 2-9　机械式转向操纵机构

1. 转向节臂　2. 横拉杆　3. 转向杠杆　4. 前轴　5. 纵拉杆
6. 转向摇臂　7. 转向器　8. 方向盘

液压式转向则是利用液压动力代替了人工的大部分操纵力。当转动方向盘时,压力油液进入动力缸,通过杆件与转向梯形使两前轮偏转。

(二)差速器

差速器的功用是保证汽车与轮式拖拉机在直线行驶时两驱动轮转速相同,而车辆转弯或在不平路面行驶时,两驱动轮转速不同。因为汽车、轮式拖拉机在转弯时,外侧驱动轮走过的路程比内侧长,所以要求外侧驱动轮比内侧轮转动得快一些。否则,外侧驱动轮会与地面产生滑移,不但易磨损轮胎,而且转向困难。

差速器的组成如图 2-10 所示。中央传动大圆锥齿轮固定安装在差速器壳上，行星齿轮安装在差速器壳上的行星齿轮轴上，可随轴一起公转和绕轴自转。

车辆直线行驶时，中央传动小圆锥齿轮带动大圆锥齿轮旋转，大圆锥齿轮带动差速器外壳旋转。两半轴齿轮在行星齿轮轮齿的驱动下随同差速器外壳以相同速度绕半轴轴线一起旋转，并获得相同的扭矩。这时两驱动轮转速相同，行星齿轮相对本身轴线无旋转运动。

车辆转弯时，内侧所受的阻力较大，使内侧的半轴齿轮不能随同差速器外壳一起旋转，二者产生了速度差。内侧半轴齿轮的转速低于差速器外壳的转速，迫使行星齿轮必须围绕本身轴线做旋转运动。行星齿轮的转动带动了外侧半轴齿轮作与差速器外壳旋转方向相同的转动，使外侧半轴转速高于差速器外壳。这样，两驱动轮的速度有了一定的差距。

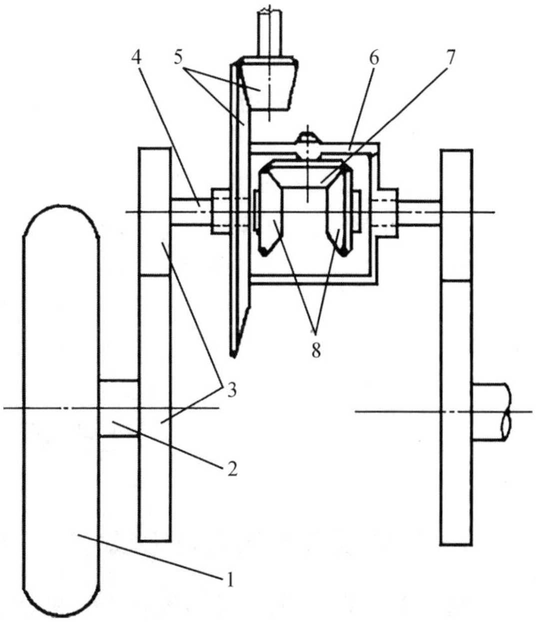

图 2-10　轮式拖拉机差速器

1. 行走轮　2. 轮轴　3. 边减速齿轮　4. 半轴　5. 中央传动齿轮　6. 差速器壳　7. 行星齿轮　8. 半轴齿轮

车辆安装了差速器，会降低其在泥泞、易滑地面上的通过能力。当一侧的驱动轮陷入泥泞，另一侧的驱动轮在坚实的地面上时，差速器的作用会使陷入泥泞中的驱动轮严重打滑，而处在坚实地面上的驱动轮则根本不转动，于是车辆在原地不能前进。为了防止发生这种现象，拖拉机上设有差速锁，使差速器不起作用，两根半轴连接如同一根刚性的整轴，使拖拉机行驶出陷车的地段。

二、履带式拖拉机转向系统

履带式拖拉机转向方式与汽车、轮式拖拉机不同，它是靠改变两侧履带的驱动力而转向的。履带拖拉机转向系统由转向机构与转向操纵机构组成。转向机构分为摩擦式转向离合器和双差速器两种，前者应用较普遍。

履带式拖拉机的转向离合器分左、右两个，分离任意一侧驱动轮上的动力，使两侧驱动轮有不同的驱动扭矩，可以实现转向。急转弯或原地转弯时，还需要制动器的配合。

转向离合器由主动鼓、从动鼓、主动片、从动片(摩擦片)、弹簧、压盘、分离轴承和操纵机构等组成。其工作过程如图 2-11 所示。

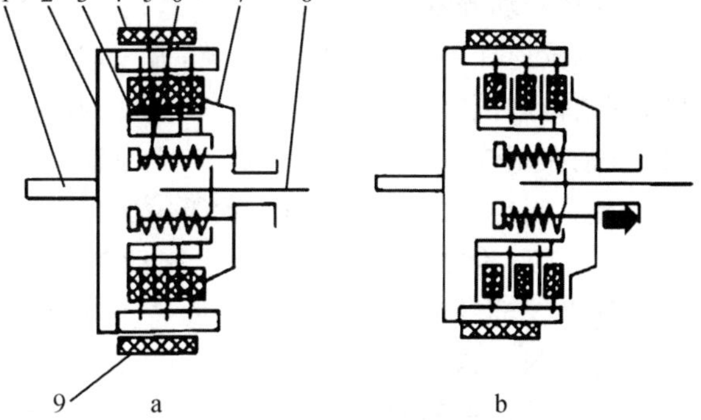

图 2-11　转向离合器结构示意图

a. 接合　b. 分离

1. 从动轴　2. 从动鼓　3. 主动鼓　4. 从动片　5. 主动片　6. 压紧弹簧　7. 压盘　8. 主动轴　9. 带式制动器

分离拨叉未拨动分离轴承时，两侧转向离合器皆处于接合状态(图 2-11a)。扳动一侧分离拨叉，拨动分离轴承拉动压盘压缩弹簧，使主动片与从动片的压紧力减少到完全不能传递扭矩时，这一侧就失去了驱动力(图 2-11b)，但另一侧仍有驱动力，于是拖拉机就向失去驱动力的一侧转弯。

转向离合器和制动器在转向时的操作顺序：先拉动转向离合器操纵杆并拉到底，使动力彻底分离后，再踩下制动器踏板制动转向离合器的从动鼓。转向完成后，应先松回制动器踏板，然后再松回转向离合器操纵杆。在踩下制动器踏板时应点踩(即踩到底后松回，再踩下去，又松回，重复动作)，而不应踩下去不放，致使履带拖拉机向一侧作原地转弯；或是用不踩到底的方法使拖拉机逐渐转弯，这样会加速摩擦衬片的磨损。

任务四　制动系统

一、制动系统的功用与组成

制动系统的功用：按照需要使拖拉机、汽车减速或在最短距离内停车；下坡行驶时限制车速；协助或实现转向；使拖拉机、汽车可靠地停放原地，保持不动。

制动系统由制动器和传动机构组成。制动器产生摩擦力矩迫使车轮减速和停转；传动机构将驾驶员的操纵力或其他能源的作用力传递给制动器，使之产生摩擦力矩。

二、制动器及传动机构

目前，在拖拉机、汽车上广泛采用摩擦式制动器，它由静止部分和旋转部分组成。静止部分固定在车架或机壳上，旋转部分则固定在车轮或传动轴上。摩擦式制动器按其结构型式可分为带式、蹄式和盘式三种。

带式制动器多用于履带拖拉机的转向机构中，它的制动元件为一条铆有摩擦衬片的环形钢带，旋转元件是一个称为制动鼓的金属圆筒。制动时驾驶员踩下制动踏板，通过拉杆将力作用于制动带的一端，使之收紧，抱住制动鼓，从而实现制动作用。

蹄式制动器在拖拉机、汽车中都有较广泛的应用，它的制动元件是形似马蹄的两块制动蹄，一端铰连在静止不动的底板上，另一端可径向运动。旋转元件是一个薄壁短圆筒，即制动鼓，其结构如图 2-12 所示。制动时，轮缸内油压升高，推动活塞向两端移动。于是制动蹄片张开、压紧在制动鼓的内摩擦表面，产生摩擦力矩，实现制动作用。

盘式制动器广泛地应用在各级轿车和轻型货车上。其旋转元件为一金属圆盘，称为制动盘，固定元件为制动钳(图 2-13)。制动时，液压作用力推动活塞，内侧制动块压靠制动盘，同时钳体上受到的反力使钳体连同固装于其上的外侧制动块靠到制动盘的另一侧面上，这样制动钳夹紧制动盘，实现制动。

传动机构按照制动力的来源不同，可分为机械式、液压式和气压式三种。拖拉机多用机械式传动机构，而汽车则多用液压式和气压式传动机构。

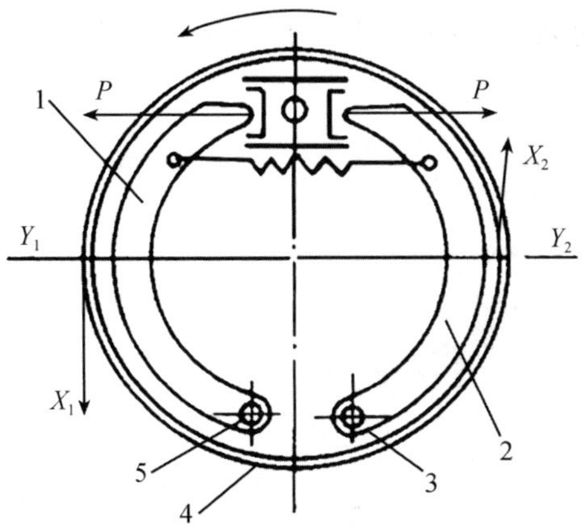

图 2-12　蹄式制动器

1. 前制动器　2. 后制动器　3. 支承销
4. 制动鼓　5. 支承销

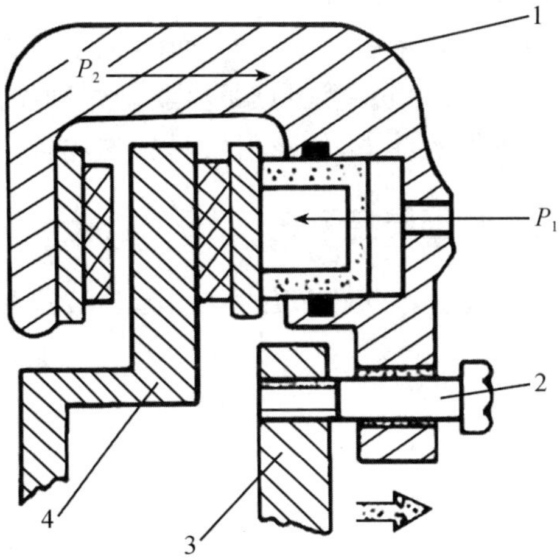

图 2-13　浮钳盘式制动器示意图

1. 钳体　2. 滑销　3. 制动钳支架　4. 制动盘
P_1、P_2. 液压的作用力与反作用力

任务五　牵引装置和液压悬挂系统

一、拖拉机与农具的连接方式

拖拉机与农具有三种连接方式(图 2-14)。

一是牵引式连接,拖拉机后面有牵引装置直接以一点牵引农具;二是悬挂式连接,拖拉机上的悬挂机构与农具连接,使农具直接以两点或三点悬挂在拖拉机上,利用液压或机械方式使其升降;三是半悬挂式连接,拖拉机上的悬挂装置与农具连接,利用液压只升降农具的工作部件,不能使整台农具起落。这种连接方式适用于连接宽幅或长度和重量较大的农具。

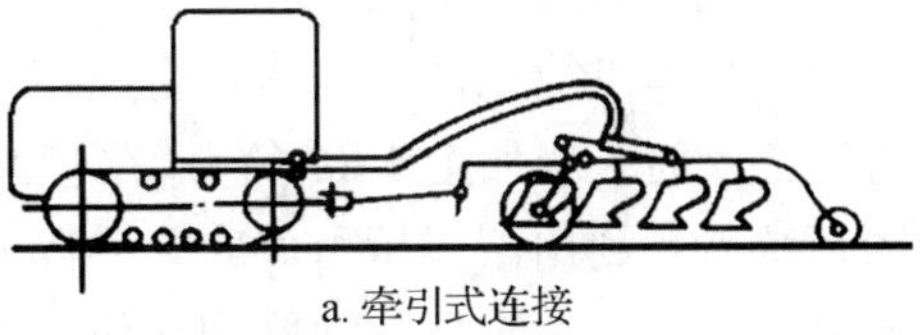

a. 牵引式连接

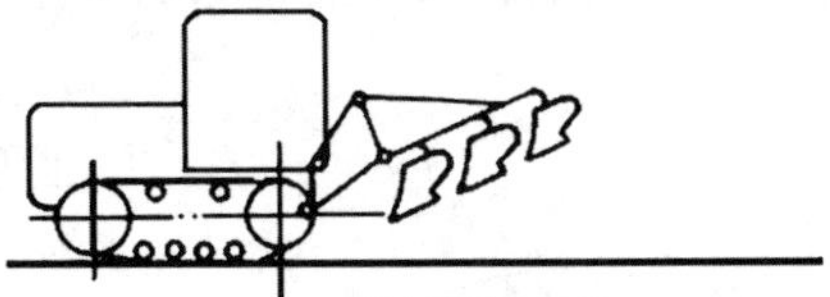

b. 悬挂式连接

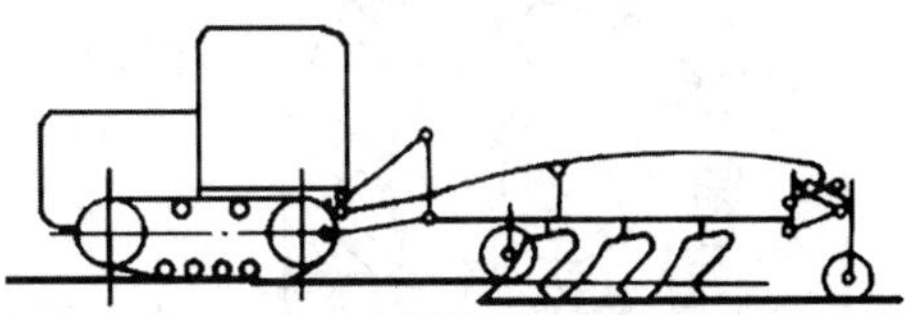

c. 半悬挂式连接

图 2-14　拖拉机与农具的连接方式

二、牵引装置

牵引装置用以连接牵引式农具,连接农具的铰连点即为牵引点。拖拉机上的悬挂装置有牵引板式、摆杆式和利用悬挂装置改装等形式。

牵引板固定在拖拉机后面,通过牵引卡、牵引销和农具连接。牵引卡可以在一定范围内左右摆动;牵引板横向有孔,供不同位置的牵引点选用。牵引点的高度可以通过改变牵引板与托架的安装位置进行调节。

摆杆与拖拉机的铰连点多设在拖拉机驱动轮轴线之前,摆杆可以绕铰连点摆动。摆杆的后端直接与农具连接,不需另装牵引卡。牵引板上有一排孔,可横向调节牵引点的位置,但牵引点的高度不能调节。

牵引板式牵引装置结构简单,但牵引力通过驱动轮轴线后面的牵引点,转向时会产生一个阻止转向的力矩。牵引点距离驱动轮轴线愈远,转向越困难。摆杆式牵引装置的摆动中心在驱动轮轴线的前方,故牵引农具转向比较轻便。

三、液压悬挂系统

液压悬挂系统由液压系统、悬挂装置和操纵机构组成(图 2-15)。

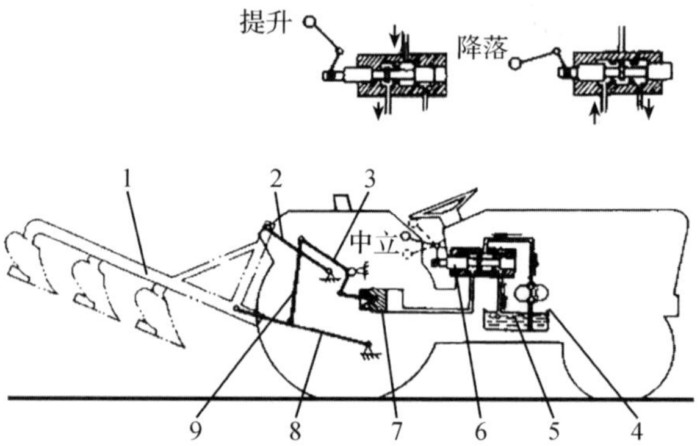

图 2-15 液压悬挂系统简图

1. 农具 2. 上拉杆 3. 提升臂 4. 油泵 5. 油箱 6. 主控制阀(滑阀) 7. 油缸 8. 下拉杆 9. 提升杆

(一)液压系统的组成

液压操纵应用的是液体在常压下不可压缩的原理,在充满油液的密闭管路中,在管道面积为 1 cm^2 的一端加上 1 kg 的力,在管道面积为 100 cm^2 的另一端就可以得到 100 kg 的力。液压系统就是利用液体压力使农具升降和自动控制农具的离地高度或作业深度。它的组成包括油泵、分配器、油缸以及油管和滤清器等。

1. 油泵

油泵的功用是输出具有一定压力和流量的油液以供液压悬挂系统使用。国产拖拉机液压系统常用的是齿轮泵和柱塞泵。

齿轮泵利用一对互相啮合的齿轮来完成吸油和压油的过程,其工作原理如图 2-16 所示。当主动齿轮带着从动齿轮一起旋转时,两齿轮在吸油腔一侧的轮齿脱离啮合,使吸油腔容积增大,产生真空吸力,油液被吸入吸油腔。随着齿轮的旋转,油液被带到压油腔一侧,此时压油腔一侧两齿轮的轮齿正趋于啮合,使得压油腔容积减小,压力增大,油液被压出。齿轮油泵体积小,结构简单,重量轻,应用较为广泛。

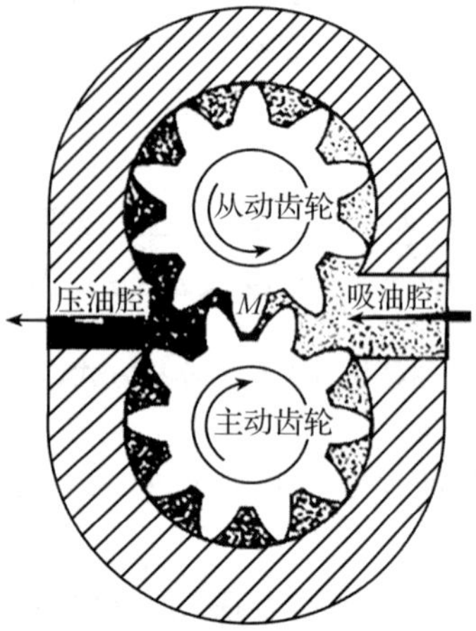

图 2-16 齿轮泵工作原理

柱塞泵由柱塞和油缸组成,柱塞固定在框架上,由偏心轮驱动。偏心轮旋转一周,每个柱塞吸油、压油各一次。

2. 油缸

油缸由缸筒和活塞组成,油泵输出的高压油液经分配器进入油缸，推动活塞运动，通过活塞杆使提升轴转动，带动提升臂提升农具。

油缸有单作用和双作用两种形式(图 2-17)。单作用式油缸只有一个油腔，高压油液进入时提升农具，农具靠自重将油腔内油液排出而下降。双作用式油缸有两个油腔，高压油液能进入任意一腔推动活塞运动。一腔进油时，另一腔内的油液则被排出。因此，除可提升农具外，它还可以压迫农具下降强制入土。

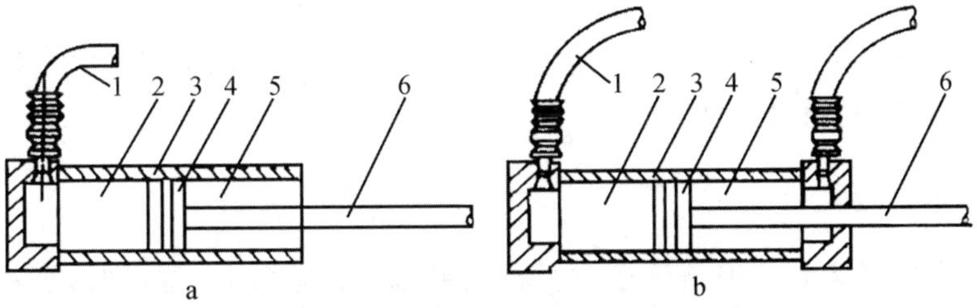

图 2-17 单作用式和双作用式油缸

a. 单作用式油缸 b. 双作用式油缸

1. 油管 2. 前腔 3. 缸筒 4. 活塞 5. 后腔 6. 活塞杆

3. 分配器

分配器的功用是用来控制油液的流向，决定油缸油腔内的压力。分配器由分配器壳体、控制阀和弹簧等组成。根据油泵、分配器和油缸等部件在拖拉机上布置的不同，液压系统可分为分置式、整体式、半分置式三种形式(图 2-18)。

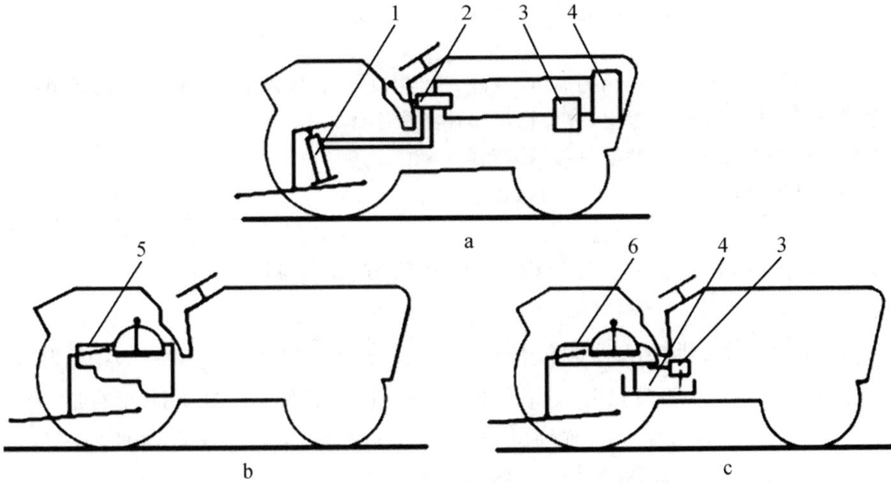

图 2-18 液压系统布置形式

a. 分置式 b. 整体式 c. 半分置式

1. 油缸 2. 分配器 3. 油泵 4. 油箱 5. 提升器壳 6. 提升器

分置式液压系统的油泵、分配器、油缸分别布置在拖拉机的不同部位上，以油管相连；整体式液压系统的油泵、分配器、油缸装在拖拉机的同一壳体内，组成一个整体；半分置式液压系统的分配器和油缸组成一体，称为提升器，而油泵则单独安装。

控制阀通常包括主控制阀(或称滑阀)、回油阀、单向阀和安全阀(有的安全阀安装在油泵上)等。它们的作用都是和分配器壳体上的通道相配合，以决定油液进、出油缸或将油液封闭在油缸内;油泵负荷或卸荷,使农具处于"提升""下降"或"中立"位置。安全阀的作用是控制液压系统内的最大工作压力。

(二)悬挂装置

悬挂装置是与悬挂农具连接的杆件机构。大多数农具都悬挂在拖拉机后部,有三点悬挂和两点悬挂两种形式。前者应用较为广泛,后者用于大功率拖拉机的重负荷作业,如耕地作业。

悬挂装置由提升臂、提升杆、上拉杆和下拉杆等组成。提升杆的长度可以调整,以提高对地面不平的仿形性能。上拉杆可伸长或缩短来调节农具的前后水平,悬挂农具用于运输时,缩短上拉杆,可提高机组的通过性能。

四、耕深调节方式

液压系统的主要任务是提升或降落农具。其基本工作过程是:提升时,扳动分配器操纵手柄使主控制阀前移接通油泵去油缸的通道,使高压油液进入油缸,推动活塞使活塞杆伸出推动悬挂农具的提升臂,使农具升起。当农具升到极限高度时,主控制阀即自动回到"中立"位置使提升停止。下降时,操纵手柄使主控制阀后移,接通油缸和油泵去油箱的通道,凭借农具的重量强制活塞后移将油液从油缸中排出而降落。因主控制阀未回到"中立"位置,油缸始终与油箱相通,活塞可在油缸中自由移动,农具呈浮动状态,其工作情况见表 2-1。

表 2-1　液压系统的工作情况

工作位置	主控制阀与分配器体油道的配合和悬挂农具的状态	油泵状况
提升	主控制阀接通油缸与油泵的通道,压力油液进入油缸 提升农具	负荷
中立	主控制阀封闭油缸与回油箱的通道,油液封闭在油缸内;接通油泵与回油箱的通道 悬挂农具保持在某一位置上,并与拖拉机连接成刚体	
下降	主控制阀同时接通油缸和油泵与回油箱的通道 悬挂农具凭借自重下降,并呈浮动状态	

利用液压系统控制耕深的方法有三种,即高度调节、位置调节和力调节。

1. 高度调节

悬挂农具呈浮动状态,耕深的控制依赖于悬挂农具上的限深轮,其耕作深度为限深轮与工作部件底部的高度差。这种调节适用于旱田的耕地、中耕等作业,即使地面有起伏、土壤比阻不均匀,也能保持耕深一致。高度调节的缺点是农具的全部重量都落在农具的限深轮上,当土壤软硬变化较大时,不易保证耕深均匀和所需耕深。

2. 位置调节

位置调节的特点是随着操纵手柄所处位置的不同,农具有着不同的提升高度或耕作深度。使用位置调节作业时,拖拉机和悬挂农具始终成为一个刚体,当拖拉机行进在不平地面上时,耕深就会经常发生变化。如果拖拉机前轮进入凹坑,农具就以拖拉机后轮为支点顺时针转动,耕深变浅;如果拖拉机前轮走向高坡,则耕深增加。

3. 力调节

操纵手柄放在提升位置时与高度调节相同,农具提升到顶,主控制阀才回到"中立"位置;操纵手柄放在下降位置时,农具一直降落到底。作业时,主控制阀因牵引阻力变化而经常移动，但最终都回到"中立"位置。此外，在土壤阻力一定时，操纵手柄向下降方向移动愈多，获得的耕深愈大。

使用力调节控制方法耕作时，悬挂农具上不需要安装限深轮，在土质较均匀的土壤上便能得到满意的耕作质量，拖拉机发动机的负荷也比较均匀。

除单独使用某种耕深控制方法外，有时可把高度调节和力调节或位置调节综合起来使用，成为综合控制。具有力、位调节液压系统的拖拉机在土质软硬不均的旱田上耕地时，在采用阻力控制方法耕作的同时，可在悬挂犁上加装限深轮。限深轮的位置调整到稍大于所要求的耕深。耕地过程中，土壤阻力大时，力调节系统即起作用；土壤阻力小时，限深轮可起限深作用，以免耕深过大。

任务六　电气设备

车辆电气设备主要由电源设备和用电设备组成，其主要功用是实现发动机的起动、发出保证拖拉机、汽车安全行驶所需的信号、供给夜间作业所需的照明、反映发动机各系统的工作状况等。

一、车用电源设备

1. 蓄电池

电起动的车辆上都装有蓄电池。蓄电池的功用是：在发动机未起动前可用作电源供照明等；在用电起动机起动发动机时，给起动机提供强大的起动电流，并给其他用电设备供电(如汽油机点火系)；发动机起动后，协助发电机工作并将多余的电能贮存起来。

蓄电池主要由正、负极板组、隔板、电解液、极桩和连接条、壳体等组成。正极板活性物质为棕色的 PbO_2，负极板的活性物质是青灰色的海绵状纯 Pb；隔板位于正、负极板之间以防二者接触短路；电解液是一定密度的硫酸的水溶液。

2. 硅整流发电机及调节器

硅整流发电机由三相同步交流发电机和硅二极管整流器两大部分组成，电压一般为 12 V 或 24 V。三相同步交流发电机用来产生三相同步交流电动势，整流器则是把三相同步交流发电机发出的交流电变成直流电对外输出。

硅整流发电机本身具有限制最大输出电流的作用，其整流器的二极管又可防止蓄电池电流反向流入发电机。但是发电机的输出电压是随发动机转速升高而升高的，为了保证正常工作，该发电机配有电压调节器。电压调节器的作用是使发电机的输出电压在发动机转速变化时维持在一定范围内，电压调节器有触点式和晶体管式两种。

硅整流发电机具有重量轻、体积小、结构简单、低速时对蓄电池的充电性好、匹配的调节器简单、产生的干扰电波小等优点。

二、车辆用电设备

车辆上的用电设备主要有起动预热、照明信号、仪器仪表等设备。

1. 起动预热设备

柴油机在低温时起动比较困难，因此在有蓄电池的车辆柴油机上，常在进气支管上装有预热器。接通预热电路时，利用预热装置对进入汽缸的空气加热，使柴油机易于启动。

起动用电动机多采用直流串激式电动机。起动时内起动开关接通起动电路，由蓄电池供给电能，起动机将电能转换为机械能并通过单向啮合器使电机驱动齿轮带动发动机飞轮旋转。起动完毕后，断开起动开关，电机驱动齿轮在打滑状态下退出与飞轮的啮合并停转。

2. 照明信号设备

车辆上的照明信号设备包括前大灯(远光和近光)、后灯、仪表灯、转向灯、刹车灯以及喇叭和蜂鸣器等，通过相应的开关与电源相连。它们的任务是保证各种运行条件下的人车安全。

3. 仪表

车辆上的仪表有电流表、机油压力表、水温表、车速里程表、油量表等，属于车辆的监测设备。驾驶员可通过这些仪表来监测发动机和车辆的工作情况。

4. 辅助设备

车辆上的辅助电器主要有电动刮水器、电风扇、暖风电机、收音机、挡风玻璃的除霜和清洗设备等。

连接电源设备和用电设备的配电设备包括各种开关、保险装置、继电器和各种规格的导线。

三、车辆电气系统的特点

车辆电气系统主要有如下特点。

1. 低压

车辆电气系统部分的额定电压有 6 V、12 V 和 24 V 三种。汽油车普遍采用 12 V 电源，柴油车多采用 24 V 电源。

2. 直流

车辆的发动机是靠电力起动机起动的，车辆上普遍使用的直流电动机必须由蓄电池供给直流电，而且蓄电池充电也必须用直流电，所以车辆的电气系统为直流系统。

3. 单线并联

用电设备与电源之间、各用电设备之间采用并联连接。线路通常采用单线制，即用一根导线连接电源和用电设备，另一根回路由金属机体代替。单线制导线用量少，线路清晰接线方便，广为现代车辆所采用。

4. 负极搭铁

采用单线制时蓄电池的一个电极需接至车架上，习惯上称为“搭铁”。蓄电池负极接车架就称之为负极搭铁，反之则为正极搭铁。我国标准统一采用负极搭铁。

四、车辆电气设备总线图

车辆电气设备一般的接线原则是：

(1)电流表串接在电源电路中。全车线路多以电流表为界，电流表至蓄电池的线路称为表前线路，电流表至电压调节器的线路称为表后线路。

(2)电源开关是线路的总枢纽。电源开关的一端和电源(蓄电池、发电机及调节器)相接，另一端分别接起动开关和用电设备。

(3)用电量大的用电设备(如电起动机、大功率电喇叭)接在电流表前，其用电电流不经过电流表。

(4)蓄电池和发电机搭铁极性必须一致。电流表接线应使充电时指针摆向“＋”值方向，放电时摆向“－”值方向。

拖拉机典型电气设备总线图图例如图 2-19 所示。

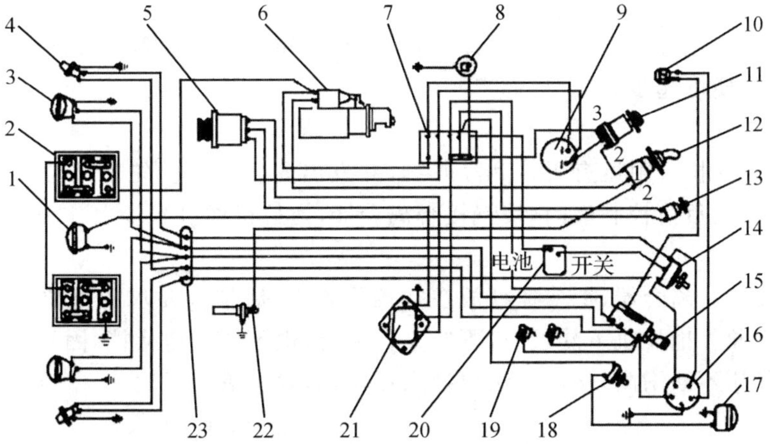

图 2-19　拖拉机电气线路

1. 飞轮　2. 蓄电池　3. 前大灯　4. 转向灯　5. 硅整流发电机　6. 起动机　7. 保险丝盒　8. 工作灯插座　9. 电流表　10. 制动开关　11. 电锁　12. 预热起动开关　13. 喇叭按钮　14. 转向灯开关　15. 三挡灯开关　16. 挂车用电插座　17. 后大灯　18. 后大灯开关　19. 仪表灯　20. 闪光灯　21. 电压调节器　22. 预热塞　23. 接线板

任务七　拖拉机的使用和保养

一、磨合试运转

新拖拉机或经过大修的拖拉机，在开始使用前都必须严格按照说明书的要求，进行磨合试运转。因为零部件经过加工后，在表面上总会存在不同程度的刀痕，如果不经过磨合就在大负荷下使用，将会增加机件的磨损，甚至造成机件卡住和损坏，从而缩短拖拉机的使用寿命。

试运转结束后，要更换油底壳润滑油。更换前用清洁的柴油彻底清洗润滑油，然后加入清洁的润滑油。同时检查调整气门间隙、喷油压力、各部紧固件松紧度，并加以紧固，重新扭紧缸盖、连杆螺母、螺栓至规定扭矩，清洗空气滤清器与柴油粗细滤清器。

二、拖拉机的操作

(一)拖拉机的起动

1. 起动前的准备

起动前应做好一切准备，包括检查拖拉机各部分螺栓的紧固情况，必要时拧紧；检查燃油、润滑油、水的情况，不足时添加；如油路中有空气，应排净；检查轮胎气压，不足时充至规定气压。

2. 起动

准备工作完毕，按正确起动步骤和方法起动柴油机。起动前，应把变速杆放在空挡位置；将液压悬挂系统和动力输出装置置于不工作位置。

(二)拖拉机的运行

柴油机起动后，经过一定时间的低速空转，润滑油和冷却水温度以及润滑油压力达到规定数值以后，拖拉机便可起步。

1. 起步

起步前，查看拖拉机附近有无人和障碍物，并发出安全信号。先使离合器分离，把变速杆放在适当挡位，根据负荷控制油门，缓慢接合离合器，拖拉机即可起步。

2. 换挡

换挡必须先分离离合器，把变速杆放在空挡位置，然后推入要求的挡位。若操作不当，易发生齿轮撞击现象。拖拉机下陡坡时，不准空挡滑行，也不应中途换挡，因挂入空挡后，车速就会受下坡加速作用不断增高，从而无法再挂入挡位，易发生重大事故。

3. 转向

拖拉机转弯时，必须降低行驶速度，严禁高速转弯。

4. 制动

拖拉机在行驶中，如发现突然情况，应立即减速或停车，此时可以采取制动的办法。制动时，依次踩下制动踏板和离合器踏板，不应单独踩离合器踏板。紧急刹车时，应同时踩下制动踏板和离合器踏板。

5. 停车与熄火

拖拉机停车要选择适当地点，既不影响交通，又保证安全。停车时，应减小油门，降低车速，踩下离合器踏板，将变速杆放入空挡位置，然后松开离合器踏板，并使柴油机低速空转。若需长时间停车，低速运转数分钟再关闭油门，使柴油机熄火，并锁定制动踏板。

(三)拖拉机配套作业机具时的注意事项

(1)作业机具功率应与拖拉机相匹配，不能使拖拉机超负荷工作。

(2)当拖拉机动力输出轴转动时，拖拉机不能急转弯，也不能将作业机具提升过高。

(3)当拖拉机倒车与作业机具挂接时，拖拉机与作业机具之间不能站人。

(4)挂接动力输出轴驱动作业机具时，作业机具附近不能有人，拖拉机作业时人员不能靠近。

(5)拖拉机配带悬挂作业机具进行长距离行驶时，应使用锁紧手柄将作业机具锁住，防止行驶中分配器的操纵手柄被碰动，使作业机具突然降落造成事故。

(6)在犁、旋、耙、耕等作业中，对动力连接部位、传动装置、防护设施等应随时进行安全检查。

(7)作业机具与拖拉机动力输出轴连接时，应在传动轴处加防护罩。

三、拖拉机的技术保养

拖拉机的技术保养通常是指适时地对拖拉机做清洗、紧固、调整、更换、添加等维护性工作。如果长期不注重技术保养，会造成拖拉机功率下降、燃油消耗率上升，甚至发生较大故障，使拖拉机使用寿命大大缩短。因此，应按照说明书要求，认真执行保养周期和保养项目。经常让拖拉机在良好的技术状态下工作，可大大延长拖拉机的使用寿命。现就保养内容简述如下。

(1)清除拖拉机上的尘土和污泥，尤其是通气口、油尺、进气管道要保持清洁。

(2)检查油底壳内机油是否在油尺刻度线范围内，不足时添加。定期给各润滑点加注润滑脂。

(3)清理空气滤清器集尘盘内的灰尘，必要时每班多次清理。

(4)加足燃油和水(冬季如不用防冻液，作业结束后将水放净)。

(5)检查各仪表和灯光工作是否正常。

(6)检查拖拉机外部连接螺栓及螺母。

项目三　电动机和风力机

任务一　电 动 机

电动机是将电能转化为机械能的动力机械。根据电源种类的不同,电动机可分为直流电动机和交流电动机两大类。交流发电机又可分为同步电动机和异步电动机。其中,异步电动机是基于气隙旋转磁场与转子绕组中感应电流相互作用产生电磁转矩,从而实现能量转换的一种交流电动机。因其转速低于同步转速故称为异步,又因转子绕组中电流是感应产生的,因此称为异步感应式电动机。该电动机具有结构简单,制造、使用、维护方便,运行可靠以及成本低、重量轻等优点,因而被广泛应用。

异步电动机有单相和三相两类。三相异步电动机广泛地应用在工农业生产中,作为风机、水泵、粉碎机、农副产品加工设备及其他一般机械的电动机。单相异步电动机功率较小,一般不超过 750 W,多作为家庭用小型作业机械的动力,如风扇、通风机、小水泵等。

一、三相感应电动机的构造与原理

(一)构造

三相异步电动机由定子(固定部分)和转子(旋转部分)两个基本部分构成(图 3-1)。

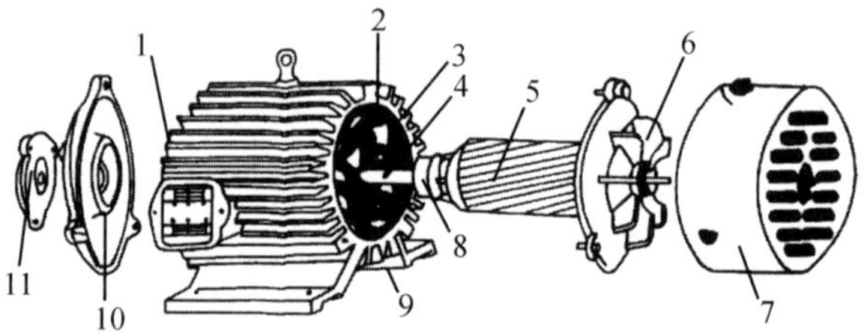

图 3-1　三相异步电动机构造

1. 接线盒　2. 铁芯　3. 定子绕组　4. 转轴　5. 转子　6. 风扇　7. 罩壳　8. 轴承　9. 机座　10. 端盖　11. 轴承盖

定子由机座和装在机座内的圆筒形铁芯组成。机座一般用铸铁或铸钢制成,铁芯由相互绝缘的硅钢片叠成,铁芯的内圆周表面冲有槽,用以放置对称的三相绕组 U_1U_2、V_1V_2、W_1W_2。三相绕组可以联结成 Y 形或△形。

三相异步电动机转子在构造上分为笼型和绕线型两种型式。转子铁芯是圆柱状,用表面冲槽型的硅钢片叠制而成,将铁芯装在转轴上,转轴承受机械负载。

目前,对中小型笼型异步电动机是在转子槽中浇铸铝液铸成笼型导体,这样做工艺简单,也节省铜材,以代替铜条式笼框。如图 3-2 所示。

绕线转子异步电动机的构造如图 3-3 所示。其转子绕组和定子绕组一样，也是三相，并联成 Y 形，每相始端联在 3 个铜制集电环上，集电环固定在转轴上。3 个环之间及环与转轴间互相绝缘，在集电环上用弹簧压着炭刷与外电路联结，以便启动和调速。

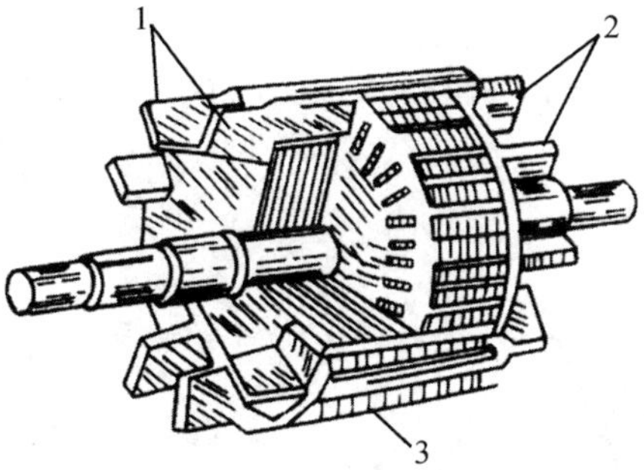

图 3-2 铸铝型转子

1. 铸铝条 2. 风叶 3. 铁芯

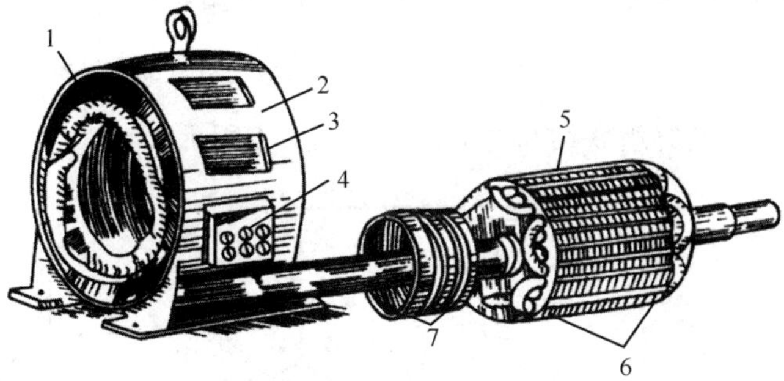

图 3-3 绕线转子异步电动机的构造

1. 绕组 2. 机座 3. 铁芯 4. 接线盒
5. 绕组 6. 铁芯 7. 集电环

交流异步电动机均按规定标准制成不同系列，每种系列又用不同型号表示。随着制造工艺的进步和材料的更新换代，并注意与国际标准的接轨，电机系列号也在更新。目前国产异步电动机产品名称及代号见表 3-1。

表 3-1 几种国产异步电动机名称及代号

产品名称	代号	汉字意义	旧代号
笼型异步电动机	Y(Y-L)	异	J、JO
绕线转子异步电动机	YR	异绕	JR、JRO
防爆型异步电动机	YB	异爆	JB、JBS
高启动转矩异步电动机	YQ	异起	JQ、JQO
微型三相异步电动机	AO	—	—

电动机型号命名方法：代号 机座中心高度 机座长度代号-磁极数。

其中：机座长度代号为 S(短机座)、M(中机座)、L(长机座)

Y 及 Y-L 系列为小型笼型异步电动机。Y 系列定子绕组为铜线，Y-L 系列定子绕组为铝线，功率在 0.55～90 kW。例如：

三相异步电动机					
型号	Y-L 132 M-4	功　率	7.5 kW	频　率	50 Hz
电压	380 V	电　流	15.4 A	接　法	△
转速	1 440 r/min	绝缘等级	B	工作方式	连续
年 月 日		××电机厂制造			

Y-L 132 M-4 为小型笼型异步电动机。定子绕组为铜线；机座中心高度 132 mm；机座长度中等；磁极数 4。

(二)工作原理

1. 旋转磁场的产生

三相异步电动机的定子铁芯中绕有三相对称的绕组 U_1U_2、V_1V_2 和 W_1W_2。假设将三相绕组 Y 形联结,并接于三相电源上,绕组中便流入对称电流:

$$i_U = I_m \sin\omega t \qquad i_V = I_m \sin(\omega t - 120°) \qquad i_W = I_m \sin(\omega t + 120°)$$

其绕组联结和电流波形如图 3-4 所示。

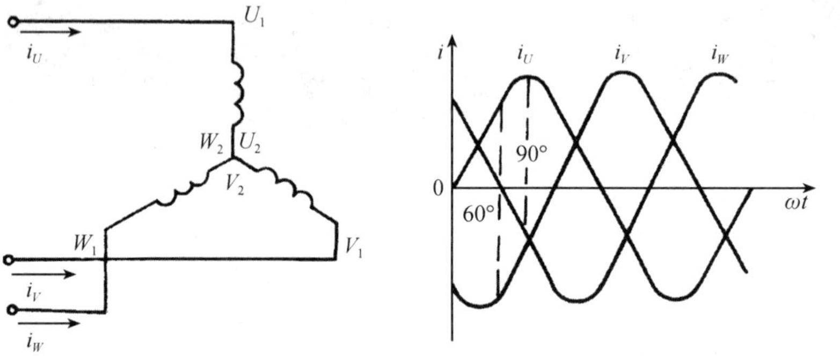

a　　　　b

图 3-4　绕组联结成 Y 形和电流波形

a. 三相对称绕组 Y 形联结　b. 三相对称电流的波形

根据电磁互感原理,定子绕组中通入三相电流以后,它们共同产生的合成磁场是随电流的交变而在空间不断地旋转着,即称旋转磁场。旋转磁场同磁极在空间旋转作用完全相同。三相电流产生的旋转磁场切割转子导体,在其中感应出电动势,相应在闭合导体中产生电流,转子导体电流与旋转磁场相互作用而产生电磁转矩,使电动机转动起来。

2. 电磁转矩的产生

由于转子被定子铁芯包围,定子产生的旋转磁场切割转子导体,使导体产生感应电动势(图 3-5)。由于转子导体被端环接通,所以在感应电动势作用下,导体内就有感应电流流过。通有感应电流的转子导体在与定子旋转磁场的相互作用下,产生电磁作用力 F,力的方向由左手定则确定。此力在转子上形成一电磁转矩 M,使转子产生旋转。

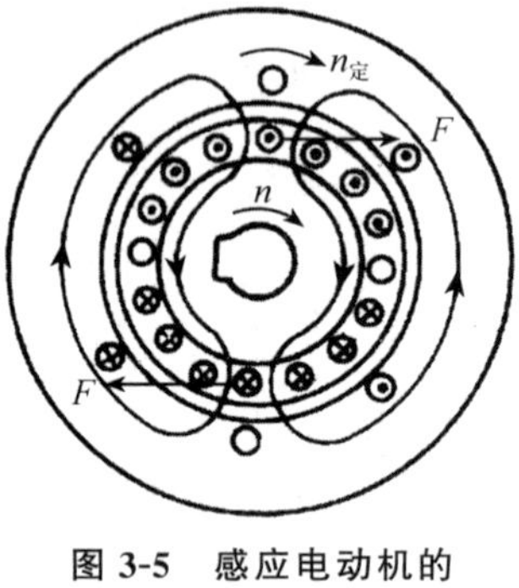

图 3-5　感应电动机的工作原理

由此可见,转子的旋转方向将与旋转磁场的旋转方向一致。但旋转速度会低于旋转磁场速度,这样才能在转子导体内不断产生感应电动势和电磁转矩,使转子继续转动。

电动机转子转动的方向和旋转磁场旋转方向是相同的,如要电动机向相反方向转动,必须改变磁场的旋转方向。在三相电路中,电流出现正幅值的顺序依次为 $U_1 \rightarrow V_1 \rightarrow W_1$,因此磁场的旋转方向与这个顺序一致。如果将联结于三相电源的三相绕组的任意两相对调位置,例如 V_1 与 W_1 两相,则电动机三相绕组的 V_1 相和 W_1 相对调,而由于三相电源的相序未改变,因而旋转磁场的方向相反,从而使电动机转子跟着改变方向,即反转。

二、三相感应电动机的技术性能

(一)转矩

转矩是指与电动机输出轴反转矩相平衡的电磁转矩。电动机技术性能表上标明的是电动机额定运行时的电磁转矩,称为额定电磁转矩,其单位为 Nm。由于电动机自身的反转矩很小,故可认为额定电磁转矩即为输出的额定机械转矩。

(二)转速

转速是指电动机额定运行时的转子转速,它略低于定子绕组内的旋转磁场转速,并随负荷变化稍有改变。旋转磁场转速 n_0 与电源频率 f 成正比,而与绕组内形成的磁极对数 p 成反比。它由下式决定

$$n_0=\frac{60f}{p}(\text{r/min})$$

我国采用的电源频率为 50 Hz,因此产生一对磁极(一个 N 极和一个 S 极)的电动机的旋转磁场转速为 3 000 r/min。能产生两对和三对磁极的旋转磁场转速 n_0 分别为 1 500 r/min 和 1 000 r/min。

一般电动机在空负荷(反转矩等于零)时,转子转速 n 与旋转磁场转速 n_0 近似相等,在达到额定负荷(额定转矩)时,转子转速 n 比旋转磁场转速 n_0 低 2%~8%。

(三)功率

功率是指电动机可供转子轴输出的机械功率,它与输出转矩 M 和转速 n 之间的关系为

$$N=1.05M\cdot n10^{-4}(\text{kW})$$

式中,M——电动机轴输出的转矩(Nm);

n——电动机转速(r/min)。

由于电动机输出的转矩与加在电动机轴上的反转矩相平衡,故输出功率随外界加在电动机轴上的负荷变化而变化。在电动机技术性能表上说明的功率是指电动机在额定转矩下工作时输出的额定机械功率。

(四)电压

电动机技术性能表上标明的电压值是指电动机在额定运行时,外加于定子绕组上的线电压(三相电动机为线电压,单相电动机为相电压),以 V(伏)为单位。电动机的额定电压应为下列标准值之一:

三相交流电动机:36、42、380

单相交流电动机:12、24、36、42、220

电动机必须按铭牌规定的额定电压运行。如电压过高,交流电动机的铁耗及励磁电流增加,将导致电机过热。如电压过低,仍需要输出相同的负载转矩则电机电流过大,同样导致过热。

(五)电流

电流是指流入电动机定子绕组的电流。它随着外界负荷变化而变化,以使电动机产生相应的机械能量来平衡外界负荷的变化。技术性能表上标明的额定电流值是指电动机达到额定功率时流入定子绕组内的电流值。使用时,不能使电流长期超过额定值,否则电动机绕组的绝缘会过热而烧毁。

(六)效率

电动机的输出功率与输入功率之比为效率。当电动机输出功率等于或接近于额定功率(相差不超过25%～30%)时,效率将达到最高。

(七)功率因数

功率因数是指电动机定子绕组输入电路的功率因数。由于电动机绕组属电感性负载,故在运行时绕组内的电流落后于电压的变化,形成电流与电压之间的相位差角 ϕ,它的余弦称为功率因数 $\cos\phi$,它是一个小于1的数值,并随负荷变化而变化,一般在0.7～0.9之间。当外界负荷不及其额定功率一半时,功率因数下降。故在选用和使用电动机时应尽量接近额定负荷,以保持较高的功率因数值。

三、单相感应电动机

单相感应电动机是用单相交流电源供电的异步电动机,也分为定子和转子两部分。定子部分包括定子铁芯、机座、机壳、绕组等。定子中有两个绕组,一个称为启动绕组,另一个称为工作绕组。绕组由单相交流电源供电。转子多为笼型。单相感应电动机(除罩极电动机外)的结构与三相异步电动机基本相似。

当单相正弦电流通过定子绕组时,产生交变脉动磁场。这个磁场的轴线,就是定子绕组的轴线,在空间保持一固定位置。每瞬时空气隙中各点的磁感应强度 B 按正弦规律分布,它随电流在时间上作正弦变化。

同三相异步电动机原理一样,笼型转子在旋转磁场的作用下应产生电磁转矩。如果电动机的转子是静止的,两个转向相反的旋转磁场产生的转矩大小相等,方向相反而互相抵消。此时,启动转矩为零。如果将电动机转子推动一下,则电动机会沿推动的方向转动起来。

单相异步电动机的缺点是没有启动转矩。因此需用某种特殊方法使其启动。单相异步电动机启动的条件是:定子应具有在空间不同相位的两个绕组,然后两相绕组通入不同相位的交流电流。实际的单相异步电动机定子中总是放入两个绕组,分别为启动和工作绕组。两绕组在空间相隔90°电角度。如果两绕组分别通入在相位上相差90°(或接近90°)的两相电流,也能产生旋转磁场。

将相差90°的两相电流分别通入工作绕组中,也会像三相异步电动机一样,其合成磁场也是在空间旋转的。

提供相差90°相位的供电电源的两种方法如下(图3-6和图3-7)。

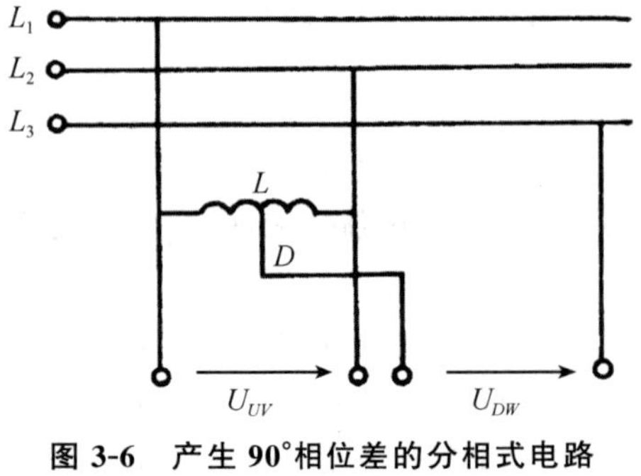

图3-6　产生90°相位差的分相式电路

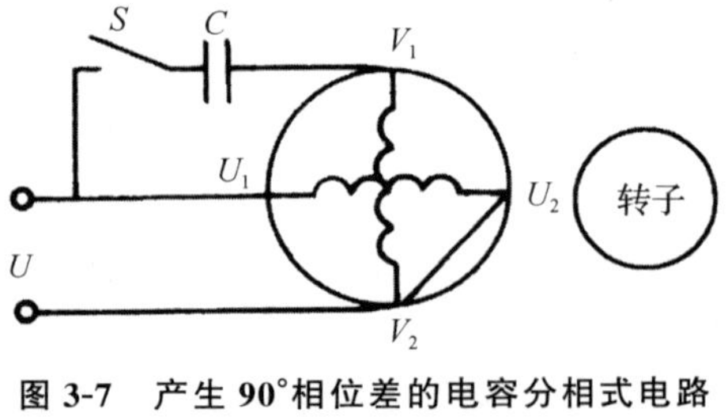

图3-7　产生90°相位差的电容分相式电路

1. 交流电源分相式电路

电路连接如图 3-6 所示，将 U_{UV} 和 U_{DW} 两个相差 90°相位差的电压分别接于单相异步电动机两个绕组，即可以实现启动和运行。

2. 电容分相式电路

如图 3-7 所示，U_1U_2 绕组并联于同一电源上，电容的作用使 V_1V_2 绕组串联一个电容 C 和一个开关 S，然后再与 U_1U_2 绕组并联于同一电源上，电容的作用使 V_1V_2 绕组回路的阻抗呈容性，从而使该绕组在启动时电流超前电源电压 U 一个相位角，又由于 A 绕组阻抗为感性，其启动电流落后电源电压 U 一个相位角。这样一来，在电动机启动时，两绕组电流相差一个近似 90°的相位角。

分相式启动的单相异步电动机改变转子的转向，一般采用将某一绕组反接的方法。

四、电动机的正确使用

(一)电动机的选择

1. 型号的选择

在潮湿、多尘或面粉加工、饲料加工等场所，应选用封闭式电动机。在机械加工等比较干燥、飞灰较少的场所，可选用防护式电动机。潜水电泵应采用密封式电动机。易爆场所应采用防爆型电动机。在湿热带地区应尽量采用湿热带型电动机。

2. 容量的选择

电动机的容量应正确选择。若选得容量过小，则往往不能启动。即使能够启动，电流也会超过额定值，导致电动机过热或烧毁。若容量选择过大，则不能充分发挥电动机的作用，电动机的效率和功率因数不高，造成电力和资金浪费。

电动机容量一般应选比负载功率稍大一点(大 10%左右)。

选择电动机容量时，要考虑变压器的容量。直接启动的最大一台电动机的容量，不宜超过变压器容量的 35%左右。

3. 转速的选择

电动机和它所带动的生产机械都有自己的额定转速。转速配套的原则是：配套后，电动机和生产机械都在额定转速下运行。

选择电动机时，应先了解生产机械的额定转速和传动方式，以便确定电动机的额定转速。如果用联轴器直接传动，电动机的额定转速应等于生产机械的额定转速。如果用皮带传动，电动机的额定转速不应和生产机械的额定转速相差太多，若相差太多，皮带容易打滑。

(二)电动机安全使用

1. 启动前的检查

对新投入或长时间停用的电动机，启动前要检查基座是否稳固，螺丝是否拧紧，接线是否正确，是否缺油。熔丝是否符合额定电流要求，启动装置是否灵活，触头是否接触良好。使用自耦变压器时要检查是否缺油，油是否变质。检查启动设备的金属外壳是否可靠接地，用验电笔检查三相电源是否有电。联轴器的螺丝和销子是否坚固，皮带连接处是否良好，紧松程度是否合适。不应有摩擦、卡位及不正常的声音。同时检查电动机周围有没有妨碍运行的杂物或易燃易爆品。

2. 启动时的注意事项

(1)操作者检查自己的衣帽是否符合作业要求,防止误被卷入机器之中,机组旁边不得有人。

(2)拉合刀闸的时候,操作人员应站在一侧,防止被电弧烧伤,拉合闸动作要果断迅速。

(3)使用双刀闸启动,Y-D启动器或自耦降压启动时,必须按顺序操作。

(4)数台电动机共用一台变压器时,要按照功率从大到小逐台启动。

(5)一台电动机连续多次启动时,要按规定间隔一定时间,防止电动机过热。一般连续启动不宜超过3~5次。

(6)合闸后如果电动机不转或声音不正常时要迅速拉闸检查。

3. 运行中的监视

对运行中的电动机要进行监视,主要有以下几个方面。

(1)电动机的电流不得超过其额定电流。

(2)电动机的电压不可过低。

(3)电动机的温升不得超过允许温升。对E级绝缘的电动机定子线圈最高允许温度为105 ℃,转子线圈最高允许温度为105 ℃;最高允许温升均为65 ℃。

(4)轴承温度一般不应超过70 ℃。

(5)电动机运转声音是否正常。

4. 电动机的日常维护

(1)经常保持清洁,不允许有水滴、油污和飞尘落入机内。

(2)负载电流不允许超过额定值。

(3)经常检查油环润滑轴承。一般在更换润滑油前,将轴承及轴承盖先清洗干净,润滑油的容量不应超过轴承内容积的70%。

(4)经常监听运行声音是否正常。

(5)监测电动机各部温度。

(6)检查机壳接地或接零线是否良好。

(7)每年至少对电动机进行两次定期检查,并进行一次大修。大修的拆解程度视电动机使用程度而定。

任务二　风力机

风能是人类最早利用的能源之一。古代的风力机结构简单,功率小,主要用于提水灌溉或排水防涝,带动机械加工农副产品,并且一直沿用到近代。近年来,由于石化常规能源的短缺以及环境污染等问题,风能这种资源丰富又清洁的能源,再一次引起人们的注意,从技术与经济性的综合条件来衡量,风能是占第一位的可再生能源。

我国地域辽阔,风能资源相当丰富,尤其是西南边疆、沿海和三北(东北、西北、华北)地区,都有利用价值雄厚的风力资源。

风力机是把风能转换为机械能的一种动力机械,也称风动机或风车。风力机可以进行各种作业,我国主要用于提水和发电,其他许多作业也可以全部或部分地用风力机来完成,如脱谷、磨面、碾米、粉碎、增氧(水产养殖用风力增氧机)等。

一、风力机的种类

风力机一般可按以下方法分类。

1. 按功率

可分为大、中、小三类。功率在10 kW以下的风力机称为小型风力机;功率在10～100 kW的风力机称为中型风力机;功率超过100 kW的风力机称为大型风力机。

2. 按风力机风轮轴所在空间位置

可分为水平轴风力机和垂直轴风力机两类。

水平轴风力机是最常见的一种,其风轮轴水平或接近于水平。它包括低速和高速风力机两类。低速风力机的启动力矩较大,在风速为2～3 m/s时,即能自行启动。高速风力机启动力矩较小,一般在风速为5 m/s时才能启动。

水平轴风力机按叶片数目多少又可分为多叶式和寡叶式风力机。风轮上的桨叶数目在4片以上者为多叶式风力机,桨叶数目在4片或4片以下者为寡叶式风力机。一般来说,多叶式属低速风力机,而寡叶式属高速风力机。水平轴风力机功率系数较高,但存在需要迎风装置,安装不便等缺点。

垂直轴风力机的风轮轴垂直于水平面,其风叶转动与风向无关,因此不需要迎风装置。该风力机结构较简单,制造容易,成本也较低。但它的空气动力性能不如水平轴风力机,转速较低,输出的功率一般也较小。垂直轴风力机按风叶的结构形状不同可分为 ϕ 型和S型两大类,ϕ 型转子的缺点是没有启动力矩,所以需用附加启动设备。S型转子启动容易,且不受风向约束。

3. 按风力机的用途

按用途风力机还可以划分为很多种。用来提供电力的叫作风力发电机;以风为动力实现扬水作业的称为风力提水机;水产养殖业上利用风力增氧的称为风力增氧机;其他还有风力筛谷机、风力饲料粉碎机、风力铡草机、风力磨坊等。

二、风力机的基本结构及各部分功用

各种形式的风力机基本都可以分为六部分,即风轮、做功装置、传动机构、调速机构、储能装置、塔架及附属装置。

(一)风轮

风轮是风力机的主要部件。风轮的功用是捕捉和吸收风能,并将其转化为机械能。

风轮由一个或多个叶片组成,安装在机头上。

风轮要置于野外,并且受风的湍流、风阻及塔后气流的影响,环境条件十分恶劣,所以风轮的材料也要坚实耐用。一般小型风轮可采用木质叶片,大型风轮叶片采用铝和钢等金属材料及复合材料制成。

(二)做功装置

风轮所获得的机械能,是为了用来推动各种工作机按既定的意图做功。人们把相应的工作机,如发电机、提水机、粉碎机、增氧机等称为风力机的做功装置。

大多数风力发电机采用的做功装置是硅整流发电机,有永磁发电机和激磁发电机两种。硅整流发电机是一种用半导体整流的三相交流发电机。它的体积小,重量轻,结构简单,维修方便，低速运转时，对蓄电池的充电性能好。

（三）传动机构

传动机构的作用是改变转速，改变动力的传递方向，以协调系统的运动，满足做功系统的技术要求。目前风力机上普遍采用机械式传动。

（四）调速机构

调速机构的作用是当风速发生变化时，使风轮转速维持在一个较为稳定的范围内。

（五）储能装置

风是变幻莫测的，时大时小，时有时无。为保证风力机工作的连续性，就必须把有风和风大时所捕捉到的能量的一部分储存起来，以备无风和风小时耗用。这种完成储能作用的设备就称为储能装置。

目前，我国的风力发电机普遍用蓄电池储存电能。蓄电池可将电能转变为化学能储存起来，再将化学能转变为电能输出。根据电极和电解液所用的物质不同，分酸性蓄电池和碱性蓄电池。酸性蓄电池通常为铅蓄电池；碱性蓄电池因极板活性物质材料不同，分为铁镍、镉镍和锌银蓄电池等。

（六）塔架及其他附属装置

为使风力机在最良好的环境条件下运行工作并尽可能达到最佳状况，还需架设塔架以及设置一些必不可少的附属装置，如机座、回转体、调向器、停车制动器等。

1. 塔架

塔架是起支撑机座并把风轮架设在不被周围障碍物影响的高空中的装置。塔架的高度应根据实际情况确定，如草原上障碍少，塔架可以低些，林区则应高些。

2. 机座

机座指位于塔架上用来支撑包括风轮以及传动装置、调向器和调速器在内的整个风力机的底座。

3. 回转体

回转体位于机头底座和塔架之间，是把风力发动机本体和塔架连接起来的装置，它可以使风力机机座以上部分围绕竖轴自如地旋转。

回转体由内管、轴承和外管组成，内管或外管都可以转动，但转动部件必须同风轮机本体和对风装置连接在一起。

4. 调向器

调向器的功用是使风力机的风轮随时都迎着风向，以最大限度地获取风能。调向器可以是尾舵式、尾翼式、尾车式、风向器、导向器等多种形式。

5. 停车制动器

在风力机维护、保养或大风期内，需要依靠停车制动器（也叫刹车式停车机构）使风轮停止转动。

三、风力机的有效功率

（一）风轮的有效功率

风轮输出的功率称风轮的有效功率，风轮的有效功率可按下式计算：

$$N=\frac{D^2 v^3}{2\,080}k(\mathrm{kW})$$

式中，D——风轮直径(m)；

v——风速(m/s)；

k——风轮的风能利用系数或功率系数，对于水平轴风力机，一般为 0.2～0.5，垂直轴风力机在 0.2 左右。

(二)风力机的有效功率

风力机输出的功率称为风力机的有效功率。风力机的功率可按下式计算：

$$N_{风力机}=N_{风轮}\cdot\eta_{传动}\cdot\eta_{工作机}$$

式中，$\eta_{传动}$——传动装置的效率，一般为 0.9 左右；

$\eta_{工作机}$——工作机的效率，一般为 0.7 左右。

从上式可以看出，风力机的有效功率是与风能利用系数、传动装置的效率、工作机的效率成正比的。当工作效率一定时，风力机的有效功率主要取决于风能利用系数。风能利用系数 k 与风轮的型式、结构，桨叶的形状、安装角以及制造工艺等因素有关。设计和制造风力机时希望有较高的效率，但是如果片面追求提高风力机的效率，而使造价提高，也没有太大的实际意义。这是因为风能与其他能源不同，它不需要购买，是取之不尽，用之不竭的。

第二篇　作业机械

项目四 土壤耕作机械

土壤耕作在农业生产过程中是恢复和提高土壤肥力的重要措施。其主要作用是疏松土壤，恢复土壤的团粒结构，以便积蓄水分和养分，覆盖杂草、肥料，防除病虫害，为作物的生长发育创造良好的条件。土壤作业是重负荷作业，需要消耗大量的能源，其作业量也是各项农田作业中最大的。所以耕作机械化新技术的发展一直受到世界各国的重视，其特点为：充分利用拖拉机的功率；一次性将播种苗床整平，并使之疏松、细碎达到播种要求；能将地表杂草弄碎并将肥料、农药等混合在整个耕层中。

一、土壤耕作方法

我国北方旱地过去采用的耕作法主要是传统的即常规耕作法，也称精耕细作法。通常指作物生产过程中由机械耕翻、耙压和中耕等组成的土壤耕作体系。在作物一季生长期间，机具进地从事耕翻、耙碎、镇压、播种、中耕、除草、施肥、开沟、喷药、收获等作业，次数可达 7～10 次。随着现代化科学技术的发展，常规的耕作方法已经不适应农作物的种植和生长对耕地作业的质量要求。逐步出现了以少耕、免耕、保水耕作为主的一系列保护性耕作方法和联合耕作机械化旱作技术。

少耕通常指在常规耕作基础上减少土壤耕作次数和强度的一种保护性土壤耕作体系。如田间局部耕翻、以耙代耕、以旋耕代犁耕、耕耙结合、板田播种、免中耕等。在作物一季生长期间，机具进地作业的次数可减少为 4～6 次。目前，随着各种新型少耕法的不断出现，少耕的应用面积也在逐年增加。

免耕是保护性耕作采用的主要耕作方式。它是免除土壤耕作、直接播种农作物的一种耕作方法。免耕法一般不进行播前土壤耕作，播种后也很少进行土壤管理。在作物一季生长期间，机具进地从事播种、喷药、收获等作业次数只有 3～4 次。

保水耕作是对土壤表层进行疏松、浅耕，减少或防止水分蒸发的一种耕作方法。如旋耕、浅耙、中耕除草等。地表灭茬主要是对收获后的作物残茬或秸秆进行粉碎、还田，消除残茬，便于耕翻、播种，保持土壤水分的一种耕作方法。保水耕作与地表灭茬通常与少耕和常规耕作结合，以达到预期的耕作效果。

联合耕作法是指作业机在同一种工作状态下或通过更换某种工作部件一次完成深松、施肥、灭茬、覆盖、起垄、播种、施药等多项作业的耕作方法。联合作业可以大大提高作业机具的利用率，将机组进地次数降低到最低限度，目前应用较为广泛。

二、土壤耕作机械的种类

土壤耕作机械的种类较多，根据耕作的深度和用途的不同，可把土壤耕作机械分为耕地机械和整地机械两大类。

1. 耕地机械

耕地是对整个耕作层进行耕作。按工作部件的工作原理的不同，耕地机械可分为铧式犁、圆盘犁、旋耕机等。国内外均以铧式犁的应用最为普遍。旋耕机实质上是耕整地兼用机械。

2. 整地机械

整地是对耕作后的浅层表土再进行耕作。按照动力来源划分，整地机械分为牵引型和驱动型两种。牵引型整地机械包括圆盘耙、齿耙、滚耙、水田耙、镇压器、轻型松土机、中耕机等；驱动型整地机械包括旋耕机、驱动船、机耕船、灭茬机、秸秆还田机、盖籽机等，其耕作深度约等于播种深度。此外，还有兼有耕整功能的联合耕作机械，如耕耙犁、联合耕作机等。

三、土壤耕作的农业技术要求

(一)耕地作业的农业技术要求

(1)在土壤干湿适宜和农时期限内适时耕翻。

(2)达到规定的耕深，且深度一致。

(3)翻垡良好，覆盖严密，碎土均匀，耕后地表和沟底要平。耕翻水田，应使垡片相互架空，以利晒垡。

(4)不漏耕、重耕，地头、地边要整齐，垄沟少而小。

(5)能满足畦作要求，种麦时耕成畦田，以利排水；种稻时拆畦填沟，以利平整。

(二)整地作业的农业技术要求

(1)整地及时，以利防旱保墒。

(2)作业深度符合农艺要求，均匀一致。

(3)表层土壤细碎疏松，下层土壤密实。

(4)地面平整，无垄沟起伏，不漏耙，少重耙。

(5)水田整地还要求碎土起浆好，能覆盖绿肥和杂草，搅混土壤和肥料。

任务一 铧式犁

一、铧式犁的一般构造与工作过程

(一)铧式犁的一般构造

因土壤条件和耕作要求不同，各地区使用的铧式犁结构可能不完全一样，但基本组成部分是相同的，主要由犁体、小前犁、犁刀、犁架、悬挂架(或牵引部件)和限深轮等部分组成。

犁体(图 4-1)是铧式犁的主要工作部件，一般由犁铧、犁壁、犁侧板、犁柱及犁托等部件组成一个整体，通过犁柱安装在犁架上。其功用是切土、破碎和翻转土壤，达到覆盖杂草、残茬和疏松土壤的目的。

小前犁位于主犁体左前方，将犁体翻起的土垡上层的部分土壤、杂草耕起，并先于主垡片的翻转落入沟底，从而改善了主犁体的翻垡覆盖质量。在杂草少、土壤较松的熟地耕作时可以不用小前犁。小前犁主要有铧式、切角式和圆盘式三种结构形式。

犁刀装在主犁体和小前犁的前方，沿垂直方向切开土壤，减少主犁体的切土阻力和磨损，防止沟墙塌落。犁刀有直犁刀和圆犁刀两种，直犁刀工作阻力较大，适用于特种犁，圆犁刀切

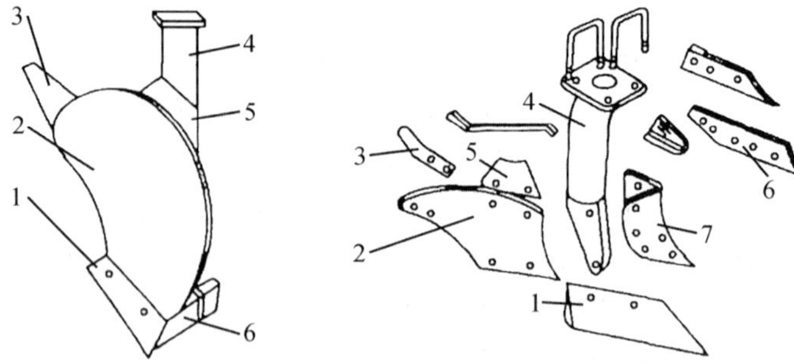

图 4-1　犁体

1. 犁铧　2. 犁壁　3. 延长板　4. 犁柱　5. 滑草板　6. 犁侧板　7. 犁托

土阻力小，不易挂草和堵塞，应用较广。

犁架用来连接各零部件并传递牵引力；悬挂架用来连接拖拉机和悬挂犁并调整它们之间的相对位置；限深轮是用来控制和调整耕作深度的。

(二)铧式犁的工作过程

用铧式犁耕地的目的是翻转和松碎土壤，将地表的残茬、杂草、肥料及病菌翻埋入土，将底土翻上来使其破碎、熟化，从而促使土壤有机质的分解，提高土壤肥力和蓄水能力，改善土壤结构，消灭病虫害，最终达到改善土壤中水、气、肥、热条件的目的。耕地时，犁体将土壤沿着垂直和水平两个方向切开，形成耕深和耕宽一定的土垡，由于犁体继续前进，土垡沿犁体曲面升起，在升起过程中，挤压、推移和扭转的作用使土垡松碎，并向犁沟方向翻转。

二、铧式犁的种类及特点

铧式犁作为主要耕地机械，应用广泛，种类繁多。按动力可分为畜力犁和机动犁；按与拖拉机挂接的形式可分为牵引犁、悬挂犁和半悬挂犁；按重量可分为轻型犁和重型犁。按用途可分为旱地犁、水田犁、山地犁、耕耙犁和特种用途犁(果园犁、沼泽犁、开荒犁、开沟犁、深耕改土犁)等。

我国机引铧式犁根据其适用地区不同可分为南方水田犁和北方旱作犁两大系列。南方水田犁系列主要为中型犁，水旱耕通用；北方系列犁可分为轻型犁和重型犁两类，轻型犁适用于地表残茬较少的轻质和中等土壤，重型犁适用于残茬较多的黏重土壤。

(一)牵引犁

牵引犁(图 4-2)通过牵引装置与拖拉机单点挂接。拖拉机的牵引装置对犁只起牵引作用。工作或运输时，犁体的重量均由犁轮支撑。起落机构控制犁的升降及耕深。

牵引犁结构较复杂，作业时地头转弯半径大，运动不灵活。

(二)悬挂犁

悬挂犁(图 4-3)通过悬挂架与拖拉机的悬挂机构连接，靠拖拉机的液压提升机构升降。运输时犁的重量全部由拖拉机承担；工作时由悬挂机构控制犁的起落及耕深，从而省去了起落调节装置和行走轮等部件。

悬挂犁的结构简单、重量轻，转弯半径小，运动灵活，操作方便，不需农具手，节省劳动力，近年来应用日益广泛。

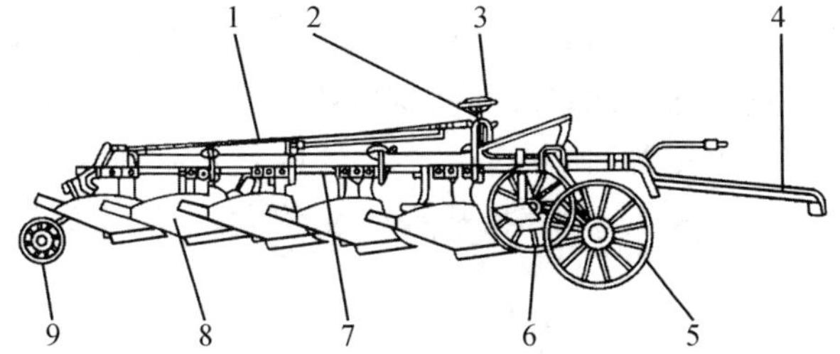

图 4-2　牵引犁

1. 尾轮拉杆　2. 水平调节手轮　3. 深浅调节手轮　4. 牵引杆　5. 沟轮　6. 地轮　7. 犁架　8. 犁体　9. 尾轮

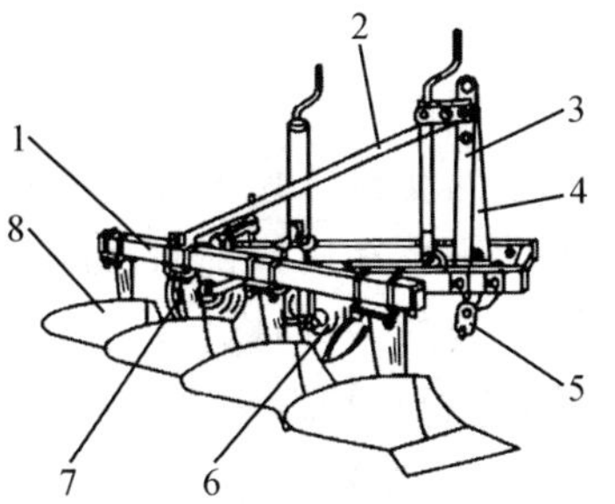

图 4-3　悬挂犁

1. 犁架　2. 中央拉杆　3. 右支杆　4. 左支杆　5. 悬挂轴　6. 限深轮　7. 犁刀　8. 犁体

(三)半悬挂犁

半悬挂犁(图 4-4)是介于悬挂犁和牵引犁之间的一种宽幅多铧犁,适于与大马力拖拉机配套。

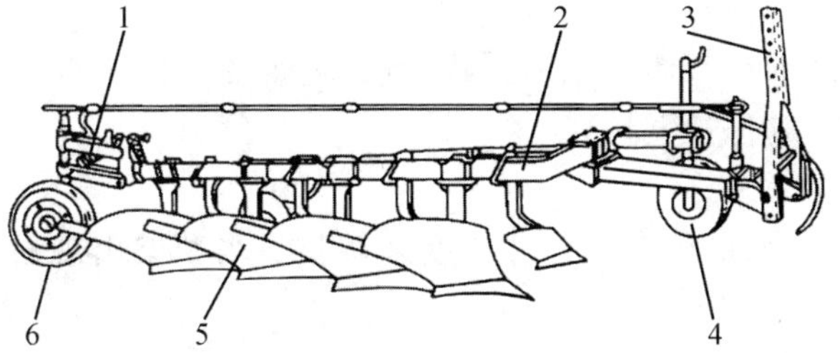

图 4-4　半悬挂犁

1. 液压油缸　2. 机架　3. 悬挂架　4. 地轮　5. 犁体　6. 限深尾轮

半悬挂犁前端与拖拉机的悬挂机构连接,后端有尾轮和尾轮起落机构。工作时犁的升降及耕深均由拖拉机的悬挂机构和尾轮的起落机构控制;运输时犁的重量由拖拉机和犁的尾轮共同承担。

半悬挂犁兼有牵引犁和悬挂犁的一些优点。它比牵引犁结构简单,重量轻,机动性好。因尾轮承担犁的部分重量,它比悬挂犁纵向稳定性好,耕深较稳定。

三、铧式犁的使用

为保证犁耕质量,使犁在工作时平稳前进,耕深一致,不重耕、不漏耕,且牵引阻力小,必须进行正确的挂接和调整。

(一)铧式犁的挂接

铧式犁的挂接原则:犁的挂接点必须在拖拉机的动力中心和犁的阻力中心的连线上,即三点一线。

(二)铧式犁的调整

牵引犁若能正确挂接,一般不会出现前后犁体耕深不一致和偏牵引现象。

悬挂犁机组挂接后或工作中,一般需要做以下几个方面的调整。

1. 耕深调整

悬挂犁的耕深调整有三种方式，即高度调整、力调整和位调整。高度调整是通过调节限深轮与犁架的相对位置来调整耕深的，轮子抬高，耕深增加；反之，耕深减小。力调整是根据犁体阻力的大小自动调节耕深，力调节手柄不变，阻力增加，则耕深减小。位调整是由拖拉机液压系统来控制的，犁和拖拉机相对位置固定不变，当地表不平时，耕深变化较大，上坡变深，下坡则变浅，适于在平坦地块上耕作。

2. 耕宽调整

耕宽调整实际上是减少漏耕和重耕，改变第一犁体实际耕宽的调整方法。有漏耕现象时，可使犁体右端向前移，左端后移，铧尖指向已耕地，耕宽减小；有重耕现象时，调整方法与上述相反。或通过左右横移悬挂轴来调整耕宽。

3. 偏牵引调整

凡是机组由于挂接不当而存在偏转力矩并使拖拉机产生自动摆头现象时，称为偏牵引。调整方法是通过调节下悬挂点相对犁架的位置，即当拖拉机向右偏转时，左悬挂点向右移；反之，左移。

4. 纵向水平调整

多铧犁在耕作时，若前后犁体耕深不一致，可通过改变上拉杆的长度来调节。当前浅后深时，应缩短上拉杆；反之，则伸长上拉杆。

5. 横向水平调整

可通过改变拖拉机悬挂机构右提升杆长度来调整。当犁架出现右侧高于左侧时，应伸长右提升杆；反之，则缩短。

(三)犁的使用注意事项

(1)在地头转弯时应将犁升起，严禁在犁出土之前转弯或倒退。

(2)耕地或运输时，犁架上严禁坐人。

(3)机组行进中，不允许排除故障或用手、脚直接清除杂草、泥块等堵塞物。

(4)道路运输时，行进速度不能太快，犁体应升至最高位置并锁定。

四、常用犁简介

(一)耕耙犁

耕耙犁是在铧式犁的基础上，将每个犁体的翼部截短，并在犁体侧上方各装一个旋转碎土部件——旋耕刀，由拖拉机的动力输出轴经传动装置驱动。工作时，耕起的土垡在未落地之前，被旋耕刀打碎，达到翻土和碎土的目的。

按其碎土器的配置方式不同，耕耙犁可分为分组立式、分组卧式和整组卧式三种形式。耕耙犁具有耕得深、盖得严、碎得透、生产率高的优点。水、旱和绿肥田耕作时，可将绿肥与碎土层搅拌均匀，有利于绿肥腐烂和均匀土壤肥力。

(二)圆盘犁

圆盘犁(图 4-5)是利用球面圆盘进行翻土、碎土的耕地机具。耕作时圆盘旋转，圆盘与前进方向成一偏角，同时与铅垂面也成一偏角。圆盘犁工作时是依靠其重量强制入土的，因此其重量一般要求较大，来使其获得较好的入土性能。

圆盘犁的优点是工作部件滚动前进，与土壤的摩擦阻力小，不易缠草堵塞，圆盘刃口长，耐磨性好，较易入土；缺点是重量较大，沟底不平，耕深稳定性和覆盖质量较差，造价较高，只适用于多草地、多石土壤等地区使用。

(三)水田铧式犁

水田犁用于水田耕作。水田土壤比阻较小，但由于拖拉机在水田中的行走阻力较大，水田犁得到的推力比较小，所以水田犁一般采用窄幅多铧的形式，且可做得比较轻巧。

由于水田地块小，水田犁大都采用全悬挂方式，机动性强。

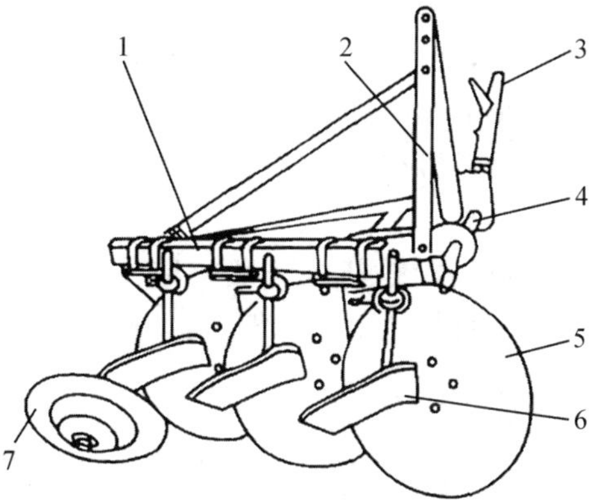

图 4-5　圆盘犁

1. 犁架　2. 悬挂架　3. 悬挂轴调节手柄　4. 悬挂轴　5. 圆盘犁体　6. 翻土板　7. 尾轮

(四)双向犁

双向犁(图 4-6)又称翻转犁，可实现双向翻土。国内目前多采用在犁架上下装两组不同方向的犁体，通过翻转机构(气动、液压或机械式)在往返行程中分别使用，达到向一侧翻土的目的。

双向犁的主要优点是耕后地表平整，没有垄沟，适于水田和坡地耕作。

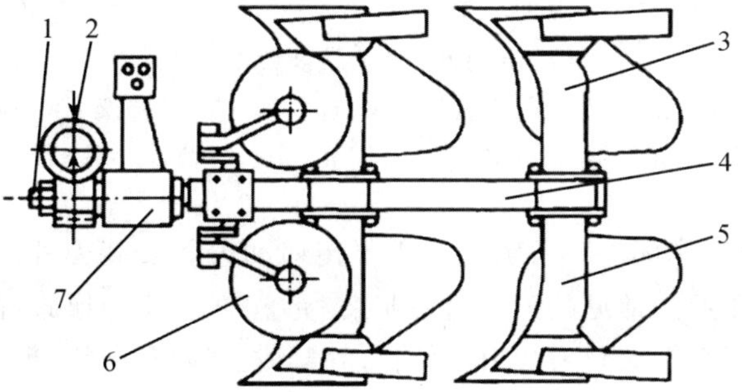

图 4-6　双向犁

1. 犁轴　2. 翻转机构　3. 左翻犁体　4. 犁架　5. 右翻犁体　6. 圆犁刀　7. 悬挂架

(五)凿式犁

凿式犁是具有凿形工作部件，只松土不翻土的土壤耕作机械。在常规耕作中，用来破碎长期用铧式犁耕作而在耕层底部形成的坚实土壤，适用于干旱、多石和水土流失严重地区的土壤基本耕作。

在少耕、免耕土壤中用以进行深层松土，可不乱土层，并保留残茬覆盖地表，减少水分的蒸发和流失。

任务二　旋耕机、灭茬机与秸秆还田机

一、旋耕机

旋耕机是一种用拖拉机驱动工作部件旋转，切削和翻动土壤的耕作机械，能一次性完成耕耙作业。其工作特点是碎土能力强，耕后的表土细碎，地面平整，土肥掺和均匀；减少拖拉机进地次数，节省劳动力，能抢农时。目前广泛应用于果园菜地、稻田水耕及旱地播前整地。缺点是功率消耗比铧式犁高，耕深较浅，覆盖质量差，不利于消灭杂草。

旋耕机有与不同种类拖拉机配套的各种型号。根据旋转刀轴位置的不同，可分为卧式和立式两种。

(一)旋耕机的一般构造

旋耕机主要由机架、传动机构、旋转刀轴、刀片、耕深调节装置、罩壳等组成(图 4-7)。

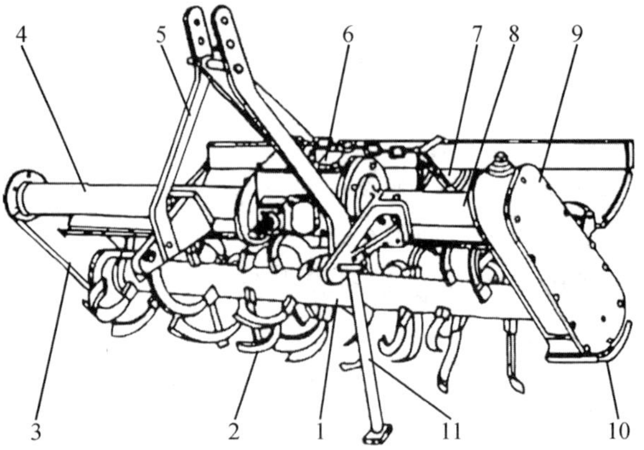

图 4-7 旋耕机的构造

1. 刀轴 2. 刀片 3. 右支臂 4. 右主梁 5. 悬挂架 6. 齿轮箱
7. 罩壳 8. 左主梁 9. 传动箱 10. 防磨板 11. 撑杆

刀轴和刀片是主要工作部件。刀轴主要用于传递动力和安装刀片。刀片与刀轴一起旋转，起切土、碎土和翻土的作用。常见的刀片有弯形、凿形和直角几种形式(图 4-8)。国内旋耕机大多配用弯形刀片(分左弯和右弯)，刀片刃口较长，并制成曲线形，有滑切的作用，工作平缓不易缠草，有较好的碎土、翻土能力，但功率消耗大。凿形刀片入土和松土能力较强，功率消耗小，但易缠草，适于土质较硬或杂草较少的旱地耕作。直形刀片与弯形刀片近似，国内生产和使用较少。

传动机构包括中央齿轮箱和侧边传动箱，将拖拉机动力输出轴的动力传递给刀轴，驱动刀轴回转。

挡泥罩和平土板防止泥土飞溅和进一步碎土，并可保护操作人员的安全。

(二)旋耕机的工作过程

如图 4-9 所示，旋耕机工作时，刀片一方面由拖拉机动力输出轴驱动作回转运动，一方面随机组前进作等速直线运动。刀片在切土过程中，切下土垡并向后抛出，土垡撞击到罩壳和平土板变得细碎再落回到地表，一次完成耕、耙两项作业。机组不断前进，刀片就不断地对未耕土壤进行松碎。

(三)旋耕机的使用

1. 旋耕机的调整

正确安装旋耕机刀片。旋耕机刀轴上的刀座排列是呈两条螺旋线，且左右弯刀交叉排列，每条螺旋线上的刀片弯向相同，安装刀片时应参照说明书，从刀轴一端起，沿一条螺旋线安装同一弯向刀片，然后再安装另一螺旋线上的刀片，并拧紧所有紧固螺母。

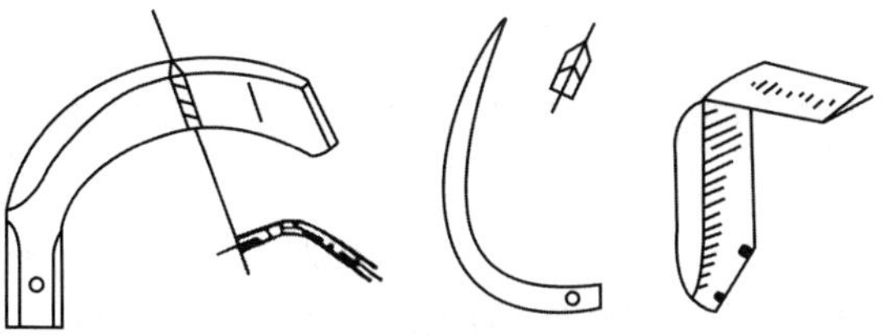

图 4-8 刀片的形式

a. 弯形刀片 b. 凿形刀片 c. 直角刀片

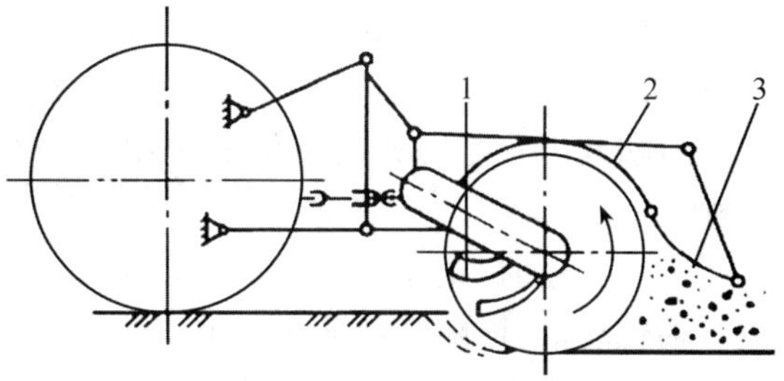

图 4-9 旋耕机的工作过程

1. 刀片 2. 罩盖 3. 平地托板

2. 正确操作旋耕机

起动发动机前应将旋耕机离合器手柄置于分离位置。

进地前，将旋耕机升起，再结合动力，让旋耕机空转。待达到预定转速后，挂上前进挡，缓松离合器踏板，慢慢降落旋耕机使其逐渐入土，并逐渐加大油门进入正常作业状态。严禁先降落后结合动力的错误做法。

转弯和倒车时，必须切断动力输出轴的动力，并将旋耕机提升后进行，禁止工作中转弯和倒车。

3. 耕深和碎土性能调整

耕深调整一般是通过液压手柄、限深轮或改变斜拉杆的长度进行的。手柄向下，提升限深轮或加长斜拉杆的长度均可使耕深增加；反之，则耕深减小。

旋耕机的碎土性能与拖拉机前进速度和刀轴转速有关。当刀轴转速一定时，拖拉机前进速度越慢，碎土质量越好；反之，则变差。

二、灭茬机

灭茬机与拖拉机配套作业，主要用于田间直立或铺放秸秆的粉碎，可对玉米、小麦、高粱、水稻、棉花等作物的秸秆、根系及蔬菜茎蔓进行粉碎。粉碎后的秸秆自然撒布均匀，经翻耕(免耕除外)，将碎秸秆作为肥料回施到地里。

灭茬机按结构形式可分为立轴式和卧轴式两种。

(一)卧轴式灭茬机

卧轴式灭茬机用于小麦等低细秆或铺放在田间的作物秸秆的灭茬作业。主要由传动机构、粉碎室及辅助部件三大部分组成(图 4-10)。

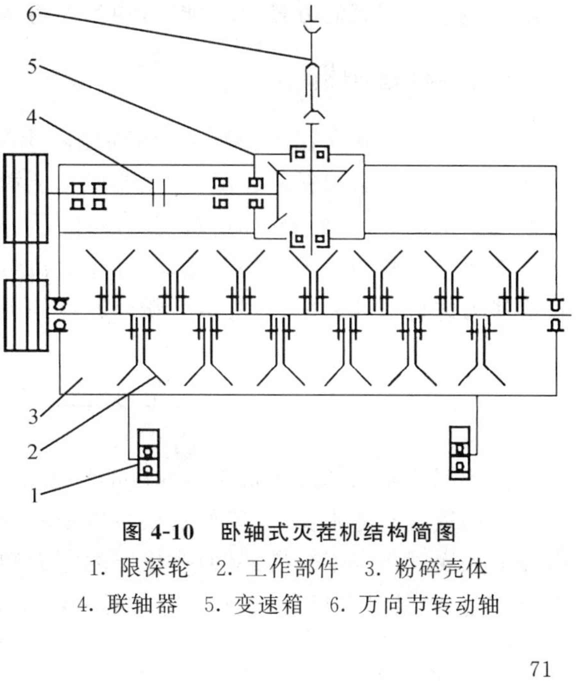

图 4-10 卧轴式灭茬机结构简图

1. 限深轮 2. 工作部件 3. 粉碎壳体 4. 联轴器 5. 变速箱 6. 万向节转动轴

传动机构由万向节、传动轴、齿轮箱和皮带传动装置组成，将拖拉机的动力传给工作部件进行粉碎作业；粉碎室由罩壳、刀轴和铰接在刀轴上的刀片(也称动刀或甩刀)

组成。用于粉碎、抛送和撒布碎秸秆。辅助部件包括悬挂架和限深轮等，通过调整限深轮的高度可以调节刀片的离地间隙(灭茬刀片一般不打入土中)。

刀轴及刀片是卧式灭茬机的主要工作部件，刀片的形式有钝角 L 形、直角 L 形和 T 形三种。

机组作业时，拖拉机通过动力输出轴、万向节等驱动刀轴转动，铰接在刀轴上的刀片一面绕刀轴转动，一面随机组前进。前进中，刀床首先碰到茎秆，使其向前倾倒，然后旋转的刀片把茎秆从根部砍断，并将茎秆向前方抛起，使茎秆进入罩壳内，在刀片、罩壳和刀床的反复作用下，粉碎后的茎秆沿着罩壳内壁滑到尾部，从出口处抛撒到田间。

(二)立轴式灭茬机

立轴式灭茬机(图 4-11)主要用于玉米等高粗秆直立作物秸秆的灭茬作业，与拖拉机的挂接方式可采用后置三点全悬挂式，也可配置在拖拉机的前方。

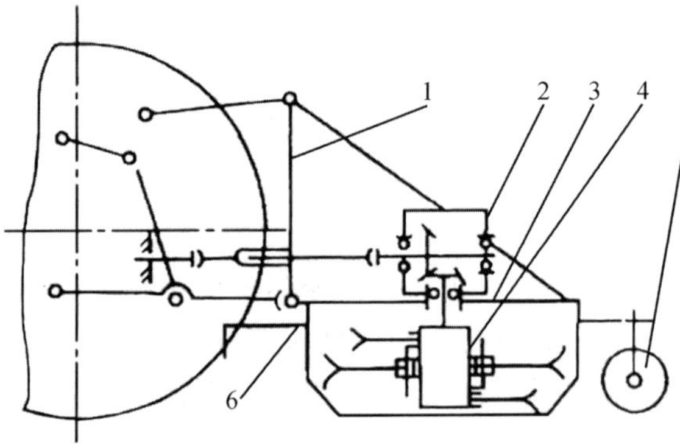

图 4-11　立轴式灭茬机结构简图

1. 悬挂架　2. 圆锥齿轮箱　3. 大罩壳　4. 工作部件　5. 限深轮　6. 前护罩总成

工作时，由灭茬机前方喂入端的导向装置将两侧的秸秆向中间聚集，刀片对秸秆多次数层切割后通过大罩壳后方排出端排出，均匀地将茎秆铺撒在田间。

三、秸秆还田机

秸秆还田是在灭茬的基础上，翻旋地表土壤与秸秆混合均匀再埋入田间，秸秆掩埋率达85%以上。秸秆直接粉碎还田，不仅能增加土壤有机质含量，提高土壤肥力，消灭病虫害，收到增产的效果，同时还能抢农时，减轻劳动强度。

按照秸秆粉碎轴的结构形式，秸秆还田机可以分为卧轴式和立轴式两种。二者均配有灭茬旋耕刀进行灭茬和覆盖，其秸秆粉碎原理同灭茬机。

任务三　深 松 机

土壤深松是指超过正常犁耕深度的松土作业，它可以破坏坚硬的犁底层，加深耕作层，增加土壤的透气和透水性，改善作物根系生长环境。进行深松时，由于只松土而不翻土，不仅使坚硬的犁底层得到了疏松，又使耕作层的肥力和水分得到了保持，因此深松技术可以大幅增加作物产量，尤其是深根系作物的产量，是一项重要的增产技术，在国内外应用较为广泛。

一、深松机的种类及特点

深松机的种类较多，有深松铲、层耕犁、深松联合作业机及全方位深松机。

深松犁(图 4-12)的主要工作部件是装在机架后横梁上的凿形深松铲。连接处备有安全销，碰到大石头等障碍时会剪断，以保护深松铲。限深轮安装在机架两侧，用于调整和控制耕作深度。

深松铲和铧式犁组合成层耕犁(图 4-13)。铧式犁在正常耕深范围内翻土，深松铲松动下面的土层，达到上翻下松，不乱土层的深耕要求。

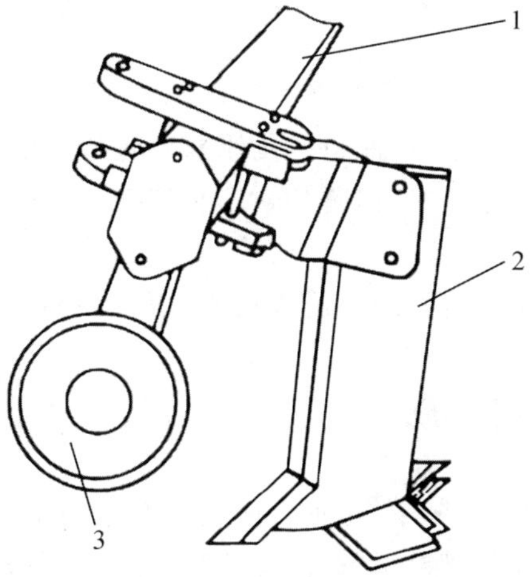

图 4-12 深松犁

1. 机架 2. 深松铲 3. 限深轮

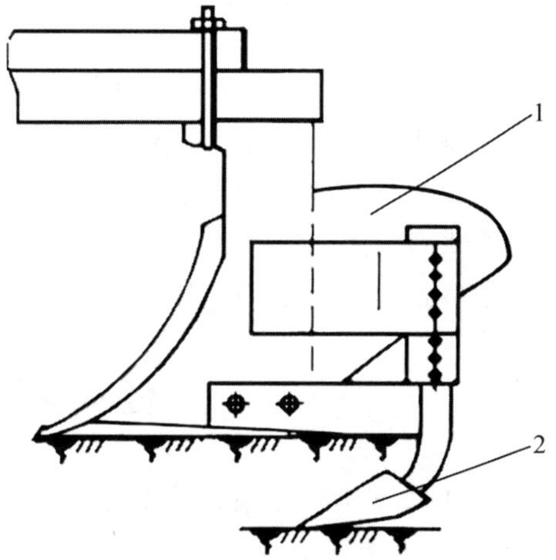

图 4-13 层耕犁

1. 主犁体 2. 松土铲

深松联合作业机也称联合耕作机，能一次完成两种以上的作业项目。按联合作业的方式不同可分为深松联合作业机、深松与旋耕、起垄联合作业机及多用组合犁等多种形式。深松联合作业机是为适应机械深松少耕法的推广和大功率轮式拖拉机发展的需要而设计的，主要适用于我国北方干旱、半干旱地区以深松为主，兼顾表土松碎、松耙结合的联合作业。既可用于隔年深松破除犁底层，又可用于形成上松下实的熟地全面深松，也可用于草原牧草更新、荒地开垦等其他作业。

全方位深松机是一种新型的土壤深松机具，其工作原理完全不同于现有的凿式深松机。它能使 50 cm 深度内的土层得到高效的松碎，显著改善黏重土壤的透水能力，但其深松比阻小于犁耕比阻。作为新一代的深松机具对我国干旱、半干旱土壤的蓄水保墒、渍涝地排水、盐碱地和黏重土的改良，以及草原更新均有良好的应用前景。

二、深松机的主要工作部件

深松铲(图 4-14)是深松机的主要工作部件，由铲头、立柱两部分组成。其中铲头是深松铲的关键部件。

最常用的是凿形铲，它的宽度较窄，和铲柱宽度相近，形状有平面形，也有圆脊形。圆脊形碎土性能较好，且具有一定的翻土作用；平面形工作阻力小，结构简单，强度高，制作、更换方便，行间深松、全面深松均可使用，应用最广。若做全面深松或较宽的行间深松，还可以在两侧配上翼板，增大松土效果。

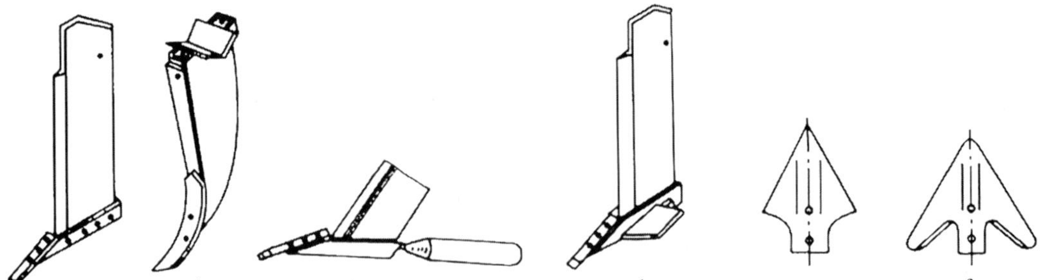

图 4-14 深松铲

a. 平面凿形 b. 圆脊形 c. 带打洞器的深松铲 d. 带翼深松铲 e. 鸭掌铲 f. 双翼铲

还有一种可调式翼铲，由铲柄和两个翼铲组成，翼铲对称安装在铲柄两侧。带可调翼铲的深松机在土壤表层可以像全方位深松机一样全面疏松土壤，且保持较为平整的地表，在深层可以像单柱凿铲一样疏松土壤。虽然在旱地深松效果比免耕差，但是相对于传统耕作，深松可以增加土壤含水量，增产增收。

深松铲柱最常用的断面呈矩形，结构简单，入土部分前面加工成尖棱形，以减少阻力。

任务四 整地机械

土地耕作后土垡间有很大的空隙，土块较大，地面不平，必须进行整地。整地的主要作用是松碎土壤、平整地表，达到表层松软、下层紧密、混合化肥和除草剂的目的，为播种及作物生长创造良好的土壤条件。整地机械也称表土耕作机械，常见的有耙类（圆盘耙、齿耙、滚耙等）、镇压器及松土除草机械。

一、圆盘耙

圆盘耙主要用于犁耕后的碎土和平地，也可用于搅土、除草、混肥，收获后的浅耕、灭茬，播种前的松土，飞机撒播后的盖种。有时为了抢农时、保墒也可以耙代耕，是表土耕作机械中应用最为广泛的一种机具。

（一）圆盘耙的类型与一般构造

1. 圆盘耙的类型

按机重、耙深和耙片直径可分为重型、中型和轻型三种，其结构参数和适用范围见表 4-1。

表 4-1 圆盘耙的分类

类型	轻型圆盘耙	中型圆盘耙	重型圆盘耙
单片耙重/kg	15～25	25～45	50～65
耙片直径/mm	460	560	660
耙深/cm	10	14	18
牵引阻力/(kN/m)	2～3	3～5	5～8
适用范围	适用于中等土壤的耕后耙地、播前松土，也可用于轻壤土的灭茬	适用于黏壤土的耕后耙地，也可用于中等壤土的以耙代耕	适用于开荒地、沼泽地和黏重土壤的耕后耙地，也可用于壤土的以耙代耕

按与拖拉机的挂接方式可分为牵引、悬挂和半悬挂三种形式，重型耙一般多采用牵引式或半悬挂式，轻型耙和中型耙则三种形式都有；按耙组的配置方式可分为对置式和偏置式两种；按耙组的排列方式可分为单列耙和双列耙。

2. 圆盘耙的一般构造

如图 4-15 所示，圆盘耙一般由耙组、耙架、牵引或悬挂架和偏角调节装置等组成。

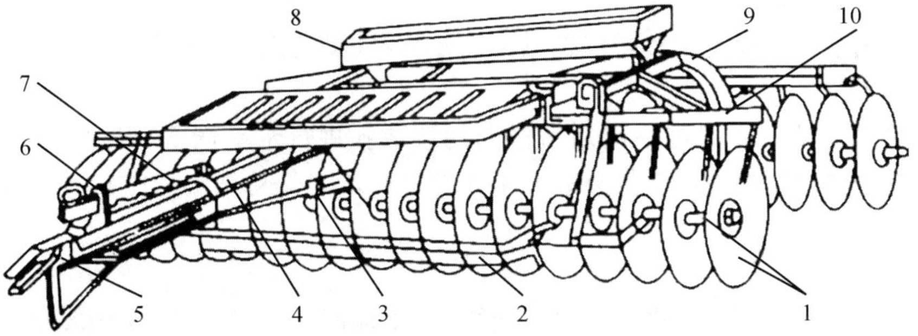

图 4-15 圆盘耙的构造

1. 耙组 2. 前列拉杆 3. 后列拉杆 4. 主梁 5. 牵引器 6. 卡子 7. 齿板式偏角调节器 8. 配重箱 9. 耙架 10. 刮土器

耙组是圆盘耙的主要工作部件，一般由 5～10 片圆盘耙片穿在一根方轴上，耙片之间用间管隔开，保持一定间距，最后用螺母拧紧、锁住而成。每个耙片都有刮土器，安装在刮土器横梁上，用以清除耙片上的泥土(图 4-16)。

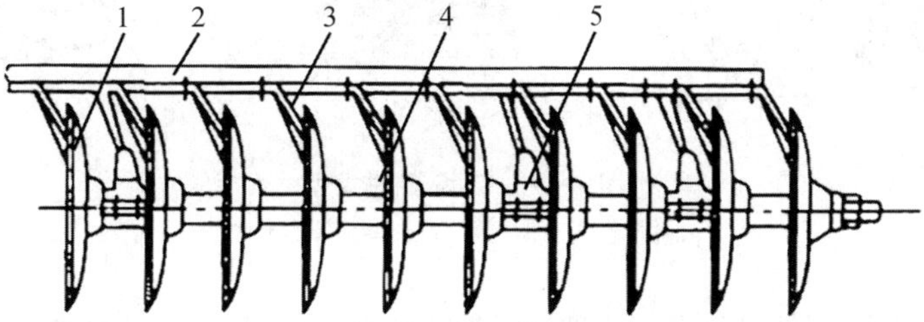

图 4-16 耙组的构造

1. 耙片 2. 横梁 3. 刮土器 4. 间管 5. 轴承

耙片是一球面圆盘，其凸面一侧的边缘磨成刃口，以增强入土和切土能力。耙片可分为全缘和缺口两种形式，缺口耙片的刃口长，切土和碎土能力都较全缘耙片强，适用于新开垦土地和黏重土壤。耙片的凹面是工作面，直径相同的耙片，凹度大的，入土和碎土性能好。

耙架是圆盘耙的整体框架，是用两端封口的矩形钢管制成的整体刚性架，具有良好的强度和刚度。

偏角调节机构用于调节圆盘耙的偏角，以适应不同耙深的要求。

(二)圆盘耙的工作过程

圆盘耙的耙片圆盘的刃口平面与机组前进方向有一偏角并垂直于地面。工作时，圆盘在牵引力的作用下滚动前进，并在耙的重力和土壤的反力作用下切入土壤一定的深度。在耙片刃口和曲面的综合作用下，耙片进行推土、铲土(草)，并使土壤沿耙片凹面上升和跌落，从而起到碎土、翻土和覆盖等作用。

(三)圆盘耙的使用

(1)耙地时应根据土质、地块大小、形状及农业技术要求等情况，选择适当的耙地方法，力求做到碎土平地作用好、不重耙、无漏耙。

(2)耙地作业中不可以急转弯和倒退，以免损坏耙片。禁止在行进中清除泥土、杂草和排除故障。

(3)圆盘耙的调节

①耙深的调节　可通过调整耙组偏角的大小，改变悬挂点的高低位置、增减附加重量等方式调节耙深。

②耙架水平调节　牵引耙一般用吊杆上的调节孔进行水平调整，以保持耙组耙深一致。悬挂耙是依靠调整拖拉机上的右提升杆和上拉杆的长度来保持耙组的左右和前后水平的。

二、齿耙

齿耙主要用于旱地犁耕后进一步松碎土壤、平整地面，为播种创造良好条件。也可用于覆盖撒播的种子、肥料以及进行苗前、苗期的耙地除草作业。常用的齿耙有钉齿耙和弹齿耙。

(一)钉齿耙

钉齿耙的类型很多，按其结构特点可分为固定式、振动式、可调式和网状式钉齿耙等(图 4-17)。

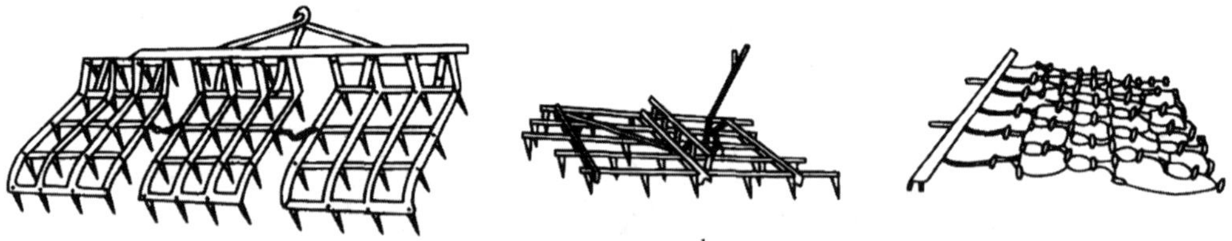

a　　b　　c

图 4-17　钉齿耙的类型

a. 固定式　b. 可调式　c. 网状式

钉齿耙的主要工作部件是钉齿。钉齿按适应土质和深度大小可分为轻型、中型和重型三种；按结构形状可分为菱形、方形、圆形、刀形等多种形式。菱形或方形断面钉齿具有良好的松土、碎土能力，工作稳定，有四个工作刃口，可转动半周重新使用，广泛应用在重型和中型钉齿耙上；圆形断面钉齿的松土和碎土能力较差，多用于轻型钉齿耙上；刀形钉齿是一种特殊的结构形式，它的水平刀刃形成一个平面，使耕作层不生硬。

(二)弹齿耙

弹齿耙(图 4-18)的耙齿由弹簧钢制成，有一定的弹性，遇到石砾时不易损坏。弹齿的颤动能增强碎土能力，松土效果较好。适合于凸凹不平或多石的地面作业，也可用于牧草地、果园的整地和中耕。

三、其他表土耕作机械

(一)水田耙

水田耙主要用于水田耕后碎土，使泥土搅混起浆，以利插秧。有时也可代替犁耕，直接用耙灭茬碎土。

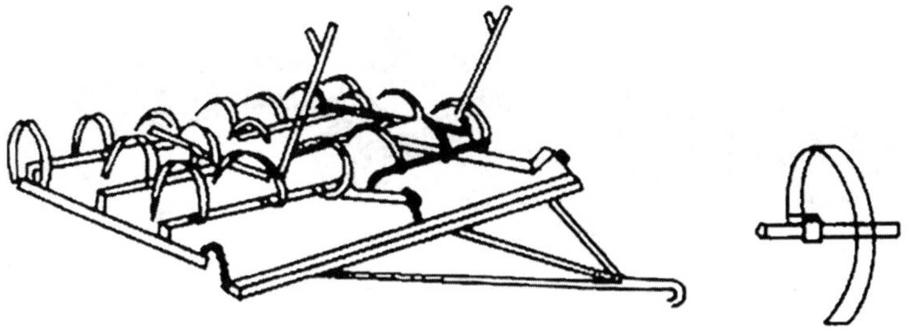

图 4-18　弹齿耙

如图 4-19 所示，水田耙一般由耙组、轧滚和耙架（包括悬挂架）等组成。

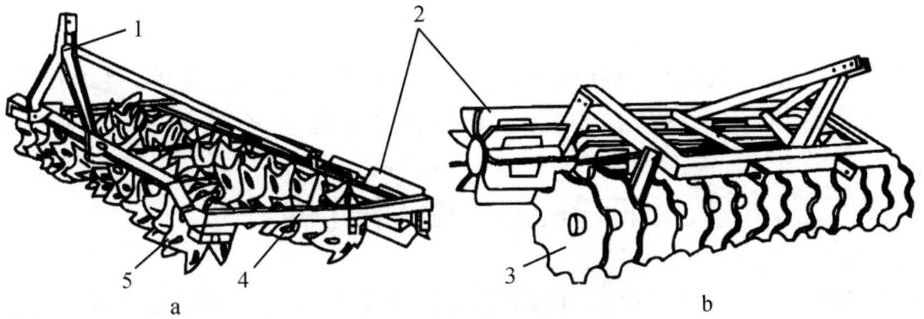

图 4-19　水田耙

a. 水田星形耙　b. 水田缺口圆盘耙

1. 悬挂架　2. 轧滚　3. 缺口圆盘耙组　4. 耙架　5. 星形耙组

1. 耙组

水田耙有缺口耙组和星形耙组两种。耙组一般为 2～4 组，分为 1～2 列配置。缺口耙组耙片的形状与旱地圆盘耙的耙片相似，切土和翻土能力较强，但阻力大，碎土起浆作用较差。星形耙组的耙片具有弯曲的星齿，刃口长，切土、碎土能力强；滑切作用大，不易粘土和缠草。且能压草入土，具有灭茬作用，应用较广。

2. 轧滚

轧滚位于耙组后方，具有较强的灭茬、起浆能力，并兼有碎土、平田、混合土肥等功能。为了提高轧滚的轧压效果，常使轧片均匀错开，或呈螺旋线排列。

根据轧片的形状及排列方式，轧滚可分为实心、空心、百叶桨及螺旋式几种类型。

(二)镇压器

镇压器主要用于压碎土块、压紧耕作层、平整土地或进行播后镇压，使土壤紧密，有利于土壤底层水分上升，促使种子发芽。也可用于压碎雨后地表硬壳，在干旱地区还能防止土壤的风蚀。

常用的镇压器多为牵引式。根据形状不同有 V 形、网环形和圆筒形三种（图 4-20）。

1. V 形镇压器

V 形镇压器由若干个具有 V 形边缘的铸铁镇压轮穿在一根轴上组成，一般由三组镇压轮排列成品字形。具有碎土能力强、压后地表呈波状起伏、可减少风蚀的特点。

2. 网环形镇压器

网环形镇压器的构造与 V 形镇压器相似，但工作部件（网环）的外缘为网形，而且直径和

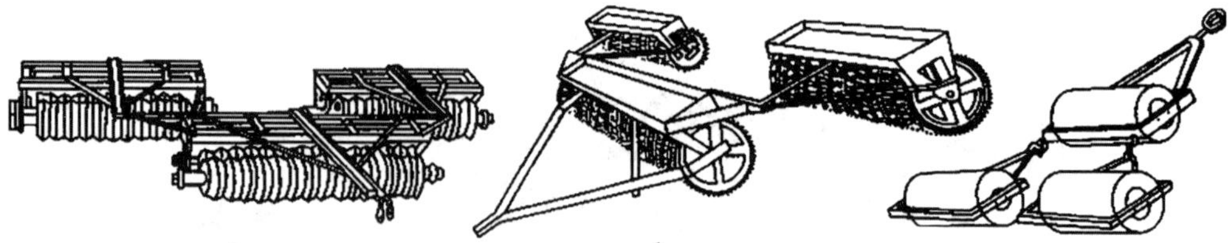

图 4-20　镇压器

a. V形镇压器　b. 网环形镇压器　c. 圆筒形镇压器

重量也较V形轮大，压后地表呈网状压痕。其特点是下透力大，以压实心土为主，并使表土保持疏松，有较好的保墒作用，特别适合镇压黏重土壤。

3. 圆筒形镇压器

圆筒形镇压器是用铸铁或钢板制成圆柱形筒。其特点是结构简单，接地面积大，压强小，对表土镇压作用强，而对心土镇压作用弱，压后地表易有裂痕，会造成透风和水分蒸发。

任务五　中耕机械

中耕是在作物生长期间进行松土、除草、追肥、培土及间苗等作业，目的在于疏松地表、消灭杂草、蓄水保墒，促进有机物分解，增加土壤透气性，以利于作物生长。根据不同作物不同生长时期的需要，中耕作业项目各有不同，有时着重于除草，有时偏重于松土、培土。

中耕作业的农业技术要求是：除净杂草，不伤及幼苗，表土松碎且不伤害作物根系；土壤翻动量要小，不乱土层；中耕深浅一致，能满足不同行距的要求；仿形性好，工作可靠，调节方便。

一、中耕机的类型与构造

中耕机主要有旱作中耕机和水田中耕机两种。

旱作中耕机上可配装多种工作部件，分别满足作物生长期的不同要求，主要的有除草铲、通用铲、松土铲、培土铲和垄作铧子等类型。通用机架中耕机是在一根主梁上安装中耕机组，可以换装播种机或施肥机等，因而通用性强，结构简单、成本低。

水田中耕机按性能分成行间中耕机和株间中耕机。我国目前现有的水稻中耕机大多是行间中耕机。

中耕机一般由工作部件即除草、松土和培土部件，仿形机构、机架、地轮、牵引或悬挂架等组成。

二、中耕机的工作部件

中耕机的工作部件有锄铲式和旋转式两大类型，其中锄铲式应用较广，按其作用可分为除草铲、松土铲和培土铲三种。

（一）除草铲

除草铲主要用于行间的松土和除草作业。按结构不同可分为单翼铲、双翼铲和双翼通用铲三种型式（图 4-21）。

单翼铲可用于作物早期除草作业，工作深度一般不超过 6 cm。单翼铲由水平锄铲和竖直

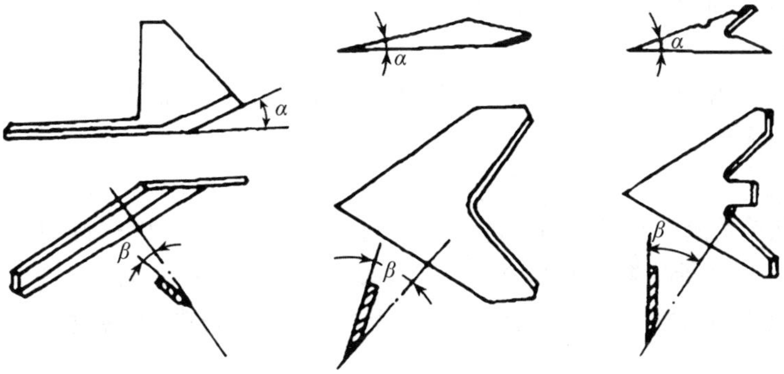

图 4-21 除草铲的类型

a. 单翼铲 b. 双翼铲 c. 双翼通用铲

护板两部分组成。锄铲用于锄草和松土，护板用于防止土块压苗，因而可使锄铲安装位置靠近幼苗，增加机械中耕面积。护板下部有刃口，可防止挂草堵塞。单翼铲有左翼铲和右翼铲两种类型，中耕时要对称安装，分别置于幼苗的两侧。

双翼铲作用与单翼铲相同。除草作用强而松土作用较弱，工作深度 8 cm，常与单翼铲组合使用。

双翼通用铲则有较大的入土角 α 和碎土角 β，因而可以兼顾除草和松土两项作业，工作深度可达 8～12 cm，结构与双翼除草铲基本相同。

(二)松土铲

松土铲的种类很多，常用的有箭形松土铲、尖头松土铲、凿形松土铲和铧形松土铲等类型(图 4-22)。

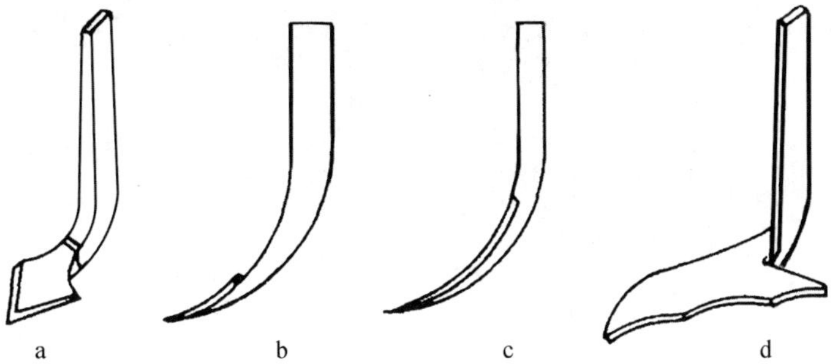

图 4-22 松土铲的类型

a. 箭形松土铲 b. 尖头松土铲 c. 凿形松土铲 d. 铧形松土铲

松土铲由铲头和铲柄两部分组成，铲头为工作部分。主要用于中耕作物的行间松土，可使土壤疏松但不翻转，松土深度可达 16～20 cm。

箭形松土铲的铲尖呈三角形，工作面为凸曲面，耕后土壤松碎，沟底比较平整，阻力比较小，应用广泛；尖头松土铲的铲尖单独制成，两头开刃，磨损后易于更换，可调头使用；凿形松土铲的铲尖呈凿形，铲尖与铲柄为一整体，也可将铲柄与铲尖分开制造，再用螺栓连接，便于磨后更换。凿形松土铲的宽度较窄，入土能力强，碎土能力较差，工作深度可达 18～20 cm；铧形松土铲的铲尖呈三角形，工作曲面为凸曲面，与箭形松土铲相似，只是翼部向后延伸得比较长。

这种松土铲只适于东北垄作地第一次中耕松土作业，应用不太广。

(三)培土铲

培土铲主要用于中耕作物的根部培土和开沟起垄。按工作面的类型不同可分为曲面型培土铲和平面型培土铲。

曲面型培土铲(图 4-23)一般由铲尖、铲胸、左右培土壁和铲柄等组成。左右曲面培土壁开度可调，以适应不同垄沟尺寸的作业要求。作业时可使行间土壤松碎，翻向两侧，完成培土或开沟工作。工作阻力小，常用于北方平原旱作地区。平面型培土铲(图 4-24)由三角形铧、分土板和两个培土板组成。两个培土板左右对称配置，开度可调，特别适于东北垄作地区作物的中耕培土作业。

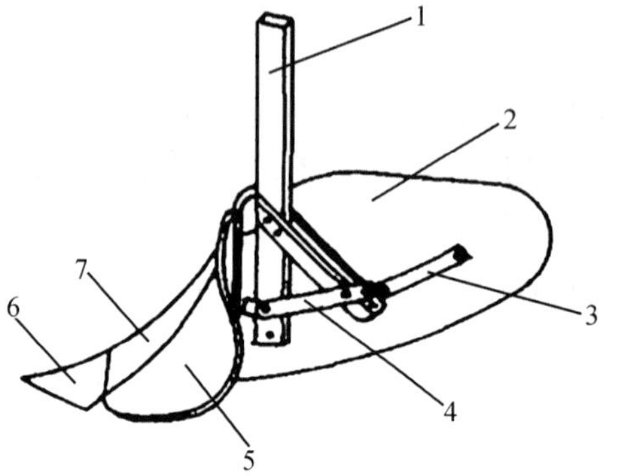

图 4-23　曲面型培土铲

1. 铲柄　2. 右培土壁　3. 右调节臂
4. 左调节臂　5. 左培土壁　6. 铲尖　7. 铲胸

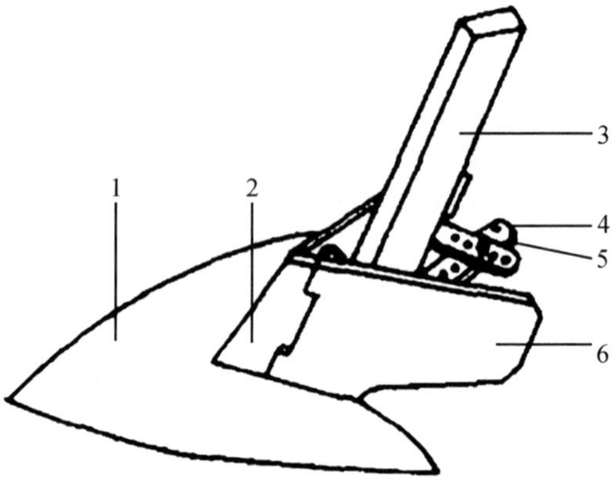

图 4-24　平面型培土铲

1. 三角形铧　2. 分土板　3. 铲柄
4. 调节板　5. 固定销　6. 培土板

项目五　播种施肥机械

播种作业是农业生产过程的关键环节，施肥是调节土壤构成、改善植物生育和营养条件的重要措施。用机械播种施肥较人工作业均匀准确，深浅一致，而且效率高、速度快，同时为田间管理作业创造良好的条件，是实现农业现代化的重要技术手段之一。

一、播种方法

常用的播种方法有撒播、条播、穴播和精密播种。

1. 撒播

将种子按要求的播量漫撒于地表，称为撒播。该方法主要用于飞机播种，以便于高效率地完成大面积种草、造林或直播水稻，以及山区瘠瘦坡地种植小麦、谷子等。

2. 条播

将种子按要求的行距、播深和播量播成条行，称为条播。小麦、谷子等采用此法播种，便于田间管理，应用较广。

3. 穴播

按要求的行距、穴距和播深将单粒或数粒种子点播成穴，称为穴播。常用于玉米、棉花等中耕作物和经济价值较高的作物。

4. 精密播种

按精确的粒数、间距和播深将种子数播入土中，称为精密播种。精播用种需进行精选分级和处理，保证种子发芽率和出苗能力。该方法有利于作物生长，可提高产量。

二、机械播种的农业技术要求

苗全、苗齐、苗匀、苗壮是农业增产的基础，为此，机播作业必须做到：

(1)因地制宜，适时播种，不违农时。

(2)能控制播量和施肥量指标，使排量准确可靠，保证行内均匀、行间一致。

(3)播深和行距应保持一致，种子必须播在湿土中，并覆盖良好，根据具体情况予以适当镇压。

(4)播行直，地头齐，无重播漏播，不留边丢角。

(5)通用性好，不损伤种子，调整方便可靠。

三、施肥的时间与机具

在耕地前和播种前整地期间，将肥料施于地表，然后用土覆盖，称为施基肥。有厩肥撒播机和化肥撒播机。

与播种同时进行，将肥料施于土中，称为施种肥。联合播种机和播种中耕通用机，都是作物播种同时施固体化肥和颗粒肥的机器。

在作物生长期间，将肥料施于作物根系附近或直接喷洒在作物茎叶上，称为追肥。一般都是与中耕作业同时进行。有中耕追肥机，播种中耕通用机，施氨水机和施球肥机等。

四、播种机械发展趋势

目前，国内外播种机械发展的趋势是不断更新工作原理，尽量完善结构。主要体现在以下方面。

(1)在播种的同时进行耕整地、施肥、喷撒农药等联合作业，一次完成多项作业。发展直接播种(或称免耕播种)。

(2)采用新的排种原理，发展单粒精密播种技术。

(3)采用液压技术及电子技术，用于工作部件升降、机架折叠、监视排种装置等工作。

(4)用飞机播种水稻、液体播种芽种等。

任务一　播种机的类型和构造

一、播种机的类型

我国的播种机械经多年的发展，通过自行设计，引进改型，生产了种类繁多的机型。

播种机按作物种植模式可分为撒播机、条播机和点(穴)播机；按作物品种类型可分为谷物播种机、棉花播种机、牧草播种机、蔬菜播种机；按牵引动力可分为畜力播种机、机引播种机、悬挂播种机、半悬挂播种机；按排种原理可分为机械强排式播种机、离心播种机、气力播种机；按作业模式可分为施肥播种机、旋耕播种机、铺膜播种机、通用联合播种机等。

随着农业栽培技术、生物技术、机电一体化技术的发展，陆续又出现了精量播种、免耕播种、多功能联合作业等新型播种机具。

二、播种机的一般构造和工作过程

播种机一般由排种(肥)器、开沟器、输种(肥)管、覆土器和镇压轮等工作部件，以及机架、种(肥)箱、传动装置、起落机构、深浅调节机构、行走轮和划行器等辅助部件组成。

工作时，开沟器开出种沟，排种器将种箱中的种子按要求播量连续均匀地排出，经输种管落入种沟中；同时，肥料由排肥器排入输肥管，也落入种沟。然后，由覆土器覆土，镇压轮压实。

三、播种机的主要工作部件

播种机的主要工作部件有：排种(肥)器、输种(肥)管、开沟器、覆土器、镇压器。

(一)排种器

排种器是播种机的心脏，其性能直接影响播种质量、田间管理和作物收成。对排种器的要求是：播量稳定可靠、排种均匀、不损伤种子、通用性好、调整方便可靠、能适应多种作业速度。

常用的排种器有槽轮(外槽轮、内槽轮)式、型孔(水平圆盘、垂直圆盘、窝眼轮、型孔带)式、离心式、气力(气吸、气压、气吹)式等。

排肥器一般安装在肥箱的底部，用于排施化肥，主要有外槽轮式、水平星轮式、离心式、振动式等。

1. 外槽轮式排种器

外槽轮式排种器的结构如图 5-1 所示。工作时,外槽轮旋转,种子靠自重充满排种盒及凹槽,凹槽将种子带出实现排种。外槽轮排种器主要靠改变槽轮的工作长度和速比来调节播量。一般只需 2～3 种速比即可满足各种作物的播量要求。

该排种器结构简单,容易制造,国内外已标准化,对大、小粒种子有较好的适应性,广泛应用于谷物条播机,也可用于化肥排施。

2. 水平圆盘式排种器

水平圆盘式排种器如图 5-2 所示。工作时,水平排种盘回转,种箱内的种子靠自重充入型孔并随型孔转到刮种器处,由刮种舌刮去多余的种子。留在型孔内的种子运动到排种口时,离开型孔落入种沟,完成排种过程。

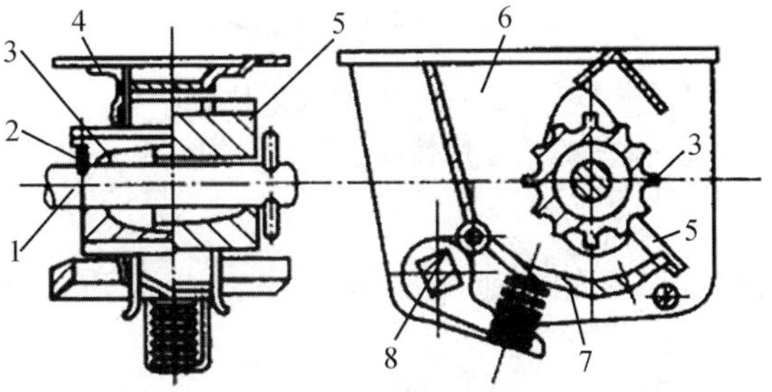

图 5-1 外槽轮式排种器

1. 排种轴 2. 销钉 3. 槽轮 4. 花形挡环 5. 阻塞轮 6. 排种器盒 7. 清种舌 8. 清种方轴

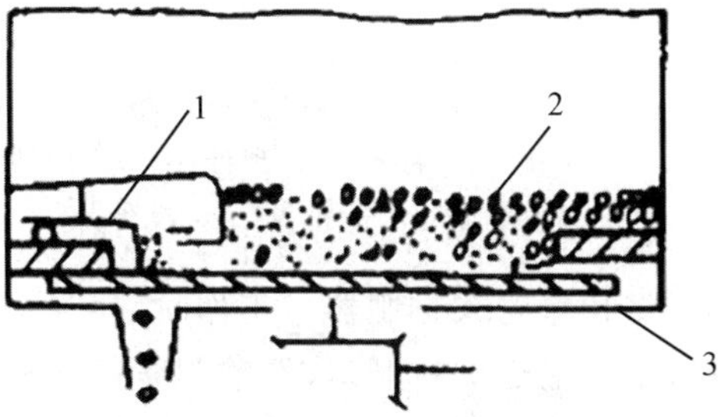

图 5-2 水平圆盘式排种器

1. 推种器 2. 刮种器 3. 排种盘

该排种器适用于中耕作物穴播或单粒点播,还可换装棉花排种盘条播或穴播棉花,或换装磨盘式排种器进行条播。

3. 窝眼轮式排种器

窝眼轮式排种器如图 5-3 所示。

工作时,种子箱内的种子靠自重充入窝跟,当窝眼轮转动时,经刮种板刮去多余的种子,窝眼内的种子随窝眼沿护种板转到下方一定位置时,落入种沟内。该排种器适用于穴播或单粒点播。

4. 气力式精密排种器

气力式精密排种器通常是利用气流压力差从种子室摄取单粒种子并依次将其排出。目前主要用于精播中耕作物,如玉米、甜菜、大豆、高粱等。

气吸式排种器(图 5-4)工作时,排种盘旋转,吸孔在充种区吸附种子,经过锯齿形刮种器,刮掉吸孔上多余的种子,使每个吸孔只保留一粒。种子在开沟器上方转出真空室,吸力消失,种子靠自重下落到种沟里。

气压(吹)式排种器则由鼓风机向充种室送风,充种室内压力高于大气压力,因而种子被压力差压附到排种元件的窝眼上。气压式排种器依靠种子重力以及毛刷等来完成刮种,气吹式则依靠高速气流吹走多余的种子。然后随着型孔轮的转动,充有单粒种子的型孔经过附种区,到达排种口。种子在重力或推种板的作用下,落入种沟。

(二)排肥器

排肥器的结构和工作与排种器相似,常用的排肥器有以下几种。

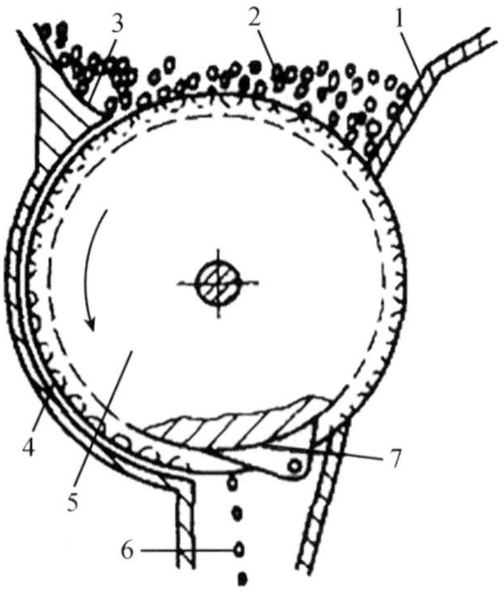

图 5-3　窝眼轮式排种器

1. 种子箱　2. 种子　3. 刮种片　4. 护种板　5. 窝眼轮　6. 排种　7. 投种片

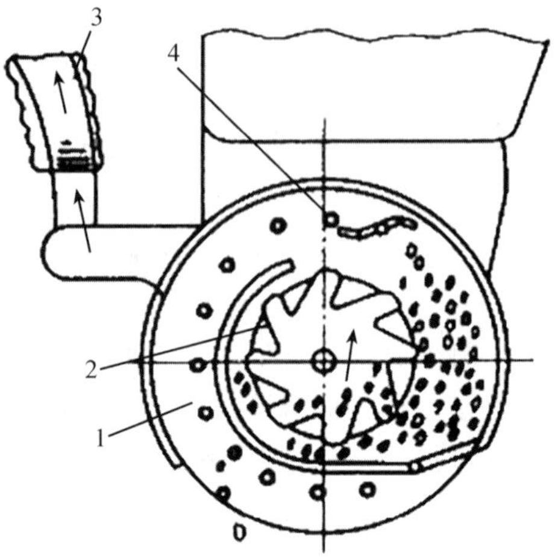

图 5-4　气吸式排种器

1. 吸种盘　2. 搅拌轮　3. 吸气管　4. 刮种板

(1)星轮式排肥器　工作时,通过齿轮传动使排肥星轮在肥箱底板上转动,以轮齿拨动肥料,使之输送到排肥口,经输肥管落入种沟。

(2)螺旋式排肥器　主要工作部件是排肥螺旋,工作时螺旋回转,将肥料推入排肥管。

(3)振动式排肥器　工作时,凸轮使振动板上的肥料不断振动,在自身重力和振动力的作用下,沿振动板下滑到排肥口。

(4)搅龙式排肥器　工作时,肥箱下的搅龙在链轮带动下旋转,将肥料输送至排肥口。

(三)输种管和输肥管

输种管和输肥管是种子和肥料由排种器、排肥器排出进入开沟器开出的种、肥沟的通道。管的上端挂接在排种器和排肥器上,下端插入开沟器内。要求输种管和输肥管具有一定的通过断面,且内壁光滑,以便种、肥流动畅通,不破坏种子流和肥料流的均匀性。

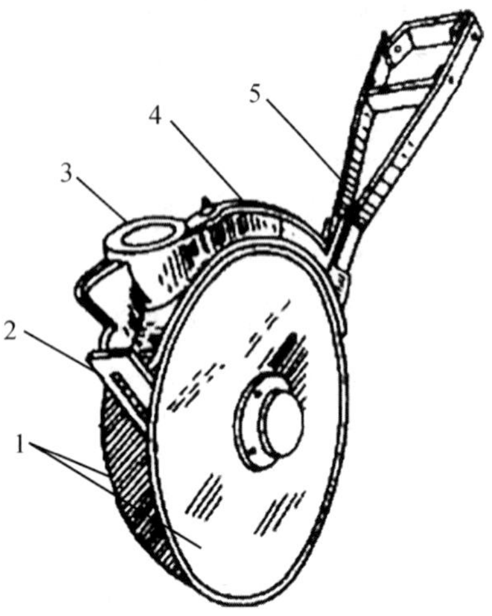

图 5-5　双圆盘开沟器

1. 圆盘　2. 导种板　3. 导种管　4. 开沟器体　5. 拉杆

(四)开沟器

开沟器的功用是开出种沟,为种子准备种床。要求开沟器入土性能好,具有良好的走直性,不挂草,不壅土,干、湿土不相混,能调节开沟深度。

1. 双圆盘开沟器(图 5-5)

工作时,圆盘滚动前进,切开土壤并向两侧挤压成种沟,种子在两圆盘间经导种板撒落于沟中。圆盘过后,土壤自然回落覆土,利于湿土覆盖种子。多用于谷物条播机。

2. 锄铲式开沟器(图 5-6)

工作时,开沟铲入土,将部分土壤升起,使底层土壤翻到上层,对前端和两边土壤挤压而形成种沟。开沟阻力小,入土能力强,有干、湿土相混现象。多用于畜力或小型机力谷物播种机。

3. 滑刀式开沟器(图 5-7)

工作时,滑刀向前滑动切开土壤,两侧板及底托推挤土壤形成种沟。湿土从侧板的上方及侧面流出,回落到种沟两侧,而干土则被底托推向后方,形成沟壁。同时,排种器将种子投入种沟,覆土器随后将干土覆盖到种子上,完成播种过程。多用于中耕作物播种机。

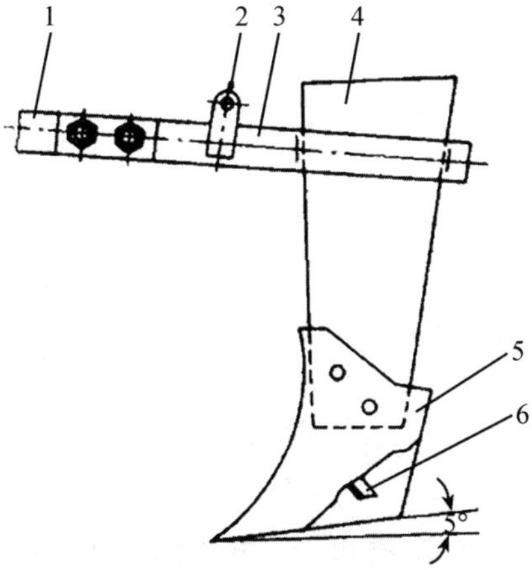

图 5-6　锄铲式开沟器

1. 拉杆　2. 压杆座　3. 夹板
4. 开沟器体　5. 开沟铲　6. 导种板

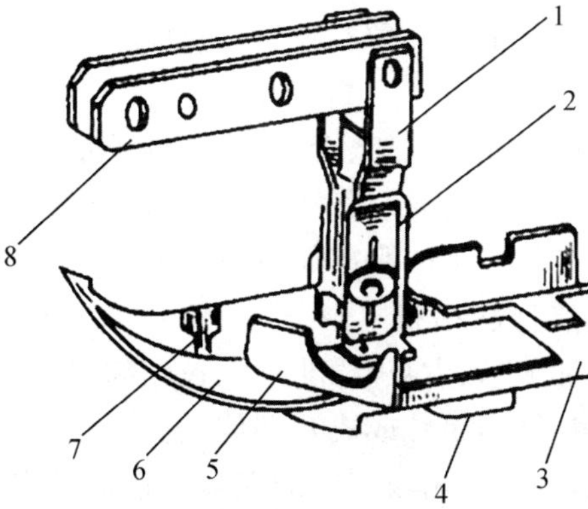

图 5-7　滑刀式开沟器

1. 开沟器体　2. 调节齿座　3. 侧板
4. 底托　5. 推土板　6. 限深板
7. 滑刀　8. 拉杆

(五)覆土器

覆土器的作用是覆盖种子,以达到要求的覆土深度。谷物条播机上的覆土器有链环式、拖杆式、弹齿式和爪盘式等(图 5-8)。中耕作物播种机的覆土器有刮板式和铲式。

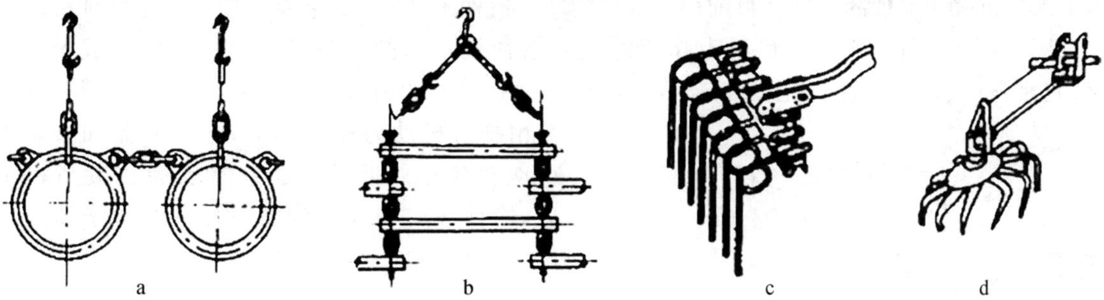

图 5-8　谷物播种机上常用的覆土器

a. 链环式　a. 拖杆式　c. 弹齿式　d. 爪盘式

(六)镇压器

镇压器一般用于中耕作物播种机,有各种形式的镇压轮,用来压紧土壤,减少水分蒸发,使种子和湿土密接。

四、常用的播种机

(一)撒播机

撒播主要用于面积较大、均匀度要求不太严格的作物类。其速度快,操作方便,播种机构简单。目前使用的撒播机有地面机械撒播和空中飞机撒播两大类。地面使用的撒播机结构比较简单,其动力可由人力、畜力或机力提供,主要由种子箱和排种器组成。排种器是一个由旋转叶轮构成的撒播器,利用叶轮旋转时的离心力将种子撒出。空中飞机撒播目前主要用于大面积牧草和林区树种的撒播。

(二)谷物条播机

条播机能够一次完成开沟、均匀条形布种及覆土工序。播种机工作时,开沟器开出种沟,种子箱内的种子被排种器排出,通过输种管落到种沟内,然后覆土器覆土,镇压轮将种沟内的松土适当压密。

条播机一般由机架、行走装置、种子箱、排种器、开沟器、覆土器、镇压器、传动机构及开沟深浅调节机构等组成。谷物条播机常用行走轮驱动排种器,这样就能使排种器排出的种子量始终与行走轮所走的距离保持一定的比例,保证单位面积上的播种量均匀一致。

(三)点(穴)播机

在播种玉米、大豆、棉花等大粒作物时多采用单粒点播或穴播,其主要工作部件是靠成穴器来实现种子的单粒或成穴摆放。

目前,我国使用较广泛的点(穴)播机是水平圆盘式、窝眼轮式和气力式点(穴)播机。这种播种机的机架由横梁、行走轮、悬挂架等构成,而种子箱、排种器、开沟器、覆土镇压器等则构成播种单体,单体数与播种行数相等。该播种机采用水平圆盘排种器和滑刀式开沟器,以播玉米为主;若将水平圆盘式排种器换装成棉花排种器,则可穴播棉花;若将排种器换装成纹盘式排种器、开沟器换装成锄铲式开沟器,则可条播谷子、高粱、小麦等作物。

(四)联合播种机

联合播种机具能同时完成多项作业,可以减少田间作业次数,减轻机械对土壤的压实,能够抢农时,还可以节约设备投资,降低作业成本。因此,联合播种机近几年在生产中得到广泛应用,是未来种植机械发展的方向。目前用于生产的联合播种机主要有旋耕播种机和整地播种机。

图 5-9 是一种适于在未耕地上作业的旋耕播种机示意图。该机具一次可以完成松土除草、旋耕整地、施肥播种、覆土及镇压等多项作业。在机器的前方安装松土除草铲,旋耕整地部分由拖拉机动力输出轴驱动,排种器和排肥器由地轮传动。播种施肥装置安装在旋耕机上方,输种管末端为开沟器。播下的种子覆土后由镇压轮压实。

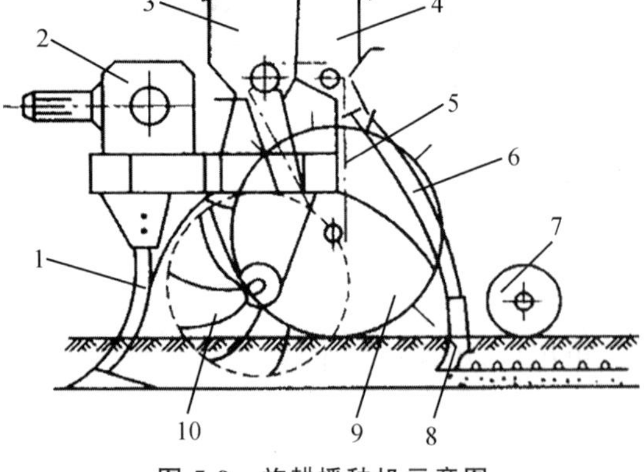

图 5-9 旋耕播种机示意图

1. 松土除草铲 2. 齿轮箱 3. 肥料箱 4. 种子箱 5. 传动链 6. 导种管 7. 镇压轮 8. 开沟器 9. 传动轮 10. 旋耕机

图 5-10 是一种适于在已耕地上作业的整地播种机。该机可一次完成松土、碎土、播种、覆土镇压等多项作业。排种器采用气力式集中排种装置,排种轮由传动轮驱动。

(五)铺膜播种机

地膜覆盖播种技术是解决我国干旱、半干旱地区农作物生长期缺水问题的关键性栽培技术措施之一。

铺膜播种机械主要是由铺膜机和播种机组合而成。铺膜机种类较多,包括单一铺膜机、做畦铺膜机、旋耕铺膜机、先播种后铺膜机组和先铺膜后播种机组等类型。

图 5-11 为采用先铺膜后播种工艺的鸭嘴式铺膜播种机。

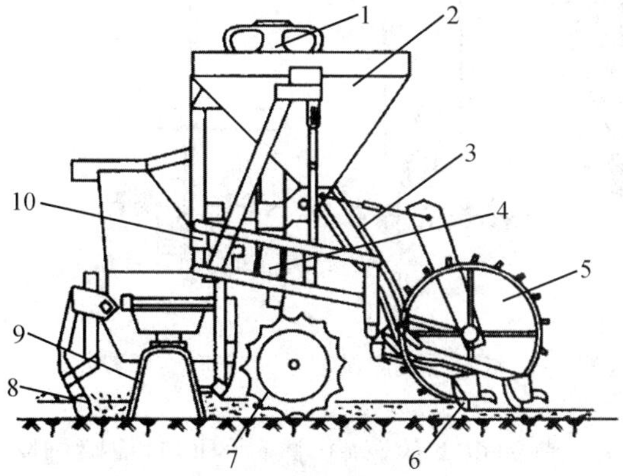

图 5-10 整地播种机

1. 分配器 2. 种子箱 3. 输种管 4. 风机 5. 传动轮 6. 开沟器 7. 碎石镇压器 8. 松土铲 9. 立式旋转耙 10. 机架

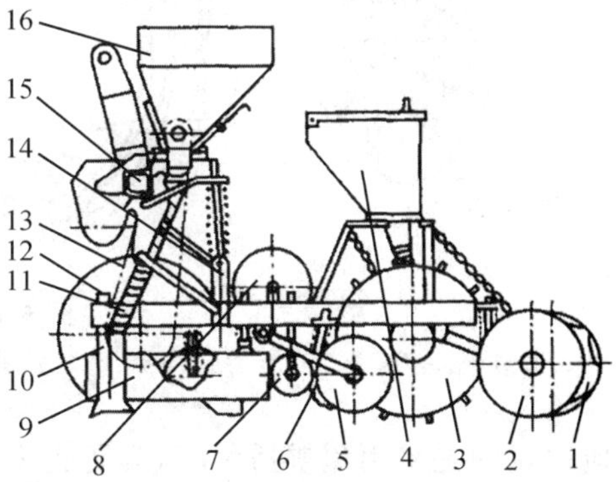

图 5-11 鸭嘴式铺膜播种机

1. 覆土推送器 2. 后覆土圆盘 3. 穴播器 4. 种子箱 5. 前覆土圆盘 6. 压膜辊 7. 展磨辊 8. 膜辊 9. 平土器及镇压辊 10. 开沟器 11. 输肥管 12. 地轮 13. 传动链 14. 副梁及四连杆机构 15. 排肥器 16. 肥料箱

该机每个播种单体配置两行开沟、播种、施肥等工作部件，并安装薄膜卷和相应的展膜、压膜装置。作业时，肥料箱内的化肥由排肥器送入输肥管，经施肥开沟器施在种行的一侧，平土器将地表干土及土块推出种床外，并填平肥料沟，同时开出两条压膜小沟，由镇压辊将种床压平。薄膜经展膜辊铺至种床上，由压膜辊将其横向拉紧，并使膜边压入两侧的小沟内，由覆土圆盘在膜边盖土。

播种部分采用膜上打孔穴播，工作过程是种子箱内种子经输种管进入穴播滚筒的种子分配箱，通过取种圆盘进入种道，随穴播滚筒转动而落入鸭嘴端部。当鸭嘴穿膜打孔达到最低点时，凸轮打开活动鸭嘴，使种子落入穴孔，鸭嘴出土后由弹簧使活动鸭嘴关闭。此时，后覆土圆盘翻起的碎土，小部分经覆土推送器覆盖在穴孔上，大部分压在膜边上压紧已铺地膜。

先播种后铺膜机组是在播种机的后部安装铺膜装置，作物出苗时再人工破孔或机械打孔。

(六)免耕播种机

免耕播种是近年来发展的保护性耕作中一项农业栽培新技术，它是在未耕整的茬地上直接播种，与此配套的机具称为免耕播种机。

免耕播种机的多数部件与传统播种机相同，不同的是由于未耕翻地土壤坚硬，地表还有残茬，因此必须配置能切断残茬和破土开种沟的破茬部件。

常用的破茬部件有波纹圆盘刀、凿形齿或窄锄铲式开沟器和驱动式斜圆盘式或窄形旋耕刀(图 5-12)。波纹圆盘刀具有 5 cm 波深的波纹，能开出 5 cm 宽的小沟，然后由双圆盘式开沟器加深。其特点是适应性广，在湿度较大的土壤中作业时，也能保证良好的工作质量，并能适应较高的作业速度。凿形齿或窄锄铲式开沟器结构简单，入土性能好，但易堵塞，当土壤太干而板结时，容易翻出大土块，破坏种沟，作业后地表平整度差。驱动式窄形旋耕刀有较好的松土、碎土性能，需由动力输出轴带动，结构较为复杂。

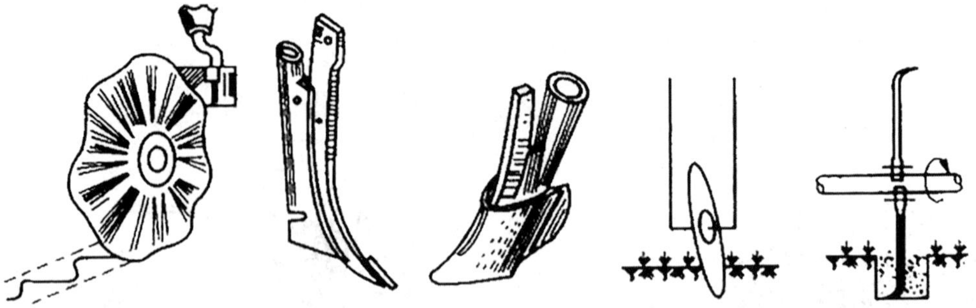

图 5-12　破茬部件

a 波纹圆盘刀　b. 凿形齿开沟器　c. 窄锄铲式开沟器　d. 斜圆盘式旋耕刀　e. 窄形旋耕刀

应注意的是采用免耕播种时，为防止未耕地残茬杂草和虫害的影响，播种的同时应喷施除草剂和杀虫剂，或者使用经过药剂处理过的种子，即拌药包衣，以防虫害。

五、播种机的使用

(1)应根据农业技术要求进行播前播种量的调整和田间校核，切实保证播种质量。

(2)不同作物对行距要求不同，因此应按农艺的规定保证行距。

(3)不同作物对播种深度有不同的要求，播种深度主要取决于开沟器的开沟深度。调整方法：在双圆盘开沟器上加装限深环；在滑刀式开沟器上加装限深板；锄铲式开沟器改变其牵引铰点位置或加配重。

(4)为了保证播种机播行正直和机组往返行程有正确的邻接行距，在播种机上装有划行器。划行器的作用是在没有播过的地上划一道浅沟，供机手在下一行程时作行进的标记，保证行驶直线性和邻接行距准确性。

任务二　施肥机具

一、施肥机的分类

施肥机按适用肥料分为厩肥施肥机、化肥施肥机和液肥旋肥机。按照施肥阶段可分为基肥撒播机、播种施肥联合作业机（用于播种，同时施播种肥）和中耕施肥机（用于中耕的同时施肥）等。目前常用的多为联合作业机。

二、施肥机的一般构造

由于肥料的物理性状不同，施肥机的构造也不相同。化肥施肥机一般由肥料箱、排肥器、导肥器、撒肥器及传动装置等构成。液肥施肥机是利用内燃机的进、排气系统的高、低压来控制吸肥和排肥。厩肥撒播机则是由肥料箱、输肥链、推击筒、撒肥器及传动装置组成的。

三、联合播种机及中耕追肥机

联合播种机用于播种的同时播施种肥，中耕追肥机用于中耕的同时进行追肥。其主要的工作部件为排肥器,常用的排肥器有外槽轮式、离心式、水平星轮式等。

四、球肥深层施肥机及氨水施肥机

化肥深施挥发少、流失少、后劲足、能增产,把化肥制成大颗粒进行深施是一项新技术。图 5-13 所示为一种球肥深施机。

工作中,开沟轮在前进中一面压出施肥沟,一面用拨齿拨动摇杆,带动闸爪,使分肥盘间歇转动。分肥盘在转动中把肥料一粒粒地经输肥管施入沟内。拨齿的数目、闸爪的行程及分肥盘的槽数均能影响施肥穴距。施肥深度可借开沟轮相对于防尘板的安装位置来调整。

氨水施肥机配备有条施器及定量追肥器。

条施器是一种施肥装置,可以将肥料按照一定的宽度(条带状)施入土壤中,通常位于农具的下方,适用于在播种同时施肥或对已生长作物进行侧施。氨水施肥机配备条施器,可以将氨水施成条带状。

氨水具有易挥发、易燃、腐蚀性强等特点,不能随意施用。定量追肥器是氨水施肥机上的关键部件,用于精确控制每次或每单位面积施入土壤的氨水量,确保施肥量准确,避免浪费或对作物造成伤害。氨水定量追肥器如图 5-14 所示。工作中人工把木把张开,通过连杆使活塞上行,这时液缸内压力降低,氨水借压力差进入泵筒;木把合拢,活塞下行,液缸内氨水受压推开排液阀并施于分土器所开的孔眼中,因为活塞每次排液的行程相同,故追肥器能定量施肥。改变木把开度可以改变活塞行程,相应地改变每孔施肥量。

施肥机用后应及时清洗,防止酸碱性肥料腐蚀机器和零件,洗后应涂润滑油,使用中应按使用说明书的规定进行维护和保养。

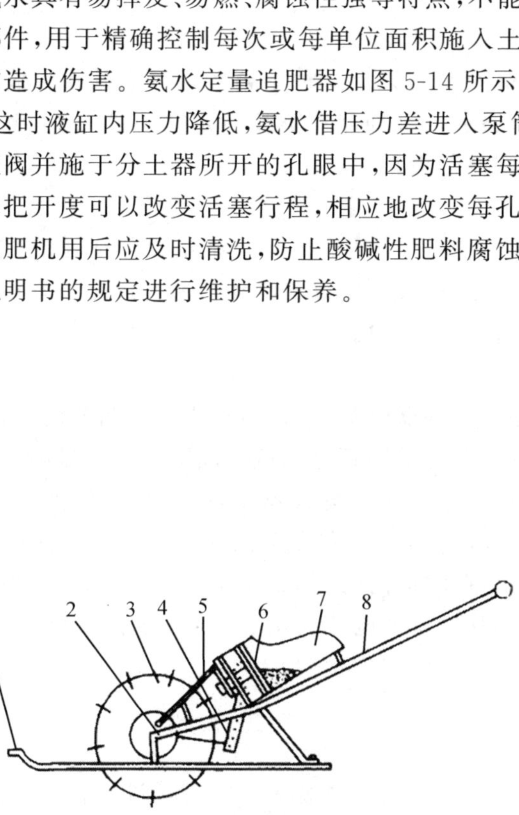

图 5-13 球肥深施机

1. 防尘板 2. 机架 3. 开沟轮 4. 输肥管 5. 摇杆 6. 供料板 7. 肥料箱 8. 手柄

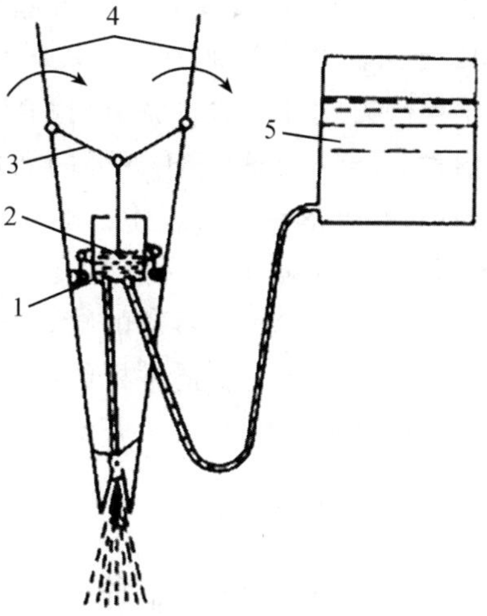

图 5-14 氨水定量追肥器

1. 泵筒 2. 活塞 3. 连杆 4. 木把 5. 液缸

任务三　特种播种机

一、花生播种机

播种花生的农业技术要求为：成穴率高，不损伤种子，按一定数量和播深将种子均匀一致地点播到土壤中，行距、穴距适宜。因此，下种均匀可靠、成穴率高、不损伤种子就成为机械播种花生的关键。

花生播种机主要由种子箱、悬挂架、机架、行走轮、开沟器、镇压器、离合机构、开沟器深浅调节机构和倾斜圆盘式排种机构组成。各主要部分介绍如下。

1. 机架与悬挂架

机架为封闭式矩形焊接结构，用于固定排种机构和开沟器的滑刀拉杆。悬挂架为三点悬挂结构，将播种机与拖拉机连接到一起。

2. 种子箱与排种器

种子箱为整体结构，两侧用支架固定在机架左右梁上。种子箱底部有输种斗。输种管将输种斗与下部的副种子箱连接起来形成种子通道。排种器用螺栓固定在小机架上，小机架固定在机架中间两根横梁上，可以左右移动以调节行距。

3. 行走轮与离合器

行走轮是播种机的动力来源。行走轮左右各一个，用U形卡子将半轴分别固定在机架左右梁上。两半轴中间用方轴铰接，既可稳定行走轮，又可使方轴转动。通过连接在方轴上的方轴卡和开沟器拉杆，可使开沟器升起和降落，以调节播深。

4. 开沟器与调节机构

采用滑刀式开沟器。调节机构的作用是使开沟器升降，进行播种深度的调节。

播种时，当打开种子箱下部的插板时，种子通过输种管分别流入固定在排种盘底座上的副种子箱内，并推落在排种盘上。行走轮通过传动系统带动排种器立轴转动，排种盘随之转动，随着排种盘的转动，种子进入型孔。转动的毛刷将型孔上方多余的种子扫去。型孔内定量的种子随排种盘转到底座后部的缺口处时，靠自重和排种指的弹力从排种器落下，经输种管落入开沟器开出的种沟内。播种机继续前进，土壤从开沟器两侧向沟底流动，镇压器将种子压入湿土中。从而播种机便完成了开沟、播种、覆土、镇压的工作过程。

二、马铃薯播种机

马铃薯播种机和一般播种机相似，由机架、种薯箱、排薯装置、开沟器、覆土器、地轮和传动部分等部件组成。其工作过程为：排薯装置由地轮通过传动装置带动，从种薯箱内舀取薯种，输送到输种管进入开沟器所开的种沟中，随后由覆土装置覆土，完成播种工作。

排薯装置是马铃薯播种机的主要部件，实为分薯和取薯机构。常见的型式有以下几种。

(一)链勺式排薯器

链勺式排薯器由盛种的舀勺和链条组成。工作时舀勺通过种薯时舀起种薯，被舀勺舀取的种薯由于机器振动的原因将以最稳定的状态置于勺内。种薯被舀勺带入输种管，靠自重离开舀勺，落入种沟内。

（二）夹指式排薯器

夹指式排薯器（图 5-15）的夹指靠弹簧作用压在舀勺上，舀勺是常闭的，靠滑道作用压开夹指。工作时，装有夹指式排薯器的圆盘转动，夹指机构上的松放杆在滑道作用下张开，舀勺通过种薯箱时舀起一块种薯，当松放杆脱离滑道时，夹指夹住种薯。夹住种薯的舀勺随圆盘转至下方开沟器附近时，松放杆被滑道压开，种薯靠自重落入开沟器里。

（三）针刺式排薯器

针刺式排薯器如图 5-16 所示。针刺杆为一复合杠杆，后端装在圆盘上，其外端有两根针刺，靠弹簧的作用，由推薯杆的孔中伸出。工作时，针刺随圆盘转到种薯箱时，刺起一块种薯，并随圆盘向上转，当转到滑道位置时，针刺杆外端向外张开，在推薯杆的作用下，推出种薯，播入种沟中。当针刺杆离开滑道后，在弹簧作用下又回到原位。

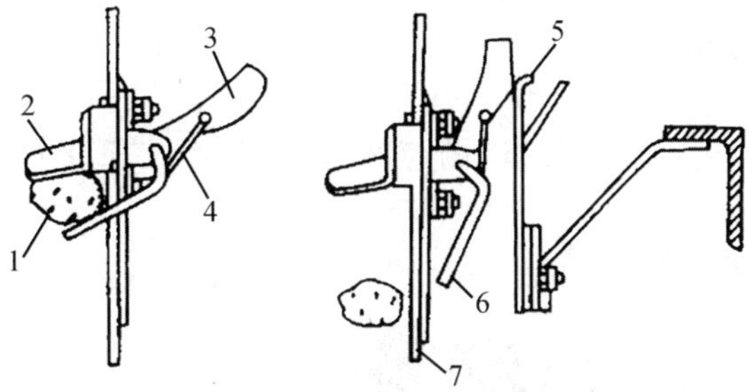

图 5-15　夹指式排薯器

1. 种薯　2. 舀勺　3. 松放杆　4. 弹簧　5. 滑道　6. 夹指　7. 圆盘

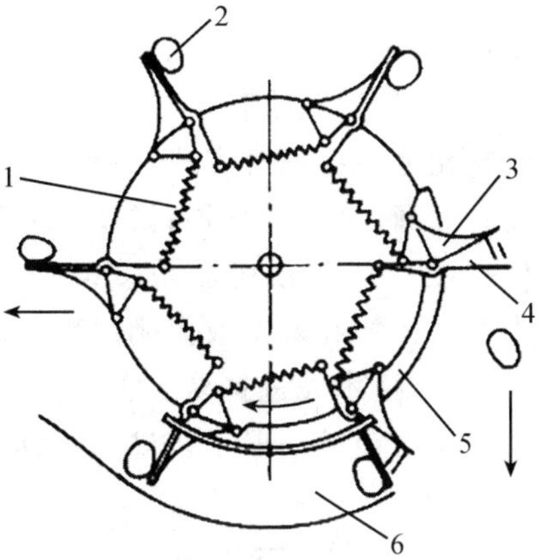

图 5-16　针刺式排薯器

1. 弹簧　2. 种薯　3. 针刺杆　4. 推薯杆　5. 滑道　6. 种薯箱

三、棉花播种机

以棉花地膜点播机为例。

一次完成棉花的平土、种床镇压及整形、施肥、铺膜、打孔播种、孔穴盖土等多项作业内容。也可根据需要拆去部分工作部件进行分段作业，如先平土、施肥、镇压、整形和铺膜，后再进行播种。

施肥机构由肥箱、拨肥机构、排出机构、肥量调节装置、输肥管、开沟器等组成。工作时，地轮驱动传动机构带动拨肥轮转动，肥料在拨肥轮的拨动与双向水平螺旋的推动下从排肥口流出，再由排肥轮均匀地排出，沿输肥管导入开沟器并导入种床一侧。平土框将地表干土及土块推到种床外，同时填平肥沟。平土框上的两块凸起在地上开出两条压膜小沟，压滚轮将种床压成略有凸形，以便铺膜。

铺膜部分由支撑轮、展膜辊、压膜轮、膜辊、压紧轮、覆土圆盘、开沟犁铧等组成。

播种部分由种子箱、输种管、点播器等部件组成。

覆土部分由后覆土圆盘、覆土花篮、刮土板等组成。

工作时，刮土板把地表干土刮至畦的两边，地轮通过链条驱动肥料箱的排肥装置，把肥料排入土中；圆盘开沟器开出两道沟槽，膜辊将薄膜铺于畦上，由覆土圆盘将土覆盖在地膜两侧边；鸭嘴式成穴器的鸭嘴靠弹簧压板的接地压力打开，带有鸭嘴式成穴器的播种滚筒在铺好的膜上滚动，按一定的株距完成开穴播种，再由覆土花篮把覆土圆盘翻进的土呈条状覆盖在播种行上，完成播后覆土。

任务四　育苗移栽机械

一、水稻育苗移栽机械

水稻是我国乃至人类的重要粮食作物之一，也是单产高的粮食作物。其栽培分为直播和育苗移栽两种方式。按播种前整地条件直播可分为旱直播和水直播，按种子在田间的分布可分为撒播、条播、穴播。水稻育苗移栽是亚洲国家传统的栽培方式，分育苗和插秧两段进行。育苗方式有旱育苗、水育苗和营养液育苗等。

机械化移栽有两种方式：一种是室内育秧（工厂化育秧），培育与机插配套的带土和无土盘式秧苗；另一种是大田育秧、拔秧和插秧机插秧。

（一）工厂化育秧机械与设备

水稻等作物在温室或大棚内育苗已经成为一种应用广泛的育苗方式，其中工厂化育苗设备比较完备，技术先进且易于实施。

工厂化育苗的一般工艺过程及其设备如图 5-17 所示。

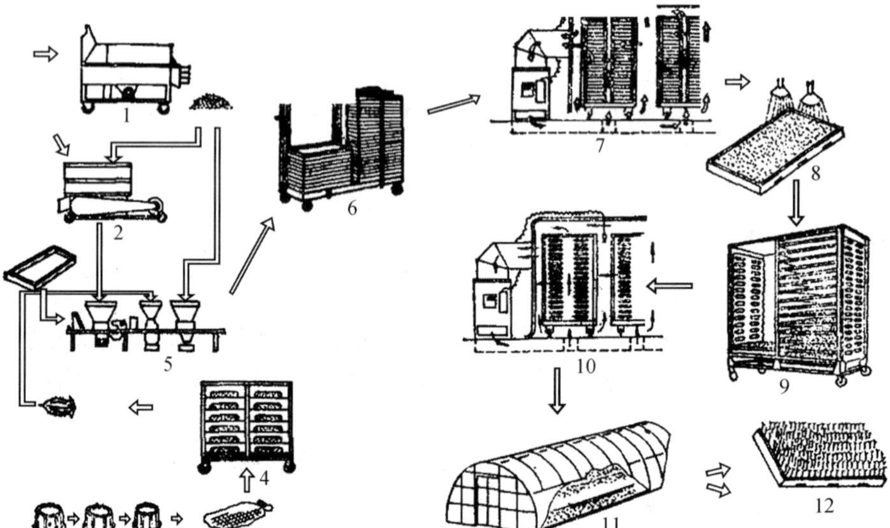

图 5-17　工厂化育苗过程示意图

1. 碎土机　2. 混土机　3. 浸种机　4. 催芽车　5. 播种机　6. 出苗车　7. 出苗室　8. 淋水设备　9. 绿化车　10. 绿化室　11. 炼苗室　12. 供插秧苗

所需要的设备有为种子做准备的脱芒机、消毒浸种槽、催芽车等，为苗床做准备的碎土机、筛土机和肥料混合机，还要有装土机、播种机和覆土机等成套设备，出苗室和绿化室及其加温、供水和控制装置等。

播种机是主要设备之一。育苗盘播种机按其动力分为电动式和手摇式；按育苗盘分为平底盘播种机和钵体盘播种机；按所完成的工序分为同时完成装土、播种、覆土和喷水的联合播种机组和只完成装土、播种工序的简易播种机；按排种部件分为外槽轮式、型孔轮式和气吸式播种机。

育苗盘播种机或播种覆土联合作业机由机架、育苗盘移动机构、种子箱、排种器、排种控制装置及覆土设备等组成(图 5-18)。

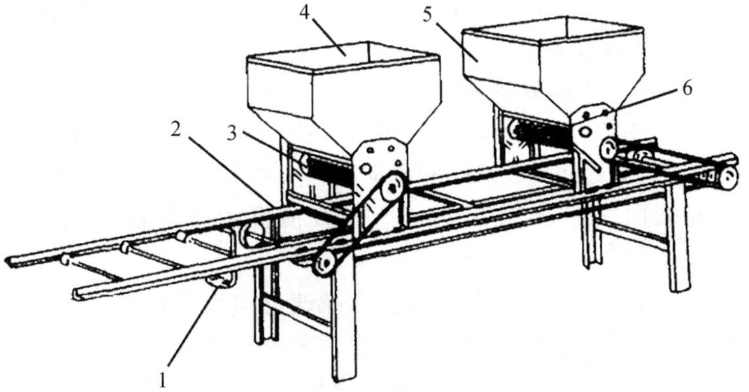

图 5-18 简易播种机

1. 手柄 2. 输送皮带 3. 排种轮 4. 种子箱 5. 土箱 6. 排土轮

转动手柄，通过传动机构，输送皮带使育苗盘在排土装置和排种装置下方移动，同时排土轮转动进行排土，排种装置完成播种。

(二)水稻插秧机

水稻插秧季节性强、用工量多，人工插秧劳动强度大、效率低。

我国是世界上研究水稻插秧机最早的国家之一。1953 年原华东农科所开始研究插秧机，1965 年广西-65 型人力插秧机问世，1967 年东风-2S 型机动插秧机定型，20 世纪 70 年代全国各地又研制了不同型号的水洗苗和带土苗两用插秧机；80 年代初，2ZT-935 等型号带土苗两用插秧机通过部级鉴定，在全国广泛使用。1988 年 2ZT-4 型插秧机开始批量生产，这标志着中国插秧机技术已走向成熟，进入稳步发展阶段。近年来，从日本引进并研究水稻高速插秧机，以提高水稻移栽的生产效率。国外插秧机多数为插秧施肥机，并发展成为能够进行多项作业(插秧、施肥、脱粒、收割)的管理机。日本、韩国等国家的插秧机械化程度已达到 98%以上。

我国水稻插秧主要有以下几种方法：一是插洗根大苗；二是插带土小苗和中苗；三是钵体苗插秧或抛秧。北方地区多数采用带土中苗或钵体大苗插秧或钵体苗抛秧、有序摆秧。

插秧机按动力分可分为人力插秧机和动力插秧机。

动力插秧机按操作条件分为步行插秧机和乘坐型插秧机；按作业速度分为一般插秧机和高速插秧机；按所完成的作业项目分为施肥插秧机和少耕或免耕插秧机。

1. 机动插秧机的基本结构

机动水稻插秧机的基本结构有滚动直插式和单排往复直插式两大类，均由插秧工作部分和动力行走两大部分组成。

(1)插秧工作部分 由分插机构、供秧机构、传动机构、机架和秧船等组成，其主要功用是完成取秧、送秧、分秧和插秧工作。

①分插机构　用以完成取秧、分秧和插秧的动作，主要工作部件是取秧器，有梳齿状和钢针筷状两种，称为秧爪。

②供秧机构　由秧箱和送秧机构组成。

秧箱存放秧苗，并为分插机构供应秧苗。

送秧机构由横向移箱机构和纵向送秧机构组成，是将秧箱中的秧苗不断地按时、定量、均匀地向秧门补充，供秧爪抓取。

③传动机构　将插秧机动力部分输送来的动力传给分插机构和送秧机构，两机构之间的运动速度和动作时间有一定的配合关系。

④机架和秧船　插秧工作部分安装在一个机架上并由秧船支承。

(2)动力行走部分　由发动机、传动减速机构、地轮、牵引架、座位和操纵装置等组成，其功用主要是驱动插秧机行走，改变行走速度和带动插秧工作部分完成整个插秧工作。

①发动机　普遍采用 2.2～2.9 kW 风冷式汽油机和柴油机，高速施肥插秧机多采用 4.4～5.9 kW 汽油机。

②传动减速机构　发动机的动力是通过传动减速机构传送到地轮和插秧工作部分的。

③牵引架　是连接传动减速机构和插秧工作部分的部件。

④座位及操纵装置　在牵引架上装有驾驶员座位及装秧手座位。机头上配置有方向盘、主离合器和制动器的操纵杆、插秧工作部分离合器操纵杆、传动减速机构的变速杆等操纵装置。

图 5-19 为国内目前大量投产的延吉插秧机制造厂生产的 2ZT-935 型机动插秧机。

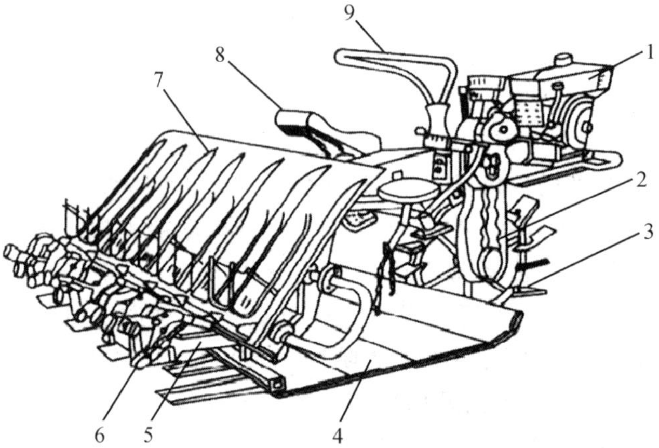

图 5-19　2ZT-935 型机动插秧机

1. 发动机　2. 行走传动箱　3. 地轮　4. 秧船　5. 分插链箱
6. 分插机构　7. 秧箱　8. 驾驶座　9. 操向盘

2. 机动插秧机的工作过程

机动插秧机的工作过程，以秧爪开始进入秧箱为起点，其程序依次为：秧爪分取秧苗；将抓取的秧苗运送到田面；将秧苗栽插入泥土内；秧爪提起，回到秧箱取秧。前次秧爪取走秧苗后，送秧机构供送秧苗一次，使秧门有足够的秧苗待取。栽插秧苗的穴距由机组行进速度控制。

(三)水稻钵苗移栽机

利用钵体盘育出的秧苗称为钵体苗或钵苗。利用移栽机移栽钵苗到田间是一种实现旱育稀植的有效方法，对北方寒冷地区的增产效果尤其显著。

2ZPY-H530 型水稻钵苗行栽机的主要构造包括：发动机、行走变速箱、驱动轮、牵引架、拖板、运秧梁支座、减速器、空盘回收架、导秧管、输秧拔秧装置等，如图 5-20 所示。

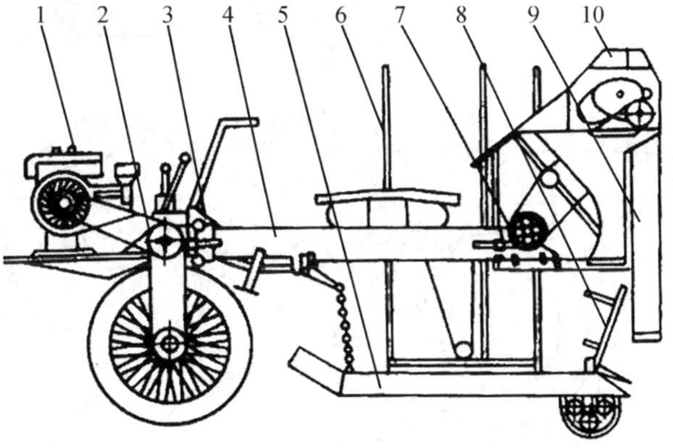

图 5-20　2ZPY-H530 型水稻钵苗行栽机

1. 发动机　2. 行走变速箱　3. 驱动轮　4. 牵引架　5. 拖板　6. 运秧梁支座
7. 减速器　8. 空盘回收架　9. 导秧管　10. 输秧拔秧装置

发动机的动力通过行走变速箱分为两路，一路传递到驱动轮驱动机器前进；另一路通过万向节传递到减速器，减速后通过皮带传递到输秧拔秧装置驱动输秧辊、拔秧辊工作。

其主要工作原理是：喂秧手将带苗的育秧盘从运秧架内抽出放在拖板上并喂入输秧辊，输秧辊将秧盘卡住向前输送，拔秧辊将秧苗从育秧盘中分穴拔出，顺序放入导秧管，秧苗在重力作用下沿导秧管下滑分行落入泥浆中，完成栽植作业。空秧盘由输秧辊输送到空盘回收架内。

二、旱地作物移栽机械

移栽技术作为一种现代化农业的增产措施，正在国内外农业生产中逐步推行。目前，我国已将该技术应用于玉米、棉花等大田作物及烟草、蔬菜及甜菜等经济作物中。

(一)旱地作物栽植机械的分类和一般构造

(1)按秧苗带土与否分为裸苗栽植机和钵苗栽植机。

(2)按自动化程度分为手动栽植器、半自动栽植机和全自动栽植机。

(3)按栽植器结构特点分为盘夹式、链夹式、盘式、导苗管式、吊筒式、带式喂入栽植机等。

一般栽植机械的主要工作部件可以分为喂入和栽植两大部分，为了完成整个作业过程还配有覆土、浇水和镇压等辅助部分。

(二)不同类型的旱地栽植机

1. 导苗管式秧苗栽植机

2ZY-2 型栽植机用于移栽玉米、棉花、蔬菜、烟草，其结构如图 5-21 所示。

栽植机工作过程如下：操作者坐在座位上，从秧盘架上取苗投入投苗杯 4，位于转盘 5 上的投苗杯转到导苗管 9 的上方位置时，在凸轮 8 的作用下投苗杯张开，秧苗靠重力落下通过导苗管 9 落于开沟器 18 内，被开沟器尾部两侧板夹挂住，然后在推苗板 15 的作用下，将带土秧苗推入由覆土驱动镇压轮拥起的土堆中，并进行覆土与镇压。随后由一对扶土圆盘 11 将镇压后的土壤表面刮平以达保墒的目的。该机一次作业完成开沟、施肥、注水、覆土、压实等工序。

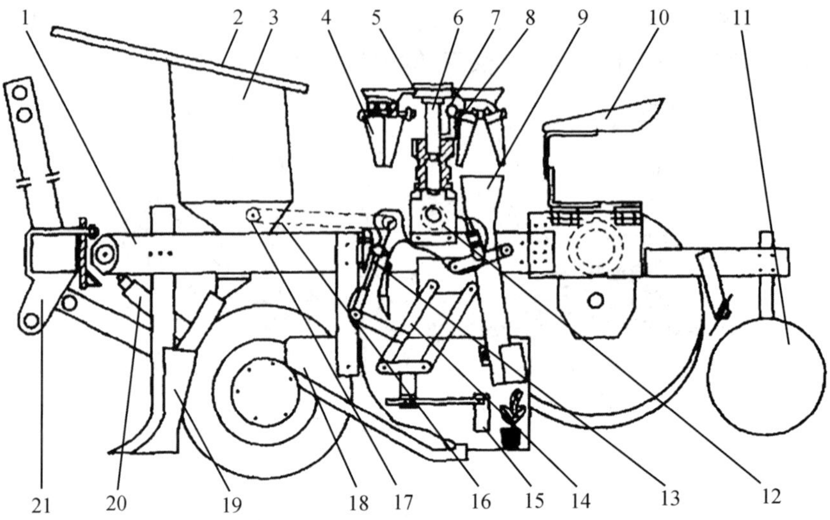

图 5-21　2ZY-2 型栽植机

1. 纵梁　2. 秧盘架　3. 肥箱　4. 投苗杯　5. 转盘　6. 立轴　7. 滚轮　8. 凸轮　9. 导苗管　10. 座位　11. 扶土圆盘　12. 箱体　13. 连杆　14. 平行四杆机构　15. 推苗板　16. 链条　17. 从动齿轮　18. 开沟器　19. 犁刀　20. 地轮升降螺杆　21. 连接架

2. 盘夹式栽植机

盘夹式栽植机结构如图 5-22 所示。

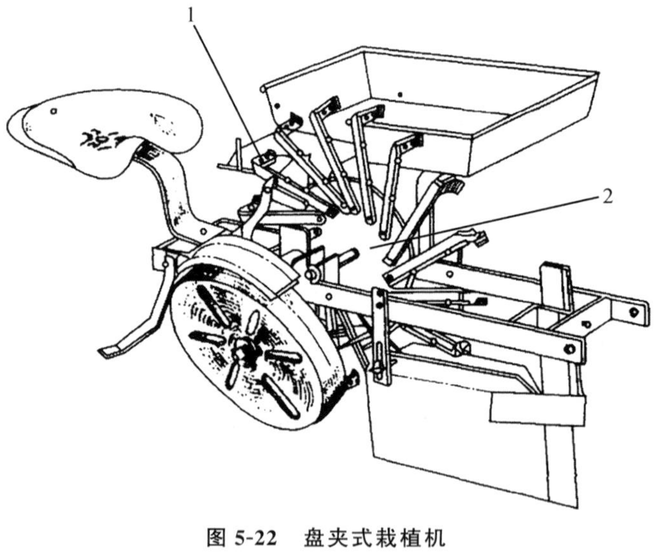

图 5-22　盘夹式栽植机

1. 苗夹　2. 圆盘

工作时，人工将秧苗放置在转动的苗夹上，秧苗被夹持着随圆盘转动，到达苗沟时，苗夹打开，秧苗落入苗沟，然后覆土，完成栽植过程。

这种栽植机结构简单、成本低，但穴距调整困难，栽植速度较低，适用于裸苗移栽。

3. 链夹式栽植机

链夹式与盘夹式工作原理相同，苗夹安装在链条上，链条由镇压轮驱动，秧苗由人工喂到苗夹上，由苗夹将秧苗栽植到田间。

该机价格低，在我国有一定市场，但缺点是生产率低并有伤苗等问题而推广受到限制。适用于裸苗移栽。

4．盘式栽植机

由两片可以变形的挠性圆盘来夹持秧苗。由于不受苗夹数量的限制，对穴距的适应性较好，在小穴距移栽方面具有良好的推广前景，但栽植深度不稳定。结构简单，成本低，但圆盘寿命短。

工作时，喂秧手将秧苗均匀地放置到供秧传送带的槽内，传送带将秧苗喂入栽植器中，以保证穴距均匀，并可减轻劳动强度。这种栽植机适用于裸苗及纸筒苗移栽。

5．吊筒式（吊篮式）栽植机

图 5-23 所示为意大利切克基·马格利公司生产的沃夫（Wolf）栽植机。工作时，吊筒在偏心圆盘作用下始终垂直于地面。当吊筒运行到上部位置时，栽植手将秧苗放入吊筒，当吊筒运行到最低位置时，吊筒的底部尖嘴对开式开穴器在导轨作用下被压开，钵苗落入穴中，部分土壤流至钵苗周围，压密轮将其扶正压实。栽植圆盘继续转动，脱离导轨的开穴器在弹簧作用下合垄，进行下一个循环。

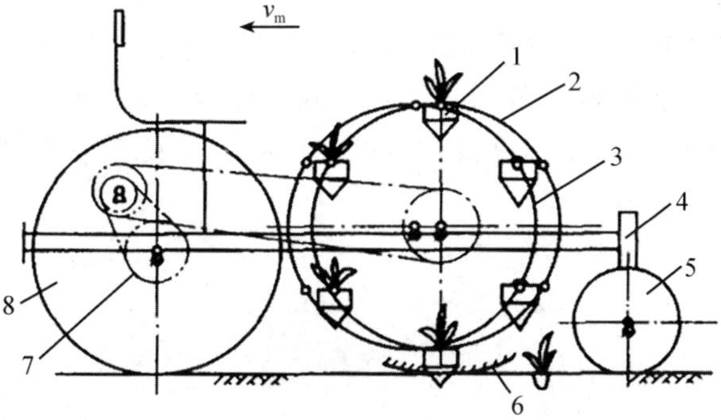

图 5-23　Wolf 吊筒式钵苗栽植机示意图

1．吊筒栽植器　2．栽植圆盘　3．偏心圆盘　4．机架
5．压密轮　6．导轨　7．传动装置　8．仿形传动轮

这种栽植机适合于钵体尺寸较大的钵苗移栽，尤其适合于地膜覆盖后的打孔栽植。其优点是在栽植过程中不受任何冲击，适合于根系不太发达而易碎的钵苗；缺点是结构复杂，喂苗速度低、生产率不高。

6．带式喂入栽植机

图 5-24 所示为山东工程学院研制的 2ZG-2 型带式喂入栽植机。

机器前进时，开沟器开出栽植沟，与地轮同轴的链轮通过链条把运动按一定的传动比传给输送带，盛满钵苗的钵苗盘预先放在盘架上。作业时操作者将钵苗盘取下，放在喂入机构后方使一排钵苗与输送带对齐，然后将一排钵苗推入输送带，钵苗经过输送、分钵、扶正，完成喂入过程；经导苗管下落后被覆土、镇压，完成栽植过程。

该机与小型拖拉机配套，用于玉米、棉花钵苗栽植；结构简单，造价低，喂入机构原理新颖，不伤苗，栽植速度达到较高频次。

除以上介绍常用栽植机类型外，还有用于玉米移栽的 2ZY-2 型格盘水平回转导苗管式栽

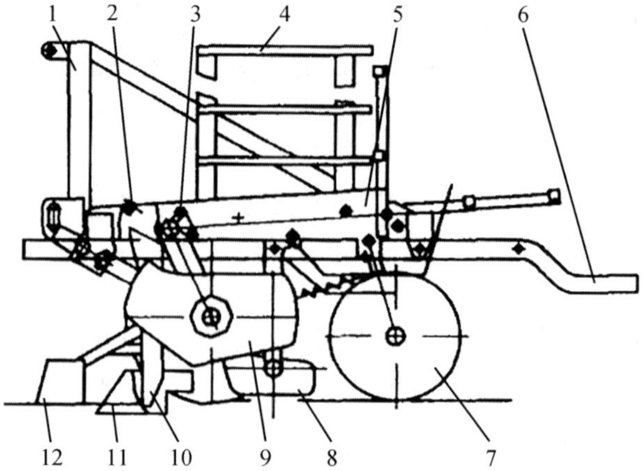

图 5-24　2ZG-2 型带式喂入栽植机

1. 机架　2. 扶正器　3. 分钵器　4. 盘架　5. 喂入机构　6. 座位　7. 镇压轮
8. 覆土板　9. 地轮　10. 导苗管　11. 开沟器　12. 刮土器

植机，用于甜菜移栽的 2ZT-2 型纸筒苗输送带式栽植机，用于果树种植的秧苗栽植机，用于甘蔗种植的 2CZ-2 型甘蔗种植机，以及国外用于白葱等长茎作物的 OP290 型全自动白葱栽植机（日本制造），HP-6 型、KNP-100 型连续纸钵栽植机（日本夕水夕产业株式会社）等。以上所涉及的各种栽植机不仅能保证栽植秧苗的穴行距和栽植深度均匀一致，而且消除了伤苗问题，栽植后秧苗的直立度、覆土压密程度均可得到良好的控制。从长远来看，旱地栽植机械具有良好的发展趋势和广阔的发展前景。

项目六　植保机械和排灌机械

任务一　植保机械

作物在田间生长过程中，需要通过化学和生物等植物保护措施，防止病、虫、草害的发生。植保作业的目的是消灭病虫草的危害，保证稳产高产。植保方法可按其原理分为以下几类。

1. *农艺防治法*

选育抗病品种，改进栽培方法，实行合理轮作，深耕和改良土壤，加强田间管理及植物检疫等。

2. *生物防治法*

利用害虫的天敌，利用生物间的寄生关系或抗生关系防治病虫害。

3. *物理和机械防治法*

利用物理方法和工具，例如利用诱杀灯消灭害虫。

4. *化学防治法*

利用各种化学药剂消灭病虫、杂草和其他有害动物的方法。这种方法的特点是操作简单，防治效果好，生产率高，而且受季节影响少，故应用最广。但留残毒，污染环境，影响人体健康。因此，使用时一定要注意控制药量。

实践证明单纯地使用某一种防治方法，不能很好地解决防治病虫害和消灭杂草的问题。应充分发挥农业技术防治、化学防治、生物防治及物理防治等综合防治才能更有效地进行植物保护。

施用化学药剂的机械统称为植保机械。植保机械按药剂的性质和施药方法分为喷雾机、喷粉机、土壤消毒机；按动力分为手动和机动；按携带的方式分为人力背负、畜力牵引、拖拉机牵引或悬挂以及航空植保等。

喷雾、喷粉的农业技术要求是：药液浓度和喷药量应符合要求；喷施质量好，喷量稳定、均匀、不漏喷、不重喷；作业效率高，喷洒药剂不受风、温度等天气的影响，药剂的飞散损失少；遵守喷药的安全规则，尽量减少农药对操作人员和周围环境的污染和危害。

一、喷雾机

喷雾是化学防治法的重要方法，喷雾机的功能是使药液雾化成细小的雾滴，并使之喷洒在农作物的茎叶上。它的优点是受气候的影响较小，药液能较好地覆盖在植株上，药效较持久；缺点是耗水量大，因此，在缺水或离水源较远的地区喷雾较困难。

按施药量的多少，喷雾机分为高容量、中容量、低容量及超低容量喷雾机等。

利用机械方式使药液雾化的方式有三种：一是将药液加压通过喷孔喷出与空气撞击而雾化，即为液力式喷雾机；二是利用高速气流冲击液滴并吹散使之雾化，即为风送式喷雾机（弥雾机);三是通过高速转盘的离心力将药液雾化,即离心雾化(超低量喷雾机)。其中液力式喷雾机最为常见。液力式喷雾机按照给药液加压的方式可分为液泵式喷雾机和气泵式喷雾机。

喷雾机主要由给药液加压的泵,喷出雾状药液的泵,连接两者的管子和药箱、空气室、调压阀、喷杆、阀门、手柄等附属装置组成。

(一)手动喷雾机

人力喷雾机多为背负式,有液泵式和气泵式两种。液泵式喷雾机操作时操作人员一边按动手杆一边喷药,容易疲劳。气泵式喷雾机操作时经过两三次充气可喷完一桶药液,操作省力,故又称为自动喷雾机。气泵式喷雾机的制造精度要求比较高,人力喷雾机常用于温室和蔬菜地。

1. 液泵式喷雾机

图 6-1 所示东方红-16 手动背负式喷雾机为一种最常使用的喷雾机,主要由活塞泵、空气室、药液箱、胶管、喷杆、开关、喷头和单向阀等组成。工作时,操作人员将喷雾机背在身后,通过手压杆带动活塞在缸筒内上、下往复运动,药液经过进水单向阀进入空气室,再经出水单向阀、输液管、开关、喷杆由喷头喷出。这种泵的最高压力为 800 kPa 左右。为了稳定药液的工作压力,在泵的出水阀处装有空气室。

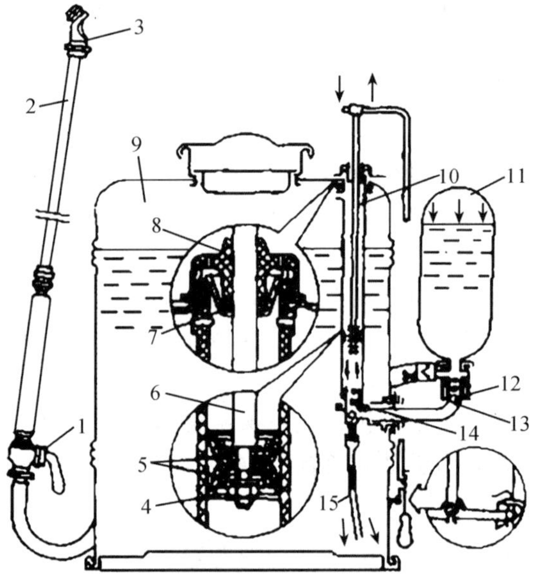

图 6-1　东方红-16 手动背负式喷雾机

1. 开关　2. 喷杆　3. 喷头　4. 固定螺钉　5. 皮碗　6. 活塞杆　7. 毡圈　8. 泵盖　9. 药液箱　10. 缸筒　11. 空气室　12. 出水球阀　13. 出水阀座　14. 进水球阀　15. 吸水管

2. 气泵式喷雾机

气泵式喷雾机由气泵、药液箱和喷射部件等组成。工作时,通过手杆的上、下移动向药液箱内打压空气,使药液箱内的压力升高,将药液通过喷头喷出。

(二)动力喷雾机

为了提高喷药生产率,利用小型发动机为动力的喷雾机常用于果园、大田的打药。按照使用方式分为固定式和移动式。固定式一般用于大型果园,把动力机、药液箱和喷雾机安装在一个机械房内，通过配置在果园地里的管道压送药液，利用按一定距离安装在管道上的阀栓和橡胶管实施喷药。移动式是指把液泵、药液箱、发动机等都装载在拖拉机拖车或畜力车上，边行走边喷雾的方法。

工农-36型担架式喷雾机由发动机、液泵、调压阀、压力表、空气室、流量控制阀、滤网等组成，其工作过程如图6-2所示。工作时，发动机驱动液泵工作，水通过滤网、管子吸入液泵，然后被压入空气室内。压力水流经过流量控制阀进入射流式混药器，自动均匀混合后，经输液软管到喷枪，进行远射程喷雾。使用喷枪时药液不通过液泵，从而减少药液对液泵的腐蚀，延长其使用寿命。当雾化程度高和近射程喷雾时，必须卸下混药器，换装喷头，将滤网放入药液箱即可工作。在田间转移停止喷药时，关闭流量调节阀，使药液作内部循环，以免液泵干磨。

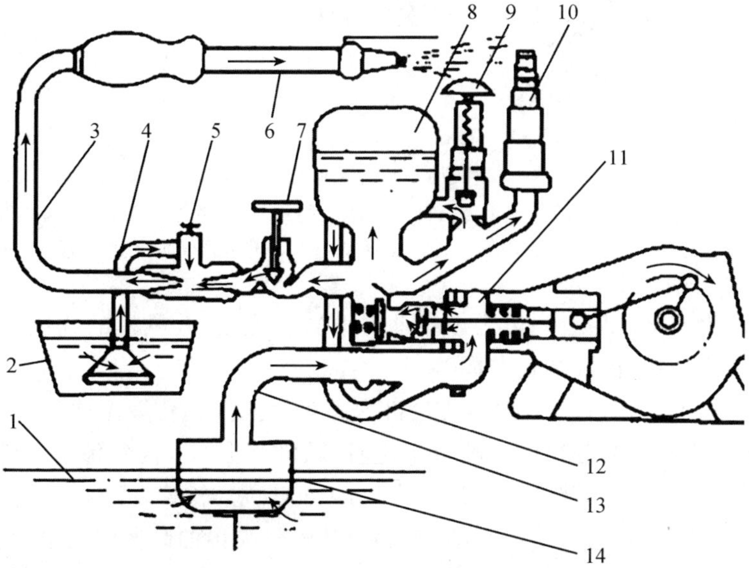

图6-2 工农-36型担架式喷雾机工作示意图

1. 水源 2. 母液桶 3. 输液软管 4. 吸药管 5. 混药器 6. 喷枪 7. 流量控制阀 8. 空气室 9. 调压阀 10. 压力表 11. 液泵 12. 回流管 13. 吸液管 14. 滤网

(三)喷杆式喷雾机

喷杆式喷雾机一般悬挂在拖拉机上，带有水平长喷杆，利用拖拉机的动力输出轴驱动液泵，通过长喷杆和喷嘴喷雾。常用在大田打药上，其工作示意图如图6-3所示。

(四)弥雾机

弥雾机又称风送式喷雾机，是利用高速气流，把药液雾化成更细碎的雾滴并输送到远距离的一种喷雾机。弥雾机具有如下特点：比喷雾机雾滴更细小，附着性好，可以微量喷雾，雾滴分布比喷雾机的均匀很多，可以减少药害；可以使用浓度高的药剂，节省配药和运输劳力。弥雾机适用于打药比较频繁的蔬菜和果树。

按照使用方式弥雾机可分为背负型和装载型。部分弥雾机可进行喷粉、喷雾和超低量喷雾。

按照雾化原理弥雾机有两种型式，一种是靠液力雾化后由风机的风力输送的；一种是利用高速气流将药液雾化，并由风机进一步将雾滴吹向作物。前者多为大型喷雾机采用，一般用在

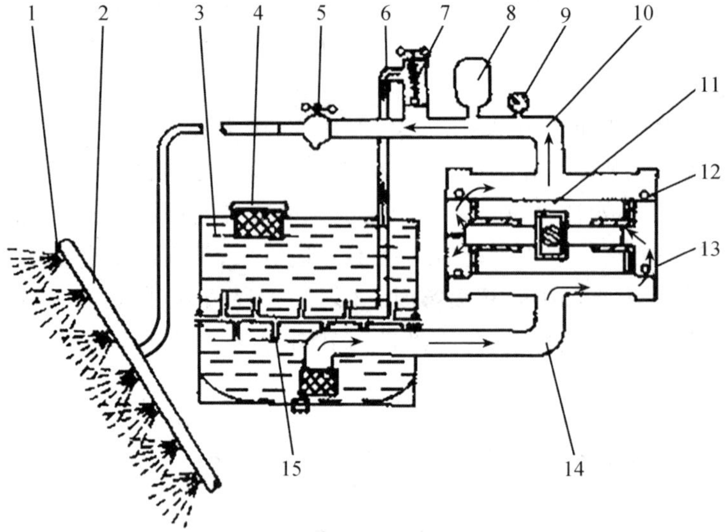

图 6-3 喷杆式喷雾机

1. 喷头 2. 喷杆 3. 药液箱 4. 滤网 5. 截止阀 6. 回液管 7. 调压阀 8. 空气室 9. 压力表 10. 排液管 11. 液泵 12. 排液阀 13. 进液阀 14. 进液管 15. 搅拌器

果园，具有很高的生产率。后者一般为小型动力喷雾机采用，其风机的气流速度低而流量小，可用于蔬菜地、大田作物、苗圃和葡萄园等。

图 6-4(b)所示的东方红-18 型弥雾喷粉机为高速气流雾化药液型式的弥雾机。该机由药液箱、风机、药液喷头和喷管等组成。喷雾工作时，风机产生的高速气流流经喷管和喷口，喷口处静压降低，风机产生的另一部分气流流经进风阀、进气塞、软管、滤网、出气口进入密封的药液箱内形成一定的风压，使药液从喷头喷出，遇上从喷管喷出的高速气流进一步细化雾滴并吹送到作物上。

二、喷粉机

喷粉机是利用气流把药粉喷施到目标物的机械，包括有人力、畜力和动力喷粉机。喷粉和喷雾相比具有如下特点：不需要配制药液，用水量少；喷粉机重量轻，价格便宜；没有药液箱、管子等部件，使用比较方便；水源远或不足的情况也可以使用。不利的一方面是粉剂不易黏附于目标物，容易被雨水冲洗掉，防治效果较差等。

喷粉机一般由药粉箱、搅拌装置、排粉装置、调节排粉量装置、送风装置、喷头和驱动装置所组成。

(一)人力喷粉机

农用喷粉机以手摇式为主，有背负式、胸挂式，具有手把和增速机构。喷粉量通过设在喷粉箱和送风机之间的调节板来调节。

(二)动力喷粉机

动力喷粉机种类有背负式、招架式、装载式等。现以东方红-18 型机动弥雾喷粉机为例，如图 6-4(a)所示，说明喷粉机的工作过程。

喷粉机工作时，风机产生高速气流，大部分流经喷管，一部分经进风门进入吹粉管。进入

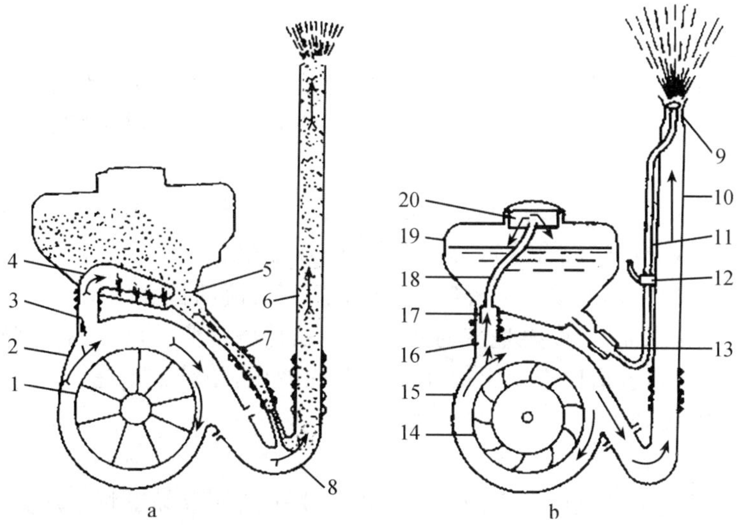

图 6-4 东方红-18 型弥雾喷粉机结构与工作过程

a. 喷粉作业 b. 弥雾作业

1. 叶轮 2,15. 风机 3,16. 进风阀 4. 吹风管 5. 排粉门 6. 喷管 7. 输粉管 8. 弯头 9. 喷头 10. 喷管 11. 输液管 12. 开关 13. 出液接头 14. 叶轮 17. 进气塞 18. 软管 19. 药箱 20. 滤网

吹粉管的气流,速度高且有一定风压,从吹粉管周围的小孔进入药粉箱后,将药粉吹松,并送往排粉门。输粉管内由于高速气流从其出口经过形成低压,药粉经输粉管吸出,通过弯头到喷管。此时流经喷管的高速气流将药粉从喷口喷出,形成均匀的粉雾。

(三)喷粉机的使用

(1)作业开始前,应对喷粉机进行检修和保养,并用滑石粉进行喷施试验。

(2)根据农业技术要求决定农药浓度,并用滑石粉进行稀释。加入药箱内的药粉应干燥,并过筛,以防作业时架空或堵塞排粉孔。

(3)根据农业技术要求选择不同的喷头。喷粉作业最好在早晨露水未干前进行,作业结束后要将药粉全部倒掉,并将残存在风机和管路内的药粉全部排出。

(4)喷粉量的调整可通过排粉门开度和作业时的行走速度来进行。

三、烟雾机

烟雾机是利用冷凝或分散的方法把药剂变成在空中漂游的烟雾,这种方法应用于农业、卫生消毒和消防。烟雾机按照形成烟雾的方式分热烟雾机和常温烟雾机两种。

(一)热烟雾机

热烟雾机是利用燃烧产生的高温气体使油溶剂受热,迅速热裂挥发呈烟雾状,随着燃烧后的废气喷出,遇到空气冷凝成细小雾滴,然后被自然风力或烟雾机产生的气流向目标物输送。其烟雾粒子的直径较小,在农业、林业和蔬菜病虫害防治方面有所应用。由于雾滴小,受风和地面上升气流影响大,故多用于温室、仓库和郁闭森林。

烟雾机按其工作原理分为废气预热式、脉冲式和增压燃烧式。它们都由热能发生器、药液雾化装置、燃料和药液的调控系统等部分组成。烟雾机要求使用油剂药液。

1. 废气预热式

废气预热式烟雾机的工作原理是利用发动机排出的废气热量加热药液,使其形成烟雾排出。风机的部分气流先将药液从药液箱中压出,经预热管预热后再由药液喷嘴喷出,与汽油机排出的废气混合被加热挥发,排出机外。在风机出口的弯头处装有导流装置,将烟雾吹向远方。

2. 脉冲式

脉冲式烟雾机的工作部件是脉冲式喷气发动机。其工作过程如下:先使燃油箱增压,把燃油压向雾化器和喷嘴,与空气混合成可燃混合气,喷进燃烧室,由火花塞点燃后发动机起动工作。燃烧后的高温高压气体经喷管向外喷射,由于高速气流的惯性作用,燃烧室的压力低于大气压,从而吸入空气和汽油,借助燃烧室的残余火焰和燃烧室壁预热点燃。就这样按一定的频率连续爆发燃烧,药液箱也借助燃烧室爆炸压力充气增压,使药液输送至尾喷管内热裂挥发,喷出后遇到空气冷凝成烟雾。

3. 增压燃烧式

增压燃烧式烟雾机由风机以一定的压力向燃烧室供给空气和燃料。从离心风机来的空气分成两股,一股直接进入燃烧室与喷入的雾状汽油形成可燃混合气进行燃烧,另一股气流进入位于燃烧室及其外罩间的环形通道,经过一系列小孔进到燃烧室使燃烧更加充分,药液则送到喷嘴后热裂挥发形成烟雾。

(二)常温烟雾机

常温烟雾机是指在常温下利用压缩空气使药液雾化成小雾滴的设备。由于在常温下雾化,农药的有效成分不会被分解,且水剂、乳剂、油剂和可湿性粉剂等均可使用。主要用于防治温室内作物的病虫害。

常温烟雾机的一种主要形式是使用气液喷头,压缩空气先进入喷头体的共鸣腔,产生超声波,形成涡流,使压缩空气以接近超声波的速度喷出。由于排液孔前端的负压,药液被吸入喷头体中。

(三)烟雾机使用中应注意的问题

农业上一般使用小功率的烟雾机,可以固定在一个地方或手提喷施烟雾,主要用于防治密闭仓库、温室、塑料大棚以及郁闭森林的害虫。

烟雾机使用的是油溶剂,又能形成细小的雾滴,与空气混合后,很容易点燃发生火灾。所以,在密闭室内使用烟雾机时,必须熄灭所有明火和切断电源。另外,喷施烟雾剂时必须仔细计算和严格掌握施药量。

喷施烟雾剂时,植物的枝叶应是干燥的,而且尽量不在高湿度条件下施用,同时还应避免太阳直射,以免植物中毒。

室内喷施时,应将所有通气孔密闭,并保持一段时间,否则影响效果;室外喷施时,应该在早晚没有上升气流时进行,以保证雾滴沉降在作物枝叶上。喷施时,使烟雾尽可能贴近地面分散在作物丛中。

四、除草剂喷施机和土壤消毒机

田间的除草方法有利用中耕除草机的机械式除草和利用除草剂的间接除草。液剂除草剂可以利用人力或动力喷雾机,也有专门用于喷施除草剂的机械,一般称为除草剂喷施机。

土壤消毒是指消除土壤中有害动植物的作业,有物理和化学两种方法。物理方法包括烧土、蒸气消毒和电气消毒；化学方法主要是向土壤中注入药剂。用于向土壤中注入药剂的机具称为土壤消毒机。

(一)除草剂喷施机

除草剂喷施机按喷施时的压力分为常压式和加压式两种。

1. 常压式除草剂喷施机

在药箱底部出口处安装一定长度的橡胶管，管子的端部安有喷头，这就构成了常压式除草剂喷施机。该机器喷头的型式有圆盘型、扇型和“T”字型，喷头上分布有许多小孔，很像喷壶。这种喷头可以把药液喷施到水稻根的周围而不喷到叶上，效果较好。

常压式喷施机的喷射压力小而雾滴较粗，无法把药液喷施到繁茂的杂草丛里，需要多装药液增加水位差来增加压力。

2. 加压式除草剂喷施机

结构与人力喷雾机相同，有背负式、腰跨式。加压式喷施机的喷射压力大，雾滴细小，可以均匀地喷施药液。

(二)土壤消毒机

土壤消毒机可分为人力和动力土壤消毒机。

1. 人力土壤消毒机

人力消毒机是一种简单机具，其上部有手把，手把下方设有药液箱，药液箱下方装有注入用喷嘴和深度调节板。只要按一下杆状按钮就可以把药液注入地里。

2. 动力土壤消毒机

动力消毒机分为小型拖拉机配套的和大型拖拉机配套的两种，前者多为牵引式，后者多为悬挂式。按注入机构可分为注入刀刃式和注入棒式。

注入刀刃式消毒机一般为牵引式。注入刀刃安装在拖拉机的后部，药液加压后经过管子和安装在管子前端的注入刀刃点注。

注入棒式消毒机一般具有两根注入棒。在双曲柄连杆机构的带动下，注入棒上下垂直运动，避免残根、作物秸的挂阻。

五、航空植保机械

航空植保机械的发展已有几十年的历史，近年来发展很快，除了用于病虫害防治以外，还用于播种、施肥、除草、人工降雨、森林防火等许多方面。我国在农业航空方面使用最多的是单发动机的运-5 型双翼机和双发动机的运-11 型单翼机。

图 6-5 所示的是一种安装在机翼上的喷雾装置。其药箱是喷雾和喷粉通用的，药箱上的加液管在加液时可与加液泵的出液管相连，自动加液，不需要加液时作透气管用。药箱顶部的加液口用于人工加液。药液泵的吸液管与药箱相连，两个排液管由一个活门操纵，从排液管上分出的一根支管通入药箱内，用来搅拌药液。药液泵是风力驱动的离心泵，从药液泵排出的压力较高的药液经排液管进入横向的喷液管。喷液管安装在机翼下面，其上等距地焊有许多分管，分管前端安装有喷头。

喷头的结构如图 6-6 所示。喷雾时，支管内具有较高压力的药液顶开单向阀，进入喷嘴，经过喷孔喷射形成雾状。喷出的药雾受到高速气流的冲击作用，进一步雾化成更细小的药雾颗粒，最后飘落到植物和地面上。

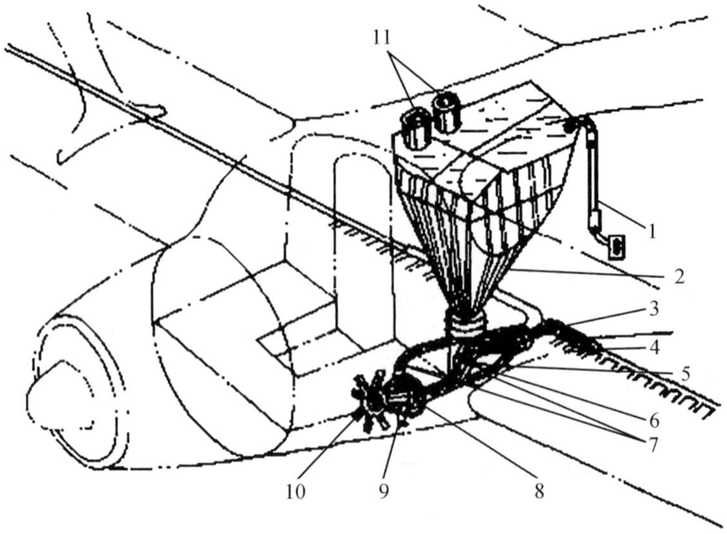

图 6-5　航空喷雾装置

1. 加液泵　2. 药箱　3. 出液活门　4. 喷液管　5. 吸液管　6. 活门气力动作筒　7. 排液管　8. 液泵　9. 风车制动气力动作筒　10. 风车　11. 加液口(加粉口)

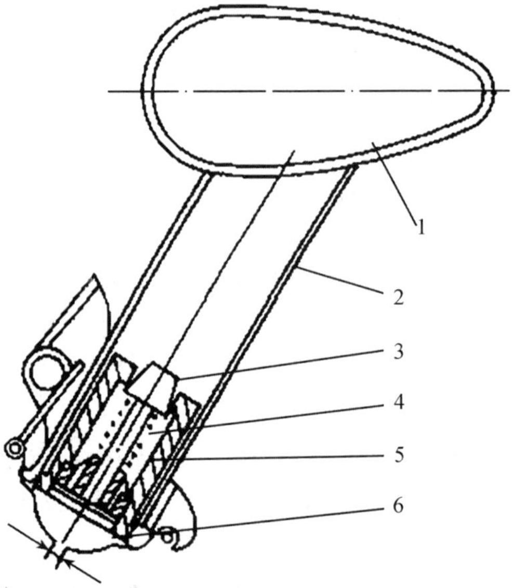

图 6-6　航空喷头结构

1. 喷液管　2. 分管　3. 阀门　4. 弹簧　5. 阀座　6. 喷嘴

任务二　排灌机械

灌溉与排水是为了保证农作物正常生长的需水而调节土壤水分状况，提高土壤肥力，为农业生产增产服务的重要农业工程措施。灌溉是解决作物生长缺水的问题，排水是解决作物生长水分过多的问题。我国国土幅员辽阔，年降水量时空分布很不均匀，与作物需水的矛盾突出。为了获得农业丰收，许多地区既需要灌溉，也需要排水。

排灌机械是实施排灌工程的基本条件和手段，是农业机械化的重要组成部分，它对改变农业生产的自然条件、抵御自然灾害、确保农作物的高产和稳产具有十分重要的作用。

一、水泵

目前农田排灌机械中使用最多的是离心泵、轴流泵和混流泵。在北方地区、还广泛使用井泵、潜水泵等抽取地下水来灌溉。而在南方的丘陵山区，水力资源丰富，有时则利用水轮泵来提水灌溉。

（一）离心泵

离心泵的结构如图 6-7 所示，主要由泵体、泵盖、叶轮、水泵轴、轴承体、支架及填料等部件组成。叶轮是水泵的重要工作部件，其作用是将动力机的机械能传递给水体，使被抽送的水获得能量，达到一定的流量和扬程。

离心泵是借离心力的作用来抽水的，图 6-8 为单级离心泵。当水泵叶轮在泵壳内高速旋转时，在离心力的驱使下，叶轮里的水以高速甩离叶轮，射向四周。射出的高速水流具有很大的能量，它们汇集在泵壳里，互相拥挤，速度缓慢，而压力增加，压向出水管。此时叶轮中心部分处于缺水而形成的低压区（负压区），水源在大气压力的作用下，经进水管不断地进入泵内。这样，叶轮不停地转动，水就不停地被吸入泵内并压送向高处。

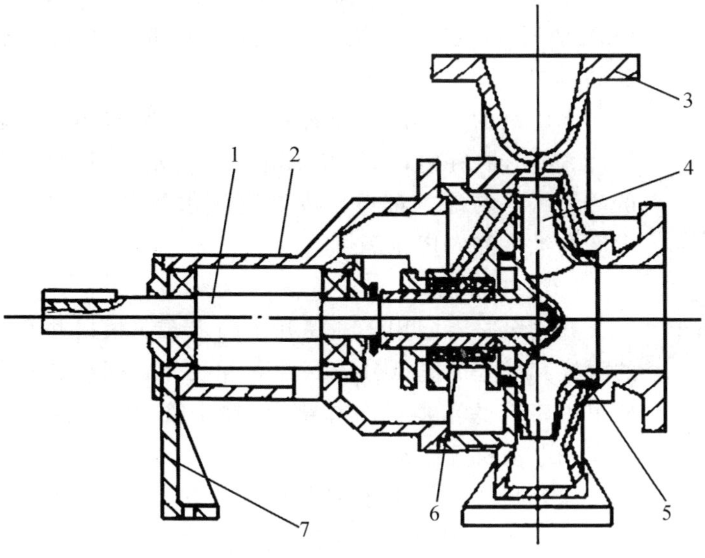

图 6-7 离心泵的构造

1. 水泵轴 2. 轴承体 3. 泵体 4. 叶轮
5. 密封圈 6. 填料 7. 支架

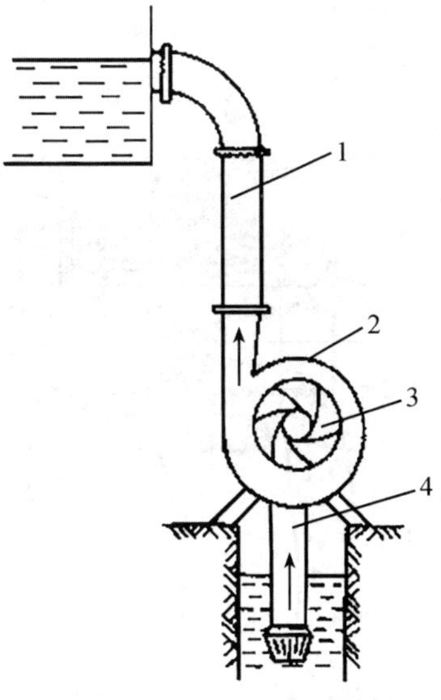

图 6-8 离心泵的工作原理

1. 出水管 2. 泵体
3. 叶轮 4. 进水管

单级离心泵的扬程较高、流量较小，水泵出水口方向可以根据需要做上、下、左、右的调整。这种水泵结构简单，体积小，使用方便。

（二）轴流泵

轴流泵由喇叭管、叶轮、导水叶、出水弯管、泵轴、橡胶轴承和填料盒等组成（图 6-9）。

泵壳、导水叶和下轴承座铸为一体，泵轴在上下两个用水润滑的橡胶轴承内旋转。叶轮正

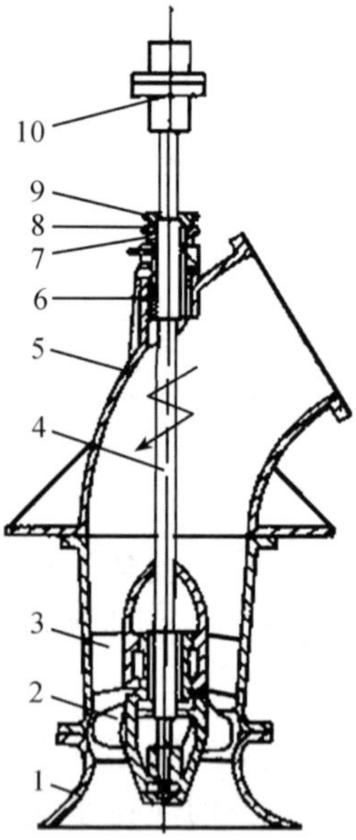

图 6-9　立式轴流泵

1. 喇叭管　2. 叶轮　3. 导水叶　4. 泵轴　5. 出水弯管　6. 橡胶轴承　7. 填料盒　8. 填料口　9. 填料压盖　10. 联轴器

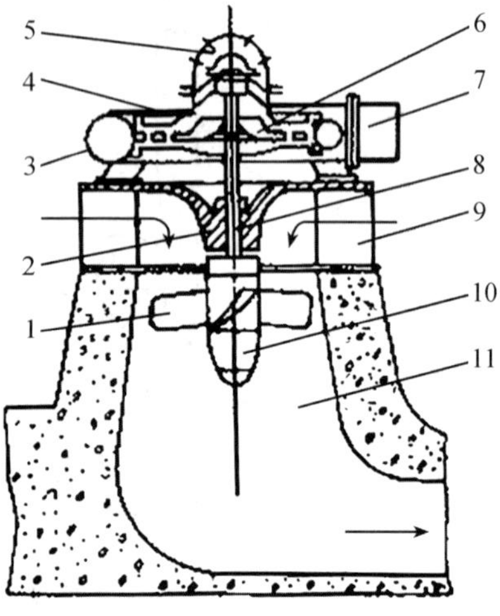

图 6-10　水轮泵

1. 转轮　2. 导流轮毂　3. 泵壳　4. 泵盖　5. 滤网　6. 叶轮　7. 出水管　8. 主轴　9. 导水轮　10. 轮毂　11. 吸出管

装在导水叶的下方，在水面以下运转。当叶轮旋转时，水流相对叶片就产生急速的绕流，这样叶片对水产生升力作用，不断把水往上推送。水流得到叶轮的推力就增加了能量，通过导水叶和出水弯管送到高处。

轴流泵是一种低扬程、大流量的水泵，适于平原河网地区的大面积农田灌溉和排涝。

(三)混流泵

混流泵是介于离心泵和轴流泵之间的一种泵型，其外观构造很像B型离心泵，叶轮形状粗短，叶槽较宽阔，叶片扭曲，且多为螺旋形。

混流泵工作时，其叶片既对水产生离心力，又对水产生推升力，靠这两种力来完成抽水。它的特点是扬程适中，流量较大，高效范围较宽，适合于平原河网地区和丘陵地区使用。

(四)水轮泵

水轮泵是利用水流能量进行抽水的机械，由作为动力用的水轮机和离心泵所组成(图 6-10)。水轮机转轮与泵叶轮同装在一根轴上，当只有一定水头的水向下流动时，冲击水轮机的转轮，从而带动水泵叶轮旋转。

水轮泵的特点是结构简单、紧凑，依靠水力作用运转，无需用油、耗电，只要有 1 m 以上的水头，流量一定的溪流跃水的地方都可以安装建筑水轮泵站，适用于山区的抽水和农田排灌。

(五)井用泵

井用泵是专门用于抽提井水的水泵。根据井水面的深浅和扬程的高低分成深井泵和浅井泵两种。井泵机组由带有滤水器的泵体部分、输水管、传动轴部分、泵座和电动机等组成。

深井泵能从几十米到上百米的井下抽水，多用于小口径机井。其特点是结构紧凑，性能稳定，效率较高，使用方便，适用于平原井灌地区。

(六)潜水泵

潜水泵是立式电动机与水泵的组合体。工作电动机和水泵都浸没在水中，电动机在下方，水泵在上方，水泵上面是出水管部分。

在构造上，潜水泵由电动机、水泵、进水部分和密封装置等四部分组成(图 6-11)。

潜水泵具有结构紧凑，体积小，重量轻，安装使用方便，不怕雨淋水淹等待点。但潜水泵供电线路应具有可靠的接地措施，以保证安全。严禁脱水运转，潜水深度为 0.3～3 m，最深不超过 10 m。潜水泵放置水下时，应垂直吊起；被抽的水温度不高于 20 ℃，一般为无腐蚀性的清水，水中含沙量要低。

（七）水泵的使用

1. 试车前的检查

为了保证安全运行，在开车前应对整个抽水装置做全面的检查。

检查内容包括：机组转子的转动是否灵活，旋转方向是否正确；各轴承中的润滑油是否充足、干净，油质和油量是否符合规定要求；填料压盖的松紧程度是否合适；水泵和动力机的地脚螺栓及其他各部件的螺栓有否松动；检查各部件安装位置是否正确，阀门启闭是否灵活，检查防护安全工作。

2. 水泵充水

离心泵、混流泵和卧式轴流泵的叶轮均安装在进水水位以上，所以在启动前必须充水。充水的方法有：储水法充水、自然法充水、手压泵或真空泵充水、进排气法充水、人工挑抬充水等。

立式和斜式轴流泵的叶轮是浸在水中的，因此启动前不需充水。

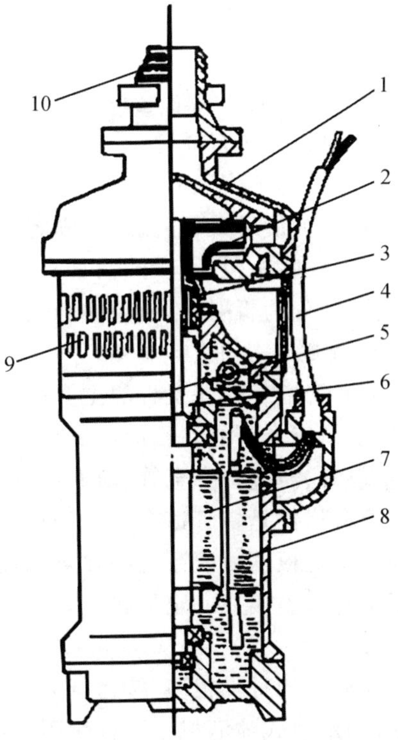

图 6-11 潜水泵

1. 上泵盖 2. 叶轮毂 3. 甩水器 4. 电缆 5. 轴 6. 密封盒 7. 电机转子 8. 电机定子 9. 滤网 10. 出水接管

3. 启动

离心泵在充水前已将出水管路上的阀门关闭，充水后应该把抽气孔或灌水装置的闸阀关闭，同时启动动力机，并逐渐加速，待达到额定转速后旋开真空表和压力表，观察它们的指针是否正常。如无异常，可慢慢将出水管路上的闸阀开启到最大位置，完成整个启动过程。涡流泵的启动比较简便，在检查及准备工作就绪后，只要加上润滑水润滑上橡皮轴承即可启动运转。

4. 停车

离心泵停车时，应先关闭压力表，再慢慢关闭出水管路的闸阀，使动力机处于轻载状态。然后关闭真空表，最后停止动力机即可。

停机后注意事项：擦净外部的水和杂物；检查水泵基础及连接情况，注意螺丝有无松动；冬季停机后，应及时将泵内及管路中的积水放净，以防冻裂；水泵长期停用，应将运转部分拆下、擦干、涂油，妥善保管。

二、节水灌溉机械与设备

（一）喷灌机械与设备

喷灌是将灌水通过由喷灌设备组成的喷灌系统（或喷灌机具）形成具有一定压力的水，由喷头喷射到空中，形成水滴状态，洒落在土壤表面，为作物提供必要的水分。

喷灌可提高农作物产量，节约用水量，节省劳动力，且具有很强的适应性，可用于特种类型的土壤和作物，受地形条件的限制小。但是喷灌受风的影响大，蒸发损失较大。

喷灌系统通常由水源工程、首部装置、输配水管道系统和喷头等部分组成。

1. 喷头

喷头是喷灌系统最重要的工作部件，其作用是将水流的压力能转变为动能，喷射到空中形成雨滴，对作物进行灌溉。

按喷头的工作压力和射程，可分为微压、低压、中压和高压四类；按喷头的结构形式和喷洒特征，可分为旋转式（射流式）、固定式（散水式、漫射式）和喷洒孔管三类。

旋转式喷头包括摇臂式、垂直摇臂式、全射流式和地埋式等型式；固定式喷头按照结构和喷洒特点，分为折射式、缝隙式和离心式三类。

2. 管道与管件

喷灌管道是喷灌工程的主要组成部分，管材必须保证在规定工作压力下不发生开裂、爆管现象，工作安全可靠。目前可供喷灌选择的管材主要有钢管、铸铁管、钢筋混凝土管、石棉水泥管、塑料管、薄壁铝合金管、薄壁镀锌管及涂塑软管等。

管材附件是指管道系统中的控制件和连接件，它们是管道系统中不可缺少的配件。控制件的作用是根据喷灌系统的要求来控制管道系统中水流的流量和压力；连接件的作用是根据需要将管道连接成一定形状的管网，也称为管件。

3. 喷灌机

喷灌机的种类很多，按运行方式可分为定喷式和行喷式两类。

（1）定喷式喷灌机　手推管引式喷灌机是一种典型的定喷式喷灌机，在我国使用较早，是较为成熟的一种机型。其工作特点是喷头（或喷灌机）定点进行喷洒，满足灌溉要求后，移至下一点，移动距离受喷头射程的控制，移动方向应根据风向选择，同时将喷头设成扇形旋转进行工作，以防淋湿机行道。

（2）行喷式喷灌机　卷盘式喷灌机是一种典型的行喷式喷灌机，又称绞盘式或卷筒式喷灌机，如图 6-12 所示。

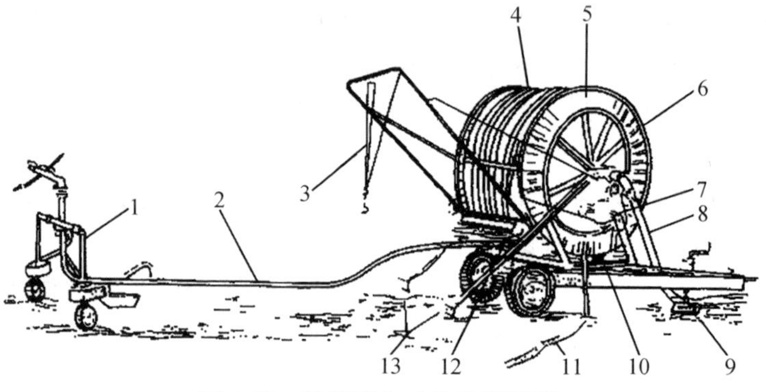

图 6-12　软管卷盘式自动喷灌机

1. 喷头车　2. PE 软管　3. 喷头车收取吊架　4. PE 软管　5. 卷盘　6. 卷盘车　7. 伸缩支囊式水动力机　8. 进水管　9. 可调支腿　10. 旋转底盘　11. 泄水孔管　12. 自动排管器　13. 支腿

这种喷灌机一般由喷头车、卷盘车两大部分组成，利用压力干管或移动抽水装置供给压力水。

软管牵引式喷灌机在田间运行时，由卷盘车缠绕软管拖动喷头车边走边喷。作业过程：用拖拉机将喷灌车牵引到地边第一条带的给水栓处，支稳卷盘车，连接给水栓；用拖拉机将喷头车牵引到地头，打开给水栓，压力水即进入管道和喷头，开始喷洒。卷盘缠绕PE半软管牵引喷头车边走边喷洒，至卷盘车处自动停车。然后，用拖拉机将喷灌机原地转动180°，将喷头车拉至该条带的另一侧，依照以上步骤进行喷灌。该条带全部喷完后，用拖拉机将喷灌机牵引到相邻条带继续喷灌。

这种机型结构简单，规格多，机动性好，适用于各种地块和作物；操作技术简单，可自动控制，生产率较高。目前已被公认为是最好的灌溉机械之一。但也存在一些缺点，如受机型限制，管径小、长度大、耗能多；要求较宽的机行道，占地较多。

4. 喷灌系统的使用管理

为了充分发挥喷灌的优越性，要正确使用和管理喷灌系统。

(1)每年根据作物的种植情况制订合理的喷灌制度和用水计划，并根据土壤水分和作物情况确定每次实际喷灌时间和喷水量。

(2)使用前要对喷灌设备进行一次全面检查，进行试运转完全正常才能投入正式喷灌作业；喷灌完毕后要对设备进行一次全面检查保养，妥善保管。

(3)喷灌系统的水泵大多数选用离心泵，注意关阀启动，以防止动力机超载和管道振动。

(4)喷灌时应根据风速和风向进行喷头配置，为了适应不同的土质和作物，注意调换喷嘴和调整喷头体转速。

(二)微灌设备

微灌技术是新兴的节水灌溉技术，其主要特点是以低压、小流量出流将灌溉水供应到作物的根部土壤，实现局部灌溉。其中以断续滴出的形式供水时称为滴灌；以喷洒的方式供水时称为微喷灌。

微灌的优点是省水，省工，节能，灌水均匀度高，对土壤和地形的适应性强，可以充分利用小水源。其主要缺点是灌水器过水断面小，容易堵塞，影响系统的正常工作，因此对水质要求严格。

1. 灌水器

灌水器是微灌系统的出流部件，它的质量好坏直接影响整个系统的质量及灌水质量的高低。

按结构和出流形式的不同，灌水器主要有滴头、滴灌管(带)、微喷头、滴水器、渗灌管(带)等。

2. 过滤设备

微灌系统中灌水器出口直径一般都很小，灌水器极易被水源中的污物和杂质堵塞。任何水源都不同程度地含有各种污物和杂质。因此，对灌溉水源进行严格的净化处理是微灌作业中必不可少的首要步骤，是保证微灌系统正常运行，延长灌水器使用寿命和保证灌水质量的关键措施。

微灌系统中对物理杂质的处理设备与设施主要有：拦污栅(筛、网)、沉淀池、过滤器(水砂分离器、砂石介质过滤器、筛网过滤器)。

3. 施肥施药装置

微灌系统中向压力管道内注入可溶性肥料或农药溶液的设备及装置称为施肥(药)装置。常用的施肥装置有压差式施肥罐、开敞式肥料箱自压施肥装置、文丘里注入器及注射泵等几种。

4. 管道与连接件

管道是微灌系统的主要组成部分，各种管道与连接件按设计要求组合安装成一个微灌输配水管网，按作物需水要求向田间和作物输水和配水。管道与连接件在微灌工程中的用量大，规格多，所占投资比重大，因而其型号规格和质量的好坏，不仅直接关系到微灌工程费用的大小，而且也关系到微灌系统能否正常运行和寿命的长短。

对微灌用管与连接件的基本要求是：能承受一定的压力；耐腐蚀抗老化性强；规格尺寸与公差必须符合技术标准；价格低廉，安装施工容易。

5. 微灌系统的维护保养

(1)管道维护　管网运行时若发现渗水，应在停机后按照相应管材的维修方法进行维修。金属管件每年要涂两次防锈漆；螺杆和丝扣要定期涂黄油，防止锈蚀，便于拧动。

(2)保护装置维护　保护装置要经常进行检查维修，保证微灌系统安全可靠地运行。

(3)滴头的维护　滴头的维护保养是滴灌系统保养的重要内容之一。滴头经常会因为灌水中的悬浮固体、化学沉淀和有机物而堵塞，对滴头进行维护保养就是清理堵塞和防止堵塞。

项目七　谷物收获机械

一、谷物收获的方法

谷物的收获过程一般包括收割、脱粒、分离、清选、运输等作业环节，机械化谷物收获方式、程序及特点见表7-1。

表7-1　机械化谷物收获方式的比较

收获方式	收获程序	特点
分段收获	收割机将作物切割后在田里铺放或捆束；在田间或运至脱粒场地用脱粒机脱粒	技术上比较成熟，机型较多，生产率低，在捆、垛、运、脱等工序中损失较大，劳动强度大
联合收获	一次性完成收割、脱粒、分离茎秆、清选谷粒、装袋或随车卸粮等各项工作	机械化程度高，生产效率高，省工，省时，清选效果好，损失小，机器年利用率高
分段、联合收获	收割机、拾禾器与联合收割机配合使用，实现前期割晒、中期拾禾、晚期直接收获	机器利用率高，购机投资回收快，生产率高，机械化水平高，缓解收获期紧张，抢农时，利用谷物的后熟作用提高谷物的品质和产量。在北方小麦产区经常使用

二、收获机的种类

用于收获的机械种类很多，按用途可分为：

1. 收割机

用于割断作物，铺放在割后地上或自动打捆后丢在割后地上。

2. 脱粒机

用于脱下作物的谷粒，复式脱粒机还可对脱出物进行清选与分级。

3. 联合收获机

用于同时完成收割、脱粒、清选等工作。

三、谷物收获的农业技术要求

谷物机械化收获应满足如下农业技术要求。

(1)收割作业干净，掉穗落粒损失小。

(2)割茬低，便于提高后续的耕作质量。

(3)铺放整齐，以便于人工打捆或机械捡拾，而且不会影响机具的下一趟作业。

(4)适应性好，即对不同地区、不同田块、不同品种作物的收割，以及对作物状况(倒伏及植株密度等)的适应性较好。

任务一　收割机械

一、收割机的功用和类型

收割机是稻、麦分段收获时完成收割和放铺两道工序的作业机械。

按放铺方式不同，可分为收割机、割晒机和割捆机。

1. 收割机

收割时将谷物茎秆切断，并在输送茎秆至机外的过程中，使茎秆与机器前进方向呈垂直状态条铺在留茬地上，或呈间断性条堆在留茬地上。收割机目前推广使用比较多。

2. 割晒机

收割时将谷物茎秆切断，并在输送茎秆至机外的过程中，使茎秆顺机器前进方向条铺在留茬地上，适用于装有捡拾器的谷物联合收获机捡拾脱粒。割晒机的割幅较大，可以和谷物联合收获机在两段联合收获法中配套使用。

3. 割捆机

收割时将谷物茎秆切断，捆成小捆，抛在留茬地上。割捆机因为捆束机构复杂，故障较多，目前已极少使用。

按割台形式不同，可分为立式割台收割机和卧式割台收割机。

1. 立式割台收割机

割台为立式，谷物被切断后，茎秆呈直立状态被输送装置送出机外铺放在留茬地上。

2. 卧式割台收割机

割台为卧式，谷物被切断后，茎秆卧倒在割台上被输送装置送出机外铺放在留茬地上。

二、收割机的一般构造与工作过程

(一)立式收割机

立式收割机的割台为直立式，被割断的谷物以直立状态进行输送。一般由切割器、输送装置、星形拨禾机构、机架和传动装置以及操纵机构等组成。其纵向尺寸较小，重量较轻，以水稻为主的收割机多采用这种结构。

机器前进时，割台前面的扶禾器和小扶禾器将谷物分开，扶禾星轮在下输送带拨齿带动下将谷物扶起并拨向收割台。谷物被切割器切割后，星轮和上、下输送带拨齿相配合将谷物向一侧推送，压力弹簧使谷物茎秆在输送过程中紧贴挡板，保持直立的输送状态。当谷物茎秆运行到割台侧端时，由导向板辅助被抛送出去，转向 90°条铺在机具侧面的割后地上。

(二)卧式收割机

卧式收割机的割台为卧式。一般由分禾器、拨禾轮、切割器、输送装置、传动系统、机架及悬挂升降机构等组成。其纵向尺寸较大，工作可靠性较好，大型收割机多采用这种结构。

机器前进时，分禾器插入谷物，将谷物分开，待割谷物在拨禾轮压板的扶持下，被切割器所切割，并在拨禾轮压板的推送下，倒在输送带上，被送向机器一侧，成条状铺放在田间。

三、收割机的主要工作部件

(一)切割装置

切割装置又称切割器,由切割器和割刀传动机构组成,其主要作用是切断作物茎秆。

按照动刀的运动方式不同,切割器分为回转式和往复式两类。回转式切割器的动刀片在水平面内作间转运动,一般为无支撑切割。优点是切割速度高,切割能力强,机具振动小,允许机器高速作业,刀片更换方便;但其传动机构复杂,功率消耗大,不适合大割幅和多行作物收割机使用,常用于割草机。往复式切割器动刀作往复运动,在定刀的配合下切割作物,适应性强,工作可靠,适于宽幅作业,但惯性力较大。谷物收割机多用住复式切割器。

1. 往复式切割器的构造

往复式切割器由动刀片、刀杆、定刀片、护刃器、压刃器和摩擦片等部件组成(图 7-1)。动刀片固定在刀杆上,由传动机构驱动作周期性往复运动。护刃器内固定有定刀片,当刀杆作往复运动时,动、定刀片形成剪切,将谷物茎秆切断。

切割器传动机构的作用是将传动轴的回转运动变为割刀的往复运动,使割刀平稳地工作。传动机构有曲柄连杆机构和摆环机构等类型。

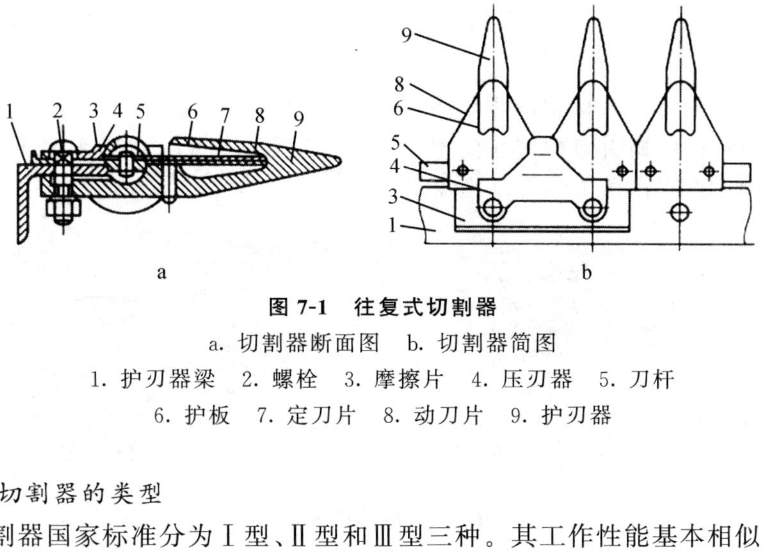

图 7-1 往复式切割器

a. 切割器断面图 b. 切割器简图

1. 护刃器梁 2. 螺栓 3. 摩擦片 4. 压刃器 5. 刀杆 6. 护板 7. 定刀片 8. 动刀片 9. 护刃器

2. 往复式切割器的类型

往复式切割器国家标准分为Ⅰ型、Ⅱ型和Ⅲ型三种。其工作性能基本相似,只是零件的几何尺寸和装配关系上稍有差异。

Ⅰ型切割器 动刀片为光刃,护刃器为双齿,有摩擦片,适用于割草机。

Ⅱ型切割器 动刀片为齿刃,护刃器为双齿,有摩擦片,适用于谷物收割机和谷物联合收获机。

Ⅲ型切割器 动刀片为齿刃,护刃器为双齿,无摩擦片,适用于谷物收割机和谷物联合收获机。

往复式切割器的结构比较简单,工作可靠,适应性强,在各类收割机上被广泛采用。缺点是割刀在往复运动中的惯性力不易全部平衡,导致工作时振动大,切割速度的提高也因此受到限制。

(二)拨禾和扶禾装置

拨禾、扶禾装置的作用是把待割作物拨向切割器;将倒伏的作物扶直;在切割时扶持茎秆;把切割后的作物推送到割台,避免作物堆积造成二次切割的损失。卧式割台收割机上的拨禾装置为拨禾轮，立式割台收割机上一般为星轮扶禾器。

1. 拨禾轮

常用的拨禾轮有两种（图 7-2）。

普通拨禾轮　又称压板拨禾轮，由压板、轮轴、幅条、拉筋、传动链轮（或皮带轮）等组成，主要由压板起拨禾、推送作用。

偏心拨禾轮　与普通拨禾轮相比较，是采用了可以调节角度的压板或弹齿，并且还装有偏心机构，从而有利于向倒伏的作物丛插入将其扶起，减少了对穗头的打击，降低了收割损失。

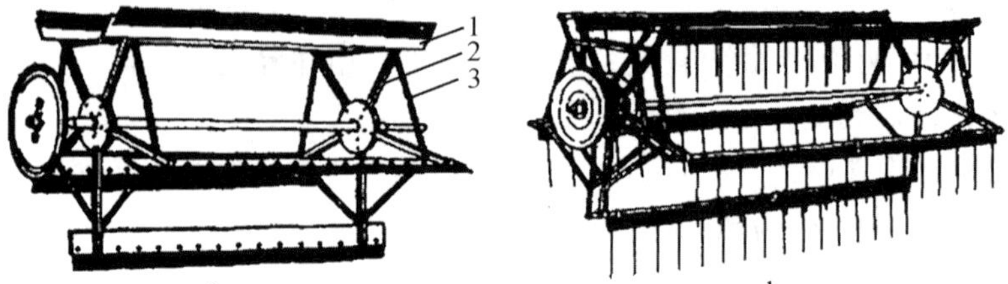

图 7-2　拨禾轮

a. 压板拨禾轮　b. 偏心拨禾轮

1. 压板　2. 辐条　3. 加强筋

2. 星轮扶禾器

星轮扶禾器（图 7-3）分装扶禾齿带和不装扶禾齿带两种型式。星轮和扶禾齿带由输送带上的拨齿拨动回转，将作物引向割台起拨禾作用，并与压力弹簧配合将作物压向挡板，保持直立输送，消除谷物在直立输送中的散乱现象。

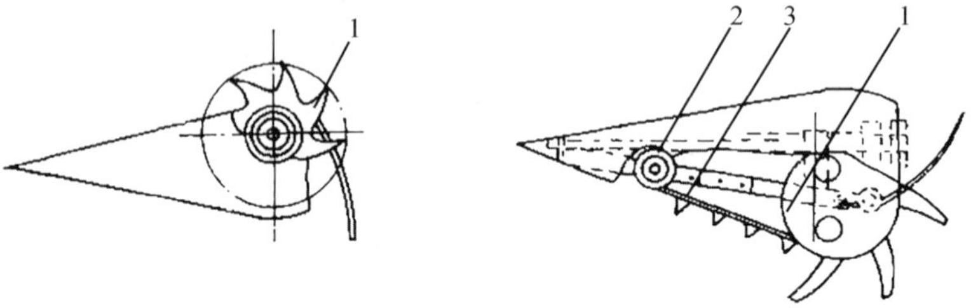

图 7-3　星轮扶禾器

a. 不装扶禾齿带　b. 装扶禾齿带

1. 星轮　2. 张紧轮　3. 扶禾齿带压力弹簧

（三）输送、铺放装置

在立式割台谷物收割机上，输送、铺放装置一般由直立的带有拨齿的上下输送带、主动轴及其带轮、被动轴及其带轮等组成。上下输送带的输送速度相同，输送原则是保持割后茎秆顺利直立输送，排出机体时头尾整齐地铺放于田间。

卧式割台谷物收割机上输送、铺放装置一般由卧置的前后帆布输送带、主动轴及其带轮、被动轴及其带轮等组成。帆布输送带表面铆有木条或小角铁，以加强输送效果。前后输送带的长度是前长后短，输送速度是前快后慢，所以输送时谷物根部先着地，造成谷物产生转向，与前进方向约成 90°条铺于田间。

任务二　脱粒机械

一、脱粒机的功用和类型

脱粒机的功用是将谷粒从谷穗上脱下，并从脱出物（由谷粒、碎秸秆、颖壳和混杂物等组成）中分离、清选出来。

根据各种作物的不同脱粒特性，脱粒机的脱粒装置采用冲击、揉搓、梳刷和碾压等不同的工作原理进行脱粒。现有的脱粒装置都不是以一种原理脱粒，而是以某一种原理为主，其他原理为辅，综合利用各种原理进行脱粒的。对脱粒装置的性能要求是：脱粒干净，分离清洁率高，破碎或脱壳少。

脱粒机按结构和性能分为简式（需再分离和清选）、半复式（需再清选）和复式脱粒机（完成脱粒、分离和清粮）；按作物喂入方式分为半喂入式和全喂入式脱粒机；按作物在脱粒装置内的运动方向分为切流型和轴流型。

脱粒机的种类及功能情况见表 7-2。

表 7-2　脱粒机的种类、功用简况

类型		功能	动力/kW
全喂入式	简　式	脱粒；脱下的谷粒、颖壳、碎茎或茎秆混在一起	3～5
	半复式	脱粒、分离和清选；得到较干净谷粒，但还需要清选	7～11
	复　式	脱粒、分离、清选、复脱、复清选；得到干净谷粒	15～22
半喂入式		脱粒、清选；得到干净谷粒。机器无分离机构、体积小、功耗少、成本低	

二、脱粒机的主要工作装置

各种脱粒机构造不一，脱粒、分离和清粮装置是脱粒机的主要工作装置。

（一）脱粒装置

在脱粒机与联合收获机上使用的脱粒装置，按脱粒元件的结构形式不同，分为纹杆式、钉齿式和弓齿式三种；按谷物是全部喂入还是只谷穗喂入脱粒装置，分为全喂入和半喂入两种；按谷物进入脱粒装置后的流向，分为切流型和轴流型两种。

切流型脱粒装置，谷物进入后沿滚筒的切线方向流动，脱粒后的茎秆沿切线方向离开滚筒；轴流型脱粒装置，谷物进入后，沿滚筒切线方向流动的同时，还沿滚筒的轴向流动。其中又可分作两种情况：一种是谷物茎秆被夹持作单一轴向运动，仅谷穗部分进入脱粒装置脱粒（即半喂入轴流式，如半喂入水稻脱粒机）；另一种是谷物从脱粒装置的一端进入后，在滚筒和盖板上螺旋导板的作用下，沿轴向做螺旋运动，脱粒后的茎秆，从另一端被抛出（全喂入轴流式）。轴流型脱粒装置脱粒时，谷物在脱粒室内工作流程长，脱净率高，脱粒后茎秆与谷粒分离较好，夹带损失少，因而可省去庞大的逐稿机构，使机器外形较小，重量较轻。

1. 纹杆式脱粒装置

纹杆式脱粒装置由纹杆式滚筒（图 7-4）和栅格凹板（图 7-5）组成。纹杆直接固定在多角形幅盘上，表面有沟纹。工作时主要以沟纹对作物的揉搓作用进行脱粒。在大多数情况下，纹杆的安装方向都是沟纹的小头朝着喂入方向，以加强纹杆对作物的揉搓作用。相邻两纹杆的沟纹方向相反，以避免作物移向滚筒的一端，造成负荷不均匀。

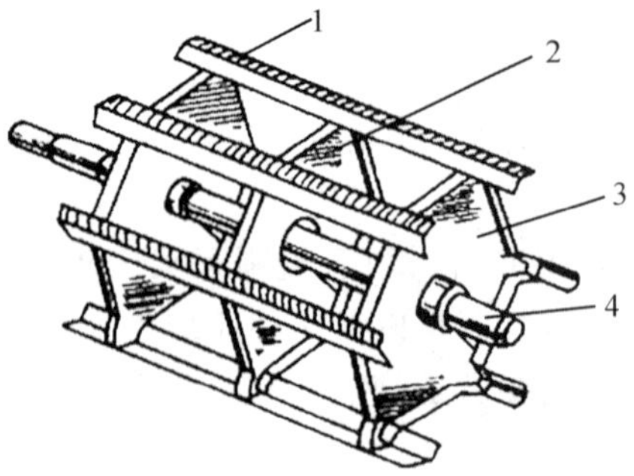

图 7-4　纹杆式滚筒

1. 纹杆　2. 中间支承圈　3. 幅盘　4. 滚动轴

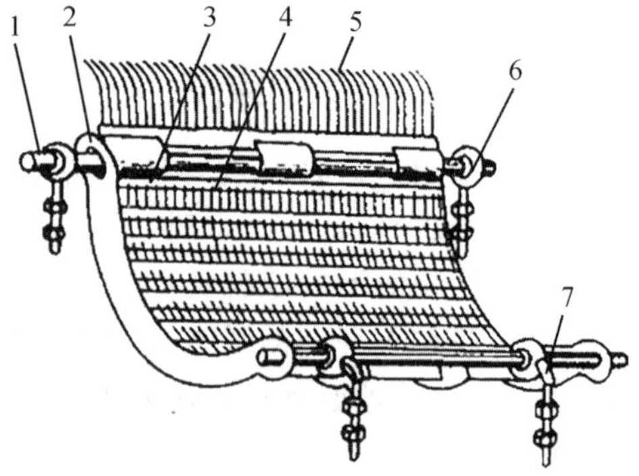

图 7-5　栅格凹板

1. 凹板轴　2. 侧板　3. 横板　4. 钢丝　5. 延长筛　6. 出口调节螺钉　7. 入口调节螺钉

栅格凹板（凹板筛）与滚筒构成脱粒腔，其入口间隙是出口间隙的 3～4 倍。

2. 钉齿式脱粒装置

钉齿式脱粒装置由钉齿滚筒和钉齿凹板组成（图 7-6），常用的钉齿有楔形齿、刀形齿和杆形齿。脱粒时，谷物进入脱粒装置，被高速旋转的滚筒钉齿抓取并拖入脱粒腔，谷粒在钉齿的冲击和揉搓作用下脱落，并使谷物通过脱粒腔，沿滚筒切线方向在凹板后部排出。

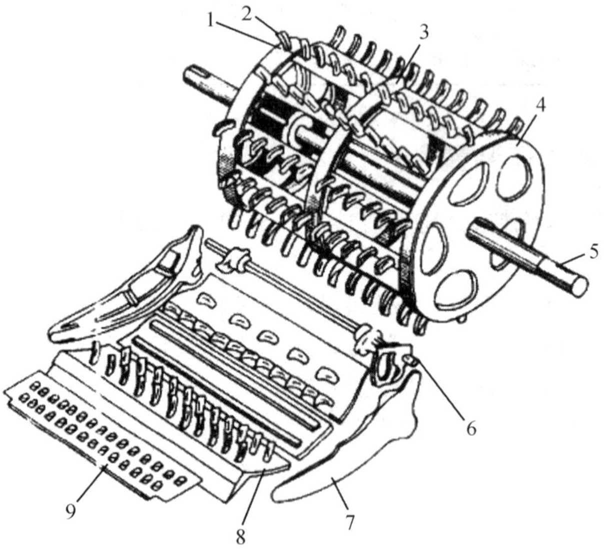

图 7-6　钉齿滚筒、凹板

1. 齿杆　2. 钉齿　3. 支承圈　4. 幅盘　5. 滚筒轴　6. 凹板调节机构　7. 侧板　8. 钉齿凹板　9. 漏粒格

3. 弓齿式脱粒装置

如图 7-7 所示，弓齿按螺旋线排列在滚筒体上，滚筒体上各部位的弓齿分为脱粒齿、加强齿和梳整齿三种。凹板是由铁丝编织成的网状筛。弓齿式脱粒装置主要用于水稻脱粒机上。

工作时，作物沿滚筒的轴向移动，穗部受弓齿的冲击和梳刷作用而脱粒。

(二)分离装置

分离装置的功用是将以长茎秆为主的脱出物中夹带的谷粒及断穗分离出来，并将茎秆排出机外。分离装置的结构型式有键式、平台式、转轮式等几种。主要利用抛扬原理或离心原理进行分离。

1. 键式逐稿器

键式逐稿器由几个互相平行的键箱组成，根据键箱的数量不同，有三键式、四键式、五键式、六键式等几种，以双轴四键式(图 7-8)应用最广。

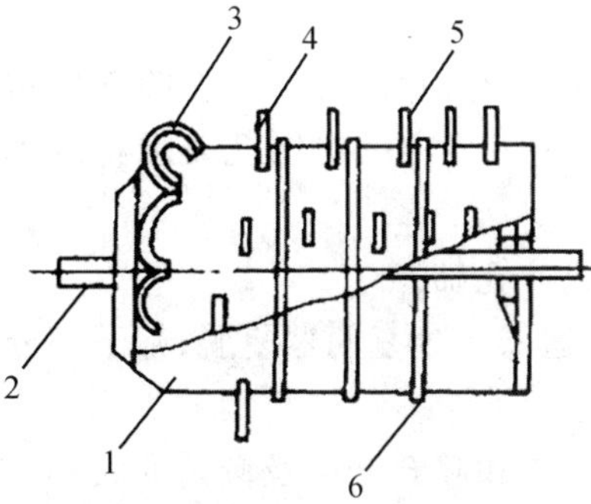

图 7-7　弓齿式滚筒

1. 滚筒体　2. 滚筒轴　3. 梳整齿　4. 加强齿　5. 脱粒齿　6. 加强筋

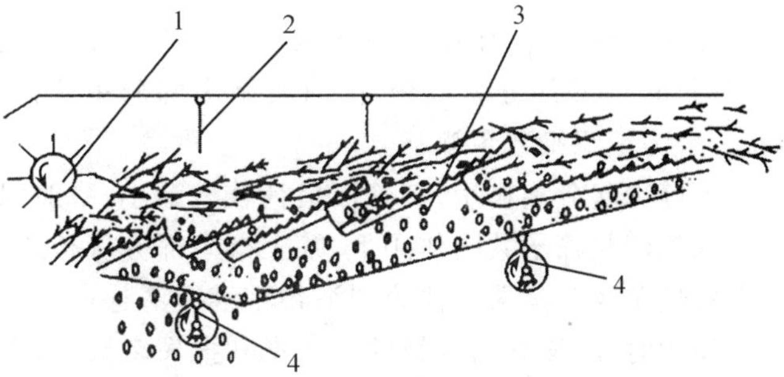

图 7-8　键式逐稿器

1. 逐稿轮　2. 挡帘　3. 键箱　4. 曲轴

工作时，键箱作平面运动，将其上的滚筒脱出物不断地抖动和抛扔，达到分离的目的。逐稿器的前上方安有薄钢板制成的逐稿轮，作用是把滚筒脱出的茎秆抛送到逐稿器上方进行分离，防止滚筒缠草堵塞。挡帘装在逐稿器的上方，其作用是降低茎秆向后运送的速度，使茎秆中夹杂的谷粒能全部分离出来。键式逐稿器在复式脱粒机和联合收获机上应用广泛。

2. 平台式逐稿器

如图 7-9 所示，平台具有筛状表面，其运动近似直线往复运动，脱出物受到平台的抖动和抛扔，谷粒穿过茎秆层经台面筛孔分离。一般用于中小型半复式脱粒机上。

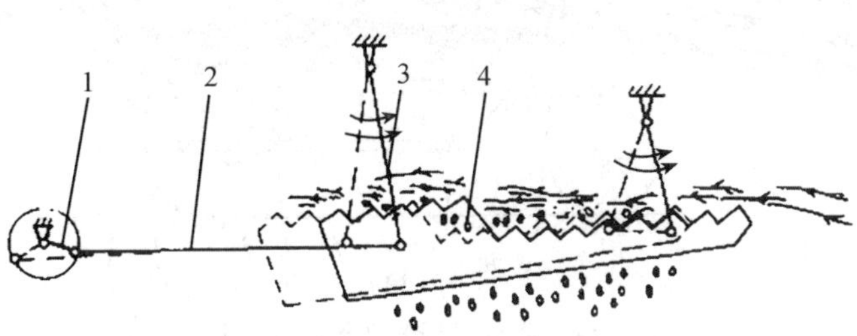

图 7-9　平台式逐稿器

1. 曲柄　2. 连杆　3. 吊杆　4. 平台

(三)清粮装置

清粮装置的功用是从来自凹板和逐稿器的短小脱出物中，清选出谷粒，回收未脱净的穗头，把颖壳、短茎秆等杂余排出机外。

目前，在脱粒机和联合收获机上常见的清选装置有筛子-气流组合式和气流式(也叫无筛风选式)两种类型。其中应用较多的筛子-气流组合的清选装置由风机、上筛、一个或多个下筛、滑板、谷粒搅龙、传动机构等组成(图 7-10)。

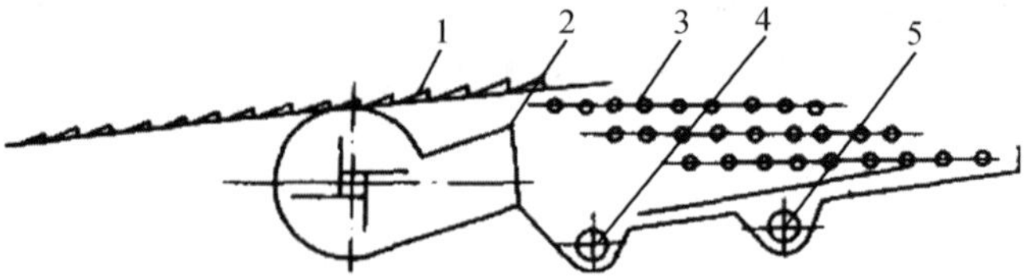

图 7-10 清粮装置

1. 阶梯抖动板 2. 风扇 3. 筛子 4. 谷粒推运器 5. 杂余推运器

上筛为分离筛,作用是将谷粒与夹杂物抖松,以便气流容易吹着,并使夹杂物在筛面停留一段时间,以增加分离机会,同时可筛去部分短茎秆等轻夹杂物。分离筛对筛孔要求精度不高,一般为编织筛或鱼鳞筛。

下筛也起分离作用,其筛面负荷较上筛小,一般用鱼鳞筛或冲孔筛。

在气流与筛子共同作用下,筛上杂余部分从杂余搅龙经升运器运到复脱器复脱;筛下部分由谷粒搅龙经升运器送往第二清粮室继续清选。

使用时,应该根据谷粒的清洁率和损失率情况,合理调节风量和筛孔开度及倾角的大小。

三、常用脱粒机的工作过程

1. *稻麦脱粒机*

(1)丰收-1100 型复式脱粒机 该机构造如图 7-11 所示,可完成脱粒、分离和清粮作业,以脱小麦为主。

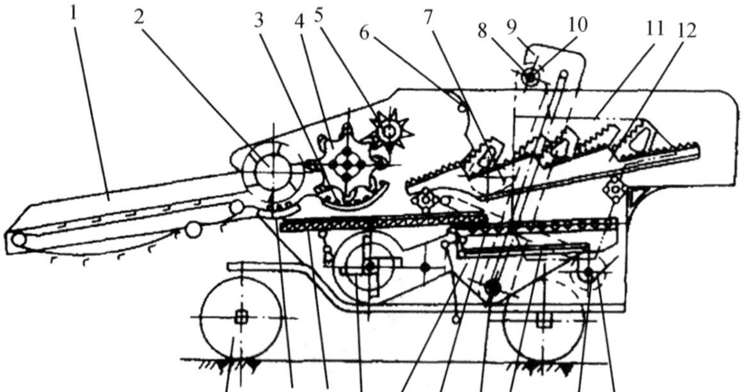

图 7-11 丰收-1100 型复式脱粒机

1. 输送装置 2. 第一滚筒 3. 第二凹板 4. 第二滚筒 5. 逐稿轮 6. 挡草帘 7. 第二风扇 8. 除芒器 9. 升运器 10. 除芒螺旋推运器 11. 第二清粮室 12. 逐稿器 13. 复脱器与输送器 14. 杂余螺旋推运器 15. 冲孔筛 16. 谷粒螺旋推运器 17. 鱼鳞筛 18. 第一清粮室 19. 第一风扇 20. 阶梯板 21. 第一凹板 22. 行走轮

工作时,谷物经输送喂入装置进入钉齿式滚筒和冲孔式凹板组成的第一脱粒装置,进行第一次脱粒。未脱净的谷物及茎秆进入纹杆式的第二滚筒进行复脱。脱出物中的茎秆及其夹杂物经逐稿轮抛到键式逐稿器上，夹在茎秆中的谷粒被抖落到阶梯板上，键面上的茎秆运动到键尾被排出机外。穿过两凹板筛分离出来的籽粒颖壳、短茎秆等落在阶梯板上，进入第一清粮室，夹杂着的颖壳和短茎秆等由气流配合经筛子被分离清除出机外；穗头经杂余推运器送到复脱器，并由抛掷器抛回阶梯板，再次进入第一清粮室。第一清粮室的谷粒，由推运器推送至除芒器，而后进入第二清粮室。在第二清粮室风扇的清选作用下，清除谷粒中的颖壳和短茎秆，清洁的谷粒则分成两个等级，从两个出粮口排出。

(2)5TZ-100B 型轴流式脱粒机　是一种以脱稻麦为主、兼脱其他作物的脱粒机(图 7-12)。

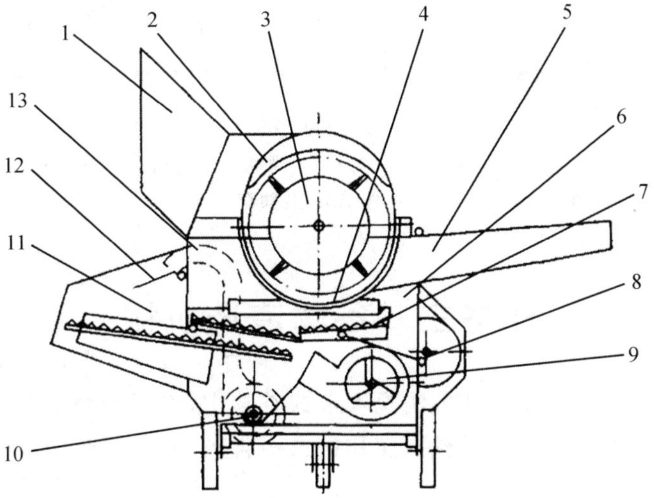

图 7-12　5TZ-100B 型轴流式脱粒机

1. 排草口　2. 导向板　3. 杆齿滚筒　4. 凹筛板　5. 喂入台　6. 机架　7. 振动筛　8. 偏心轮　9. 风扇　10. 谷粒搅龙　11. 排杂口　12. 调节滑板　13. 谷粒抛射器

谷物从喂入台喂入脱粒装置，在滚筒杆齿和上盖导向板的共同作用下，沿凹板从喂入口向排草口轴向螺旋脱粒，脱下的籽粒经栅格凹板筛分离。长茎秆不断抖动分离夹带的谷粒后，经排草板从排草口排出。脱下的谷粒、颖壳、短茎秆等通过凹板落在振动筛面上，随着筛面的振动和风扇气流的清选，谷粒经筛孔落入水平搅龙，被推送至叶轮抛射器，抛射叶轮将谷粒从抛射筒抛出机外，颖壳、短茎秆等从排杂口送出。

轴流式脱粒机的特点是不设专门的分离装置，利用谷物在脱粒装置中较长的脱粒时间，在较低的滚筒转速和较大的脱粒间隙条件下，用凹板筛直接分离籽粒。谷物的脱净率高，籽粒破损少，所以不仅大田收获应用，且适于育种收获的机械化。

2. 玉米脱粒机

玉米脱粒机的功用是对晾干后的玉米果穗进行脱粒。常用玉米脱粒机的构造如图 7-13 所示。

工作时，人工将玉米果穗从喂入斗喂入，经滚筒和凹板脱粒，脱出物通过凹板孔由风机气流清选，轻杂物经出糠口吹出，玉米粒沿出粮口送出，玉米芯借助螺旋导板排到振动筛上，混杂在其中的玉米粒从振动筛孔漏到出粮口，玉米芯从振动筛上排出机体外。

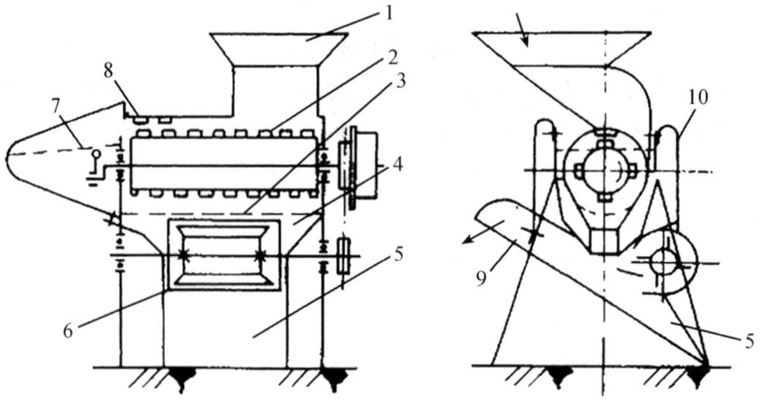

图 7-13　玉米脱粒机

1. 喂入斗　2. 滚筒　3. 凹板　4. 滑板　5. 出粮口　6. 风机
7. 振动筛　8. 螺旋导板　9. 出糠口　10. 弹性振动杆

任务三　谷物清选机械

由联合收获机、脱粒机以及其他方法脱下来的谷物中，除了饱满健壮的谷粒外，还不同程度地夹杂着发育不全的瘦小谷粒、机械损伤和病虫伤害的谷粒、脱粒未净的穗头、颖壳和破碎茎秆以及杂草种籽等。

谷物清选包括清粮和选粮。清粮是从脱粒后的谷物中清除夹杂物，选粮是将干净的粮食分级，以分别作种子、食用和饲料之用。目前，常用的清选机有清粮机（只能完成清粮）、选粮机（只能完成选粮）和复式清选机（可完成清粮和选粮）。

一、清选原理与方法

清选是利用被清选物料成分的物理性质不同而进行的。

（一）气流清选

各种谷粒及混杂物的重量和对气流的接触面积的大小不同。重量小体积大能被吹走，重量大体积小则先落下。所以，按重量不同利用气流将谷粒和混杂物分离。

某物体在垂直气流的作用下，当气流对物体的作用力等于该物体本身的重量而使物体保持飘浮状态时气流所具有的速度称该物体的飘浮速度（临界速度）。可利用谷物与混杂物飘浮速度不同而分离。

（二）筛选

筛选是使混合物在筛上运动，由于混合物中各种成分的尺寸和形状不同，可把混合物分成能通过筛孔和不能通过筛孔两部分，以达到清选的目的。常用的有编织筛、鱼鳞筛和冲孔筛。筛孔形状有圆孔和长孔。圆孔筛按谷粒的宽度分选，长孔筛按谷粒的厚度分选。

（三）窝眼筒清选

窝眼筒又称选粮筒，它是按谷粒的长度进行分选。窝眼筒是用金属板围成的圆柱筒，内壁上有许多直径一致的圆凹形的窝眼，窝眼筒稍倾斜放置，筒内装有固定的分离槽。工作时，谷粒从窝眼筒的一端进入筒内，在窝眼筒旋转过程中，长度小于窝眼直径的谷粒，进入窝眼内，随窝眼旋转到一定高度时，靠自身的重量落入分离槽从末端出口排出；长度大于窝眼直径的谷粒，不能进入窝眼被带走，即沿窝眼筒轴向运动到另一端流出，完成分选。

(四)按谷粒的密度分离

谷粒的密度依种类、湿度、成熟度和受害虫损害程度等不同而不同。根据密度的大小可将混合物分离。在一定浓度的液体中，密度小的物体易浮起，密度大的物体易下沉。因此，可以利用密度进行分选。所用液体的浓度，依混合物的种类和要求而不同。

(五)按谷物的表面特性分离

谷粒表面特征各异，可根据种子表面光滑和粗糙程度的不同而将其分离，如按谷粒摩擦系数的不同，谷粒沿斜面下滑的倾角和速度不同而分离。

二、常用清选机械

(一)扬场机

扬场机是谷物收获后和加工前初清(去除颖壳、短茎秆、草籽、尘土等轻杂物)最常用的机具。它结构简单，使用方便，效率高。

其构造如图 7-14 所示，是利用空气阻力和谷粒重量来进行分离的。当联合收获机收获的谷粒湿度较大或含杂物较多时，收后可立即用它清选，可使谷物清洁，并减少水分。

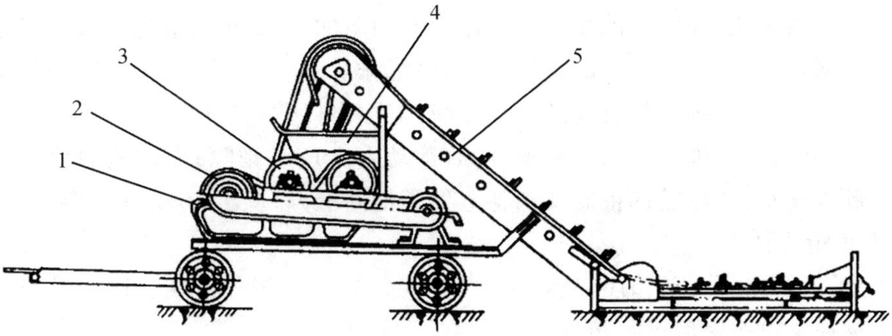

图 7-14 扬场机

1. 机架 2. 扬谷带 3. 压紧辊 4. 料斗 5. 输送带

(二)复式精选机

复式精选机是综合几种清选方法对谷粒进行清选的机械，类型很多。

1. 复式精选机

如图 7-15 所示，由喂入装置、风选系统、筛选系统、窝眼选粮筒及附属设备组成。该机主要利用种子的几何尺寸和垂直气流的清选原理进行去杂和分级。

工作时，在风机产生的垂直气流的作用下，种子等由料斗经喂入辊来到前吸风道。由于前吸风道气流速度小于重杂的飘浮速度但大于种子的飘浮速度，于是重杂逆流而下，从出口①排除；种子等随气流来到前沉积室。由于前沉积室断面积大于前吸风道的断面积，所以气流速度降到小于种子的飘浮速度，而大于杂质的飘浮速度，于是种子沉积下来；杂质随气流进入中间沉积室。中间沉积室断面积又大于前沉积室的断面积，气流速度进一步下降，飘浮速度比较大的杂质沉积下来，通过机械开闭的活门由出口⑦排除；飘浮速度小的轻杂随气流经过风机由出

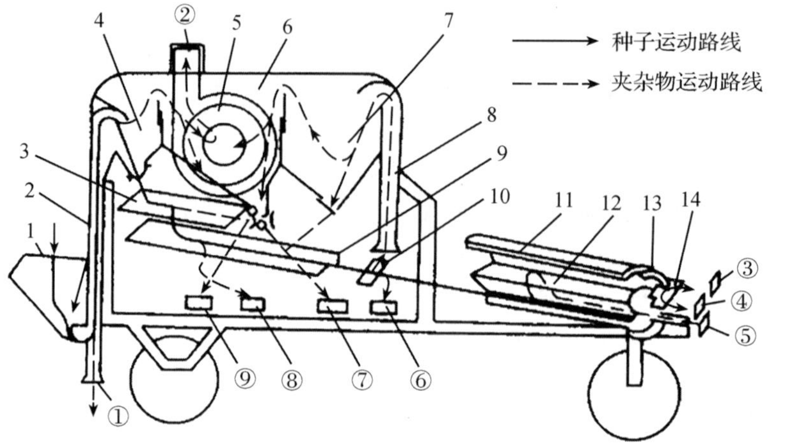

图 7-15 复式精选机

1. 料斗 2. 前吸风道 3. 上筛 4. 前沉积室 5. 风机 6. 中间沉积室 7. 后沉积室 8. 后吸风道 9. 下筛 10. 后筛 11. 选粮筒 12. 承种槽 13. 叶轮 14. 排种槽
①重夹杂物出口 ②风机出风口 ③④⑥种子出口 ⑤短种子及夹杂物出口 ⑦⑧⑨夹杂物出口

口②吹出。前沉积室的种子压开常闭活门进入上筛，在上、下筛的作用下，尺寸较大的粗杂从⑨排除，细杂从⑧排除，留在下筛面上的种子流向后筛。

后筛正对后吸风道，在向上的垂直气流作用下病弱的、虫蛀的等相对较轻的种子被吸入后沉积室沉积下来，然后从出口⑦排除；轻杂从出口②排除；留在后筛的优良种子如不再按长度进行分级，就从出口⑥装袋。如还要按长短分级，盖住出口⑥，打开去选粮筒的通道，种子在选粮筒作用下，长度较长的种子进入承种槽，向后运动由出口⑤排除；而较短的种子沿选粮筒底部向后运动进入叶轮，叶轮随选粮筒转动将短种子带到上方，从出口③、④排除。

2. 重力式精选机

由风机、吸气管路、分离筒、闭风箱、振动电机、分级台等部分组成。适于对经过初步清选与分级的谷物种子再按密度进行精选。

工作时，料斗里的种子被输料管内的垂直气流送到分离筒，夹杂在种子中的重杂逆流由管子下端排出。由于分离筒体积逐渐增大，随着气流速度下降，种子沉积下来，进入压力式闭风箱；种子中的轻杂随气流经支管、风机排出机外。闭风箱中堆积的种子重力克服弹簧力时推开压力门流进分级台。

分级台由台体、密封罩、回料管、分级挡板等组成。台体由网状的台面承接种子，下面是隔板，起支承台面和导流的作用，再下面是冲孔板，起匀布气流作用。台体的一侧长槽内设有可调节的分级挡板。整个台面用密封罩封闭，空气只能从下面冲孔板进入分级台。分级台面沿纵向和横向各有一倾角。

工作时，分级台在振动电机的作用下纵向振动，将来到分级台上的种子均匀地分布在台面上，风机工作气流由冲孔板吸入，流向筛网式台面作用于种子层，种子在机械振动和向上气流的作用下，按密度不同上下分层，轻的在上层、重的在下层，并以不同运动路线流向出种槽的不同位置、排出，没有分开的混淆的种子经回料口回到分级台重新进行分级。台面上轻杂由吸风管、风机排出。

重力精选机的振动方向、振幅、分级台的纵向和横向倾角、吸风管的风压等都可调整。以适应不同密度的种子进行分级。

任务四 谷物联合收获机械

谷物联合收获机是收割机和脱粒机的组合，能在田间一次性完成收割、脱粒、分离茎秆、清选谷粒等作业，直接获得清洁的谷粒。

联合收获机能做到及时收获、生产率高、损失少、机械化程度高。但是其结构较复杂，价格昂贵，作业成本较高，且要求作业田块大，谷物达到成熟期并且成熟度一致，才能充分发挥机器的作用。

一、谷物联合收获机的类型

目前，世界各国研制生产的谷物联合收获机已有一百多种，可以按以下方法分类。

(一)按动力配置方式

1. 牵引式联合收获机

牵引式联合收获机由拖拉机牵引作业，又分为自带动力的与不配带动力两种。自带动力的，其工作部件由配带的发动机供给动力；不配带动力的，其工作部件所需动力由拖拉机的动力输出轴供给。

这类联合收获机结构比较简单，造价较低，拖拉机可以全年利用。但机组较长，机动灵活性较差，机器配置在收割台的前方，收获时需要开道。一般适合在平原、旱作的大块地上使用。

2. 直走式联合收获机

直走式联合收获机的行走和工作部件所需动力均由自备的发动机供给，其机动性能好，转移方便，收割时不需开道，但动力和底盘利用率低。

3. 悬挂式联合收获机

悬挂式联合收获机悬挂在拖拉机或通用底盘上，依其结构不同，又可分为悬挂式和半悬挂式两种。割台悬挂在拖拉机的前方、脱粒机悬挂在拖拉机的后方，中间输送装置在拖拉机的一侧，称全悬挂式。半悬挂式联合收获机的割台悬挂在拖拉机的前方，脱粒机位于拖拉机的右侧，其外侧有一个行走轮支持其大部分重量，内侧有前后两点与拖拉机铰接。

悬挂式联合收获机保持了自走式的优点，克服了自走式的缺点，但是装卸费工、整体性较差。南方地区多采用这种型式。

(二)按谷物喂入方式

有全喂入式、半喂入式和割前脱粒三种。全喂入联合收获机按谷物进入脱粒装置的流向不同，又分为切流型与轴流型两种。

1. 全喂入式联合收获机

机器进入田间作业时，将割台割下的作物全部喂入脱粒装置，经脱粒、清选，获得清洁的谷粒。该机器作业环节较多，功耗大，清选、分离难度大，机型一般较大，适于小麦收割。

2. 半喂入式水稻联合收获机

我国南方研制的水稻联合收割机大多是半喂入式的，这种机型的特点是有较长的夹持输送链和夹持脱粒链。作业时，仅将作物穗部喂入脱粒装置。功耗小，清选分离好，通过性好，秸秆完整，效率高。但输送机构比较复杂，造价高，适于水稻收割。

3. 割前脱粒联合收获机

割前脱粒联合收获机是一种使用了新型收割原理的联合收割机，将传统的先割后脱的工艺颠倒为先脱后割。它将作物穗部从茎干上摘下，送到脱粒机二次脱粒。相对于半喂入收割机，它省去了结构复杂的茎秆夹持输送装置。割前脱粒联合收割机具有结构简单，功耗小，效率高，对作物的高矮、干湿适应性强，经济性好和使用可靠性高等特点。存在的问题是损失较大，需要对茎秆进行二次切割。

二、谷物联合收获机的总体构造和工作过程

如图 7-16 所示，谷物联合收获机，不论其结构与动力配置方式如何，其主要工作部件包括收割台、脱粒装置和分离清选装置。

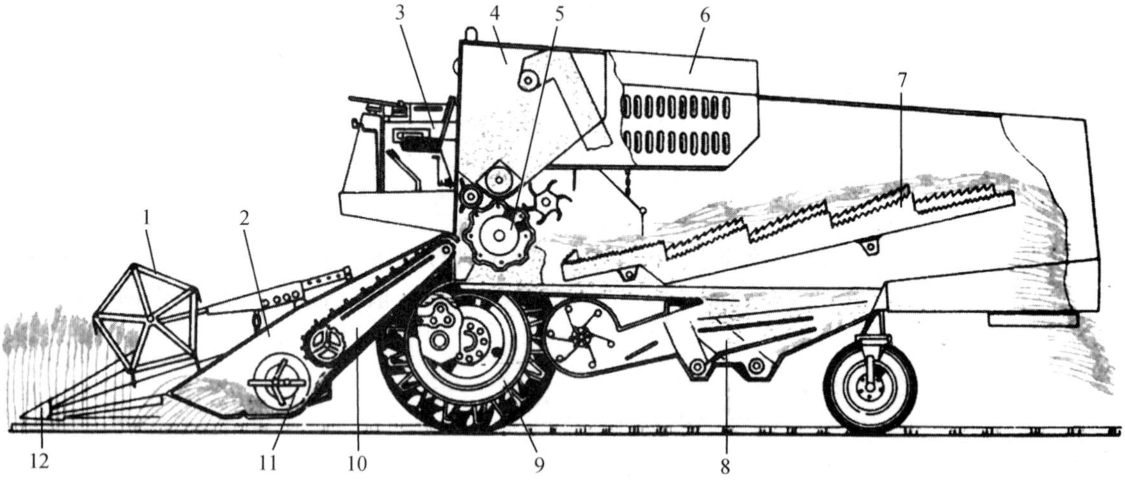

图 7-16 谷物联合收获机

1. 拨禾轮 2. 割台 3. 驾驶室 4. 粮箱 5. 脱粒装置 6. 发动机 7. 分离装置 8. 清选装置 9. 行走轮 10. 中间输送装置 11. 螺旋输送器 12. 分禾器

工作时，被割下的谷物输送到脱粒装置脱粒、分离与清选后，装袋或卸到运输车辆上，茎秆则被抛出机外。

联合收获机要完成上述作业，还需要有发动机、传动系统、电气系统、液压系统、中间输送装置、底盘支架、履带行走装置、粮箱以及驾驶室等部件的支持。机器前方是收割台，割台和拨禾轮由液压操纵升降。脱粒装置一般配置在后方，以平衡整机重量。行走部分由变速箱、驱动轮和转向轮等组成。机器前进速度一般 1～20 km/h，以适应不同的作业要求。脱粒和分离清选部件包括脱粒滚筒、逐稿器、清选筛、输送器等，将谷粒输送到卸粮部位。有些机型还配有集草箱、捡拾器、茎秆切碎器等附件。

联合收获机的谷物流程和动力传动见图 7-17。

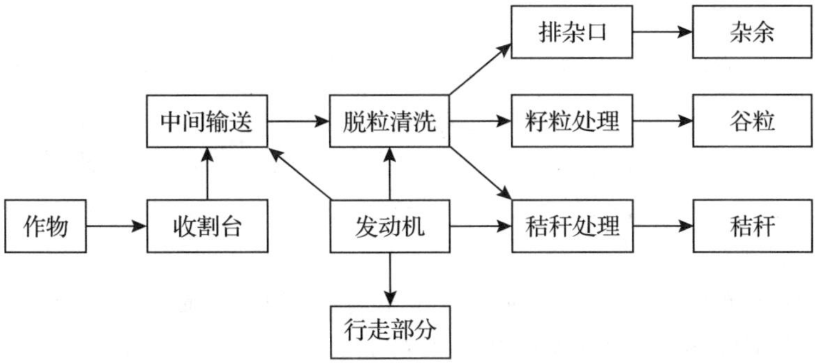

图 7-17 联合收获机谷物流程和动力传动简图

三、谷物联合收获机的工作装置

(一)收割台

联合收获机的收割台按其用途可分为普通割台和专用割台。普通割台主要是小麦和水稻割台,有立式、卧式,刚性、挠性等割台;专用割台包括水稻夹持式割台、玉米夹持摘穗割台、大豆对行夹持割台、摘穗式割台等。

谷物联合收获机割台与收割机割台相比,切割器大致一样,主要区别是输送装置。联合收获机将作物切割下来后,不是铺放在田间,而是要送往脱粒装置。下面按全喂入和半喂入两种方式介绍联合收获机割台的特点。

1. 全喂入谷物联合收割机的卧式割台

全喂入谷物联合收获机一般采用卧式割台,切割器将作物割下后,被拨禾轮拨倒在割台上,由螺旋推运器向中部或一侧输送,再由伸缩拨指送给中间输送装置。螺旋推运器的作用是将聚集在割台上的被割下的作物送往中间输送装置,伸缩拨指机构要实现将作物从割台框内无残留地输送给中间输送装置。

安装有二次切割装置的全喂入联合收获机,是在传统全喂入联合收获机割台的下方增设了一层割刀。工作时,上层割刀只将穗头部分割倒在收割台上,下层割刀将茎秆的中间段割倒铺放在田间(图 7-18)。

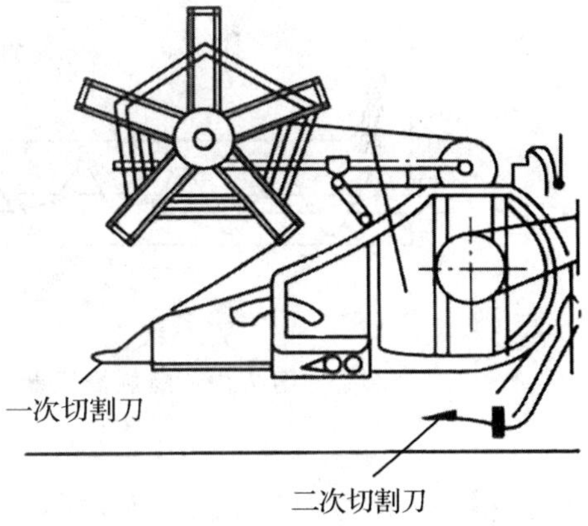

图 7-18 二次切割收割台

2. 半喂入谷物联合收获机的割台

半喂入式谷物联合收获机的割台有立式和卧式。为了保持脱粒后秸草的完整,要求将割下作物茎秆能整齐均匀地经由横向输送器连续地输送到中间输送装置的夹持链入口处,以保证中间输送和脱粒喂入的均匀整齐。

(二)输送装置

输送装置的功用是将谷物(割下未经脱粒的带穗作物)、茎秆、谷粒和杂余等不同物料运往各工作部件,以完成各项工艺流程。

对输送装置的性能要求是简单、可靠、功率消耗小,不损伤输送物料,结构紧凑。

1. 几种主要的输送装置

联合收获机上目前已广泛应用的输送装置主要有螺旋式、刮板式、斗式和抛扔式(又称扬谷器)四种。

(1)螺旋推运器　又叫"搅龙",它由焊在轴上的螺旋片及外壳组成(图 7-19)。从一端上方喂入的物料,随着螺旋叶片的旋转被推运到另一端。根据螺旋叶片的旋向或轴的转向,物料可向不同方向输送。

螺旋推运器结构简单、工作可靠,能进行水平、倾斜和垂直输送。它既可以输送细小物料(如谷粒、杂余),也可以输送茎秆(如在联合收获机的割台上),适应性较广。但是输送时易使物料破碎,消耗功率比其他输送装置稍高。

(2)刮板式输送器　主要用于输送谷粒、杂余和果穗,它能将物料沿倾斜或接近垂直的方向升运,故一般也叫刮板升运器。

如图 7-20 所示,刮板式输送器由带双翼的套筒滚子链上面安装有橡胶制(或木制、钢板制)刮板、外壳以及中间隔板等组成。输送时物料从下端送入,由回转的刮板将物料刮送升运,在外壳上端经排料口卸出。

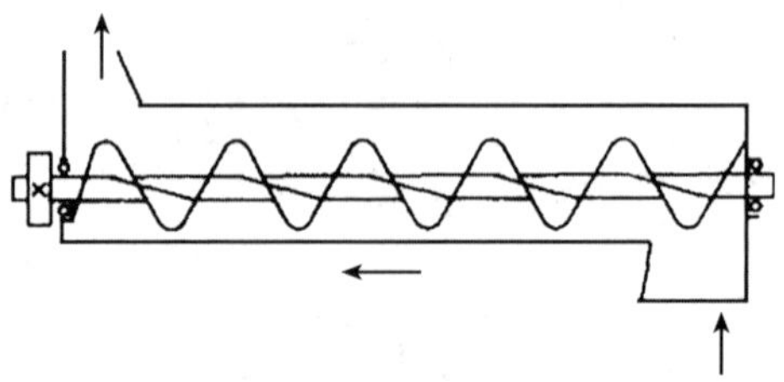

图 7-19　螺旋推运器

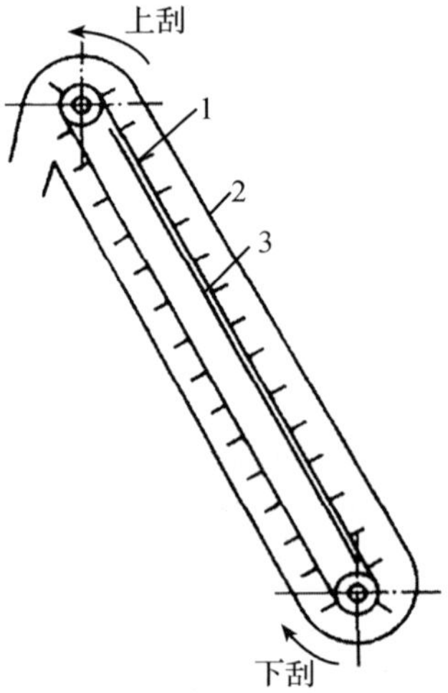

图 7-20　刮板式输送器示意图

1. 刮板　2. 外壳　3. 隔板

根据传动方向的不同,刮板式输送器可分为上刮式和下刮式两种。使用上刮式时,物料由刮板经过中间隔板的上方刮送出去,卸粮较干净,但容易在链条和链轮处夹碎物料,一般仅在垂直升运时应用;使用下刮式时,物料由刮板经过下面的外壳刮运,从外壳的上端送出。下刮式一般在倾斜升运时应用,是应用得较多的一种形式。

(3)斗式升运器　多用于垂直升运比较清洁的谷粒,在固定式脱粒机、清粮机和烘干机及其他粮食、饲料加工机械上都有应用。

斗式升运器一般由垂直回转的平皮带上固定升运斗而构成(图 7-21)。工作时升运斗由下方或侧面舀取物料,运动至上方顶部翻转靠离心力和重力将物料倾倒出来。

(4)抛扔式输送器(扬谷器)　由扬谷轮、传动轴和输送管道等组成(图 7-22)。工作时利用叶轮的高速回转来抛扔物料。同时,叶片产生的气流也能起一定的排除轻杂物的作用。

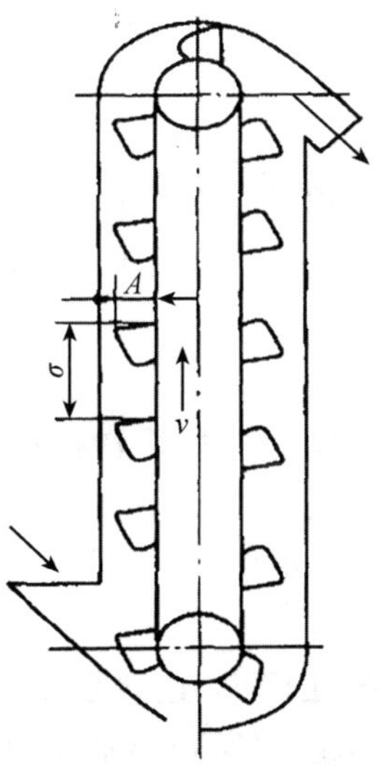

图 7-21 斗式升运器

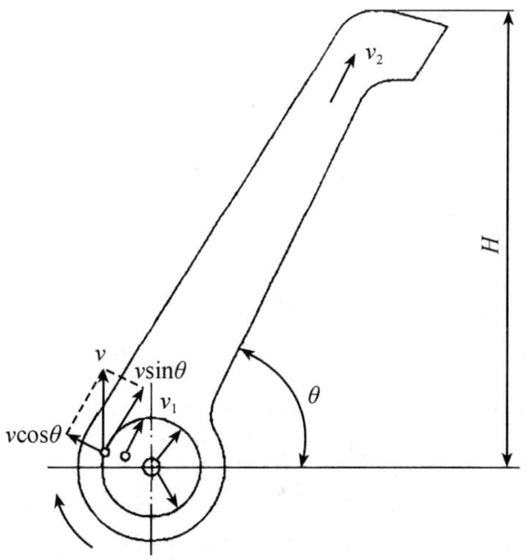

图 7-22 扬谷器

水稻联合收获机和小型稻麦脱粒机上，多用抛扔式输送器将杂余送到清选筛。它具有结构简单、重量轻、功率消耗少的优点。缺点是升运高度(扬程)不能太高(一般为 1～1.5 m)，容易发生堵塞，尘土较多等。

2. 全喂入型卧式割台的中间输送装置

倾斜输送器是连接全喂入联合收获机获台与脱粒装置的过桥。它将割台输送来的谷物继续输送到脱粒装置。它有链耙式、带耙式和转轮式三种。链耙式用于自走式联合收获机，带耙式用于中小型全喂入悬挂式联合收获机，转轮式很少应用。

(1)链耙式输送器　靠其上的耙齿对谷物进行强制输送，它的工作可靠，并能达到连续均匀喂入，在具有螺旋推运器割台的全喂入联合收获机上，基本都采用这种输送器。

(2)带耙式输送器　全悬挂式联合收获机因受拖拉机的限制，割台配置在拖拉机的前方，而脱粒机配置在拖拉机的后方，所以其中间输送装置都很长，常称为输送槽。槽内装有链耙式或带耙式输送器。带耙式输送器采用特制的宽胶带制成，带上每隔一定距离装一个角铁耙杆，输送带由张紧轮来张紧(图 7-23)。

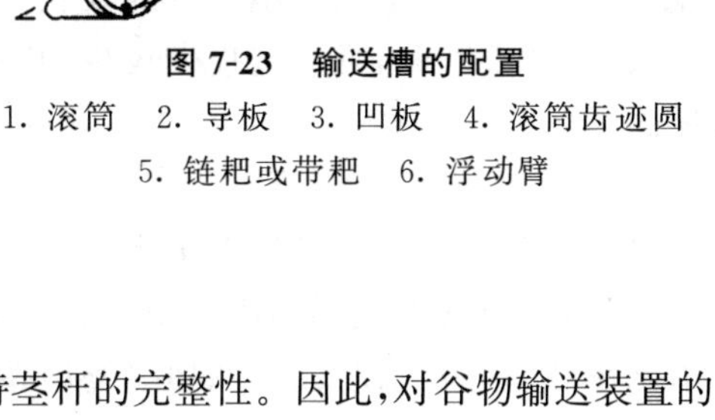

图 7-23 输送槽的配置

1. 滚筒　2. 导板　3. 凹板　4. 滚筒齿迹圆　5. 链耙或带耙　6. 浮动臂

3. 半喂入型立式割台的中间输送装置

半喂入联合收获机只将谷穗喂入滚筒脱粒，它能保持茎秆的完整性。因此，对谷物输送装置的要求较高，不仅要保证夹持可靠、茎秆不乱，而且还要在输送过程中改变茎秆的方位和使穗部喂入滚筒的深度合适。现有的半喂入联合收获机上采用的夹持输送装置基本上能满足这些要求。

(三)其他装置

1. 捡拾装置

对于与割晒机配套使用的小型联合收获机，在其割台的前面装有捡拾装置，用来捡拾起被割晒机割后晾干的带穗禾秆，由割台的螺旋推运器中间输送装置送入脱粒装置。常用的捡拾装置为弹齿滚筒式。

2. 集粮、卸粮装置

在联合收获机上，设有集粮箱和卸粮台，经过清选的谷粒由升运装置送入集粮箱内暂存，储粮箱的安置方式有顶置式、背负式和侧置式。在大中型收获机的粮箱内，还装有螺旋分布器、水平和倾斜螺旋推运器，以便能迅速转移谷物。

3. 秸草处理装置

为了保护环境，现在国家有关部门已经规定，要求改变收割后焚烧作物秸草的传统习惯。在联合收获机上，对经过分离谷物籽粒后排出的禾草，通常处理办法如下。

(1)在脱粒装置后面悬挂有集草器，由脱粒装置排出的秸草集聚其上，靠自重分堆卸草，然后用集草机或人工将其捆绑、运走，作为他用。

(2)在排草口处安装一个秸草切碎机构，将秸草切碎后抛还田里，这就是目前大力推广的秸草回田工程。此方法既能解决焚烧秸草引起的环境污染问题，又可以增加土壤有机肥，减少化肥使用量，减轻土壤板结程度。

任务五　玉米收割机械

玉米收获与小麦等作物不同，一般需要自茎秆上摘下果穗，剥去苞叶，然后脱下籽粒，玉米茎秆切断后可铺放于田间，以后再集堆；或将茎秆切碎撒开，待耕地时翻入土中；也有在收果穗的同时，将茎秆切断、装车、运回进行青贮。

机械化收获玉米可用谷物联合收获机或专用的玉米联合收获机。

一、机收玉米的方法

用谷物联合收获机收获玉米有以下几种方法。

1. 捡拾脱粒

用割晒机(或人工)将玉米割倒，并放成人字形条铺，经几天晾晒后，再用装有捡拾器的谷物联合收获机捡拾脱粒(全株脱粒)。但是捡拾器的搂齿应换上较粗的才能适应玉米的捡拾作业。这种方法的优点是不需增加收获玉米的专用设备，晾晒后玉米比较干燥，脱粒后籽粒也较干燥，有利于贮藏，且清选损失较少；缺点是劳动生产率低，受气候的影响较大，收获时应有干燥的天气。

2. 摘穗脱粒

谷物联合收获机换装上玉米割台，一次完成摘穗、脱粒、分离和清选等作业，留在地里的玉米茎秆，可用其他机器切碎还田。由于只有玉米果穗进入机器内，所以机器的负荷较轻，籽粒清洁率较高，脱粒损失较少；但摘穗时落粒掉穗损失较大。

3. 全株脱粒

有的谷物联合收获机换装上的玉米割台安装有切割器，先将玉米割倒，并整株喂入机器内，进行脱粒、分离和清选等作业，生产率较高。存在问题是：当玉米植株不很干燥时，被脱粒装置打碎的茎、叶、苞叶和穗芯等会黏附在逐稿器、筛子和滑板上，影响分离和清粮并增大损失；且籽粒湿度也较大。

总之，在田间将玉米直接脱粒这种收获方法，要求玉米品种应具有成熟度基本一致的特点，收获时籽粒含水量应比较小，还应具有充足的烘干设备，能及时将籽粒含水量下降到 15% 以下，以便贮藏。

二、玉米联合收获机

(一)玉米联合收获机的一般构造和工作过程

1. 一般构造

玉米联合收获机一般为站秆摘穗，由分禾装置、输送装置、摘穗装置、果穗输送器、除茎器、剥皮装置、苞叶输送器、籽粒回收装置和茎秆切碎装置等组成(图 7-24)。

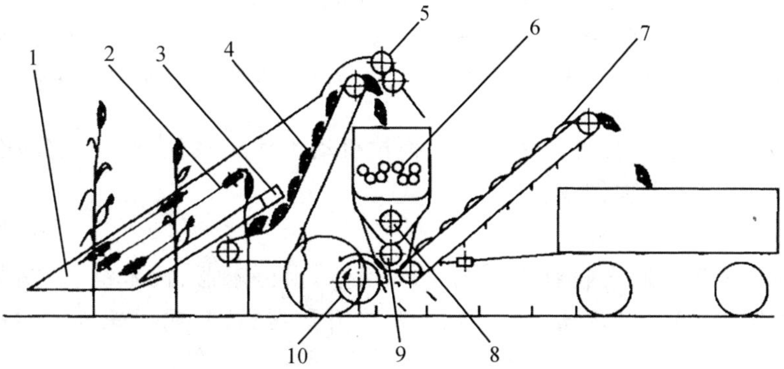

图 7-24　玉米联合收获机的一般构造和工作过程

1. 分禾装置　2. 输送装置　3. 摘穗装置　4. 果穗第一输送器　5. 除茎器　6. 剥皮装置　7. 果穗第二输送运器　8. 苞叶输送运器　9. 籽粒回收装置　10. 茎秆切碎器

2. 工作过程

分禾装置从根部将茎秆扶正并引向带有拔齿的拨禾链，拨禾链将茎秆扶持并引向摘穗装置。摘穗装置的摘辊回转将茎秆引向摘辊间隙之中，并不断向下方拉送，由于果穗直径较大通不过间隙而被摘落。摘下的果穗滑落到剥皮装置中，若果穗中夹杂有被拉断的茎秆，则由上方的除茎器排出。剥皮装置的剥皮辊回转时将果穗的苞皮撕开和咬住，从两辊间的缝隙中拉下，经下方的输送螺旋推向一侧，排出机外。苞叶中夹杂的少许已脱落的籽粒在苞叶输送中从螺旋底壳(筛状)的孔漏下，经下方的籽粒回收螺旋落入第二升运器。已剥去苞皮的果穗沿剥皮辊滑入第二升运器与回收籽粒一道被输送到后方的拖车。经过摘辊碾压后的茎秆，其上部多已被撕碎或折断，基部约有 1 m 仍站立在田间。在机器的后下方设有横置卧式甩刀式切碎刀，将残存的茎秆切碎并抛撒于地面。

(二)玉米联合收获机的类型

玉米联合收获机按照机器的构造和完成收获作业的程度，可分为卧辊式玉米摘穗剥皮联合收获机、立辊式玉米摘穗剥皮联合收获机和玉米籽粒联合收获机。

1. 卧辊式玉米联合收获机

4YW-2 型纵卧辊式玉米联合收获机如图 7-25 所示，由分禾器、拨禾链、摘穗器、第一升运器、除茎器、剥皮装置、第二升运器、苞叶输送螺旋、籽粒回收螺旋和切碎器等组成。

摘穗方式为站秆摘穗，即摘穗时并未将玉米植株割倒，植株基部约有 1 m 仍站立在田间。

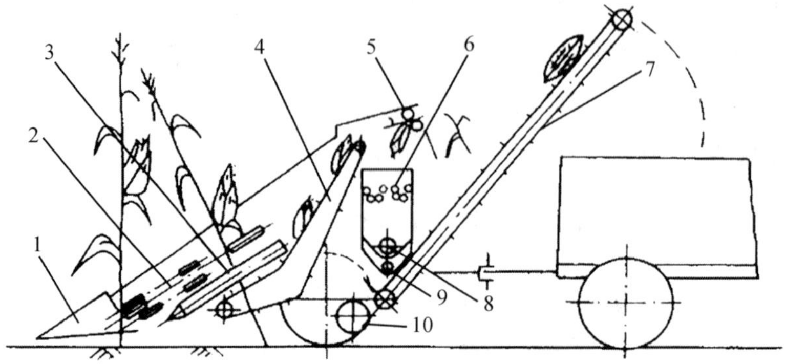

图 7-25　纵卧辊式玉米摘穗剥皮联合收获机

1. 扶导器　2. 喂入链　3. 摘穗辊　4. 第一升运器　5. 排茎辊　6. 剥皮装置　7. 第二升运器　8. 苞叶螺旋推运器　9. 籽粒回收螺旋　10. 茎秆切碎器

由拖拉机牵引，收两行，工作部件所需动力由拖拉机动力输出轴供给，一次完成摘穗、剥皮（剥果穗的苞叶）或茎秆切碎等项作业。

2. 立辊式玉米联合收获机

4YL-2 型立辊式玉米联合收获机如图 7-26 所示，由分禾器、拨禾链、切割器（圆盘式），喂入链、摘穗器、放铺台、第一升运器、剥皮装置、第二升运器、苞叶输送螺旋、籽粒回收螺旋和挡禾板等组成。

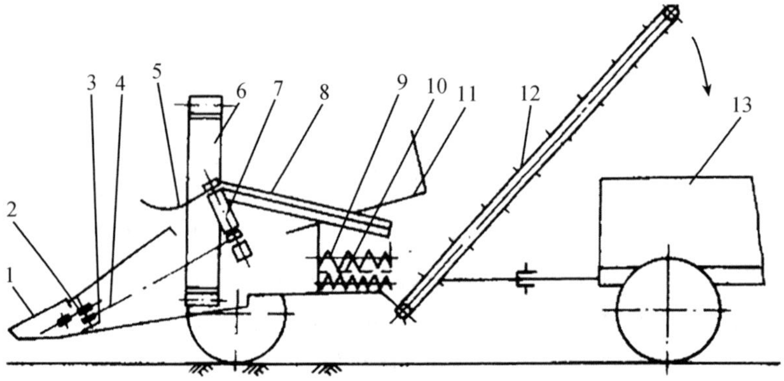

图 7-26　立辊式玉米摘穗剥皮联合收获机

1. 分禾器　2. 拨禾器　3. 切割器　4. 夹持输送链　5. 挡禾板　6. 第一升运器　7. 摘穗辊　8. 剥皮装置　9. 苞叶螺旋推运器　10. 籽粒回收推运器　11. 茎秆铺放装置　12. 第二升运器　13. 拖车

摘穗方式为割秆后摘穗。由拖拉机牵引，收两行，工作部件所需动力由拖拉机动力输出轴供给，一次完成割秆、摘穗、剥皮和茎秆放铺或切碎等作业。

工作时，分禾器从根部将玉米秆扶正，拨禾链将茎秆推向切割器。茎秆被割断后，在切割器和拨禾链的配合作用下送向喂入链，向摘穗器输送。摘穗器将果穗摘下，落入第一升运器并运送至剥皮装置，茎秆则落在放铺台上，经带拨齿的链条将茎秆间断地堆放在田间。剥皮装置将果穗剥皮，苞叶经苞叶输送螺旋推向机外，果穗下落至第二升运器与回收的籽粒一起被送到拖车。若需茎秆还田，可将放铺台拆下，换装切碎器，能把茎秆切碎并抛撒于田间。

上述两种类型的玉米联合收获机在条件适宜情况下，工作性能基本相同。但在条件较差的情况下，则各有特点。一般在玉米潮湿、植株密度较大、杂草较多情况下，立辊式玉米联合收获机摘辊处易发生堵塞，而纵卧辊式玉米联合收获机则适应性较强、故障较少；但在收获结穗部位较低的果穗时，立辊式机型漏摘果穗的损失较小。此外，立辊式能进行茎秆放铺，而纵卧辊式机型则不能放铺茎秆。

3．玉米籽粒联合收获机

目前，使用较广泛的玉米籽粒收获机是把专用的玉米摘穗台（又称玉米割台）配套于谷物联合收获机上，由摘穗台摘下玉米果穗，利用谷物联合收获机上的脱粒、分离、清粮装置来实现直接收获玉米籽粒。

专用玉米摘穗台简化了玉米收获机的结构，提高了谷物联合收获机的利用率，经济效益高，是玉米收获机械化发展的趋势。玉米摘穗台有摘穗板式、切茎式、摘板切茎式等几种，目前主要采用的是摘穗板式摘穗台（图 7-27）。

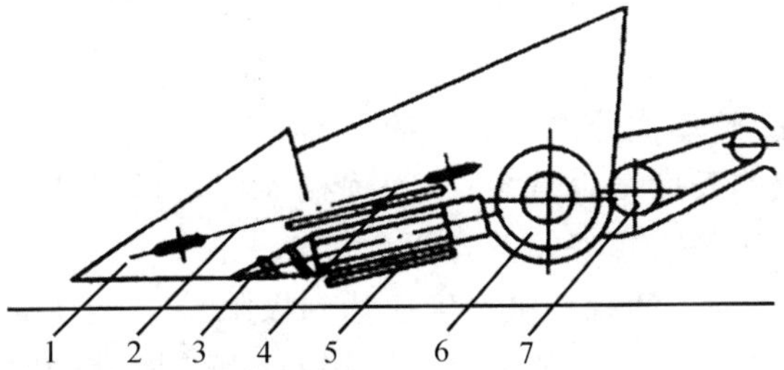

图 7-27 立辊式玉米摘穗剥皮联合收获机

1．分禾器 2．拨禾器 3．切割器 4．夹持输送链 5．挡禾板 6．第一升运器 7．摘穗辊

玉米摘穗台工作时，分禾器从茎秆根部将茎秆扶正，导向拨禾链，拨禾链将茎秆引进摘穗板和拉茎辊的间隙中。拉茎辊将茎秆向下拉引，拉茎辊上方的两块摘穗板摘落果穗。摘下的果穗被拨禾链带向果穗螺旋推运器，将果穗从割台两侧向中部输送，经中部的伸缩拨指送入倾斜输送器，再送入谷物收获机的脱粒装置去脱粒。

将摘穗台配置在谷物联合收获机上收获玉米时，应对脱粒、分离、清粮等装置根据所收获玉米的参数要求进行适当的调整。联合收获玉米时，要求玉米的成熟程度基本一致，应有相应的干燥设备，及时使籽粒湿度降到安全贮存的要求。

任务六 联合收获机的发展

随着科学技术的不断发展及新技术的应用，近年来，联合收获机在结构、性能等各方面都有许多改进，机器的适应性、可靠性、操作的舒适性和安全性不断改善和提高。

1．高度的系列化、通用化

世界上绝大多数的联合收获机生产厂家，均按联合收获机生产率、配用动力及割幅成系列地生产各种规格的联合收获机。如美国约翰·迪尔公司的 1000 系列联合收获机有 11 个基本机型，其中有收割小麦为主的多个机型，以及 6 种水稻联合收获机变型和 5 种玉米收割台。这些联合收获机配有捡拾器、茎秆切碎器和茎秆抛撒器等附件，还配有不同规格的轮胎和半履带。同一系列的产品，全车 70％的零件是通用的。另外，很多机型配有挠性收割台、收大豆、高粱等作物的对行式收割台和捡拾条铺用的捡拾型收割台。各种收割台均为快速挂接形式，更换容易。由于机具的高度系列化、通用化，不仅能满足不同要求用户的需要，而且便于工厂组织专业化生产，大大提高了工厂的生产能力。

2. 向自走、高效、大型发展

以收割小麦为主的联合收获机，普遍向自走、大型发展。脱粒装置喂入量 8～10 kg/s，个别已达 10 kg/s 以上，谷物流量达 50 t/h，配用动力 125～160 kW。

3. 加强分离清选能力，提高机器效率

为了提高脱粒装置的脱粒和分离能力，以及提高滚筒工作的稳定性，滚筒的直径和惯量有加大的趋向，目前绝大多数滚筒直径在 560 mm 以上。

为了提高逐稿器的分离效果，大机型的逐稿器上安装有各种辅助机构，如位于逐稿器前的分离滚筒、位于逐稿器中部上方的翻转轮、位于逐稿器上方的曲轴拨杆、位于逐稿器键箱上的鹿角形拨草杆等。使茎秆受到更多的搅动，提高分离率。传统的逐稿器被取消而换上了一个或两个轴流式脱粒-分离滚筒，或者以多滚筒转动分离器或双向流动滚筒取代之，同时完成脱粒和分离工作。

与传统的逐稿器相比，转动式分离有更大的强制性，分离效果好而对收割条件不敏感；分离系统体积较小，振动、噪声及磨损也减少；取消逐稿器，整机结构大为改善，紧凑、易操作，驾驶室舒适性提高，易保养，可增大集谷箱的容积。

从运输条件看，许多机型上的脱粒机宽度已达到极限尺寸。为提高脱粒滚筒的工作性能，各类轴流式联合收获机大量投产。轴流式延长了脱粒时间，降低瞬时脱粒强度，脱粒较柔和，破碎率减少，具有良好的发展前景。

在清粮装置方面，为克服单个离心风机出风口风速不均匀的缺陷，经过许多研究，已提供了多种改进方案。如采用并排的两个风机，径向进气风机、风机轴上安装导风盘等方法，提高出风口沿横向的风速均匀性。有的机型在出风口安装导风板或采取双风道，改善清粮室对气流流场结构的要求。清选筛采取阶梯配置、增加清粮筛面积等方法，提高清选效果。清粮室加装自动调平装置，这种装置主要由传感器、电磁阀、液压油缸组成，在一定条件下，能自动保持清粮室在水平位置，使谷物均匀地分布在清粮筛上，分离干净，减少损失。

4. 广泛采用先进技术，充分发挥机器效率

采用液压技术，如国外许多机型上，收割台升降、拨禾轮位置和转速的调节、脱粒滚筒转速的调节、卸粮筒的摆动、机器的操向及卸草装置的控制等都广泛采用了液压技术。

大型机上广泛采用静液压驱动。一般来说，静液压驱动比机械式传动的成本高 12%～15%，而且效率比机械式传动低。但是，静液压传动有许多优点，如可以完全无级调节拨禾轮的转速和机器行走速度；发动机距离驱动轮较远时，采用静液压驱动可以简化传动机构；可任意配置传动部件；机器的重量和体积都要小一些，因而适于大型联合收获机上采用。静液压驱动行走装置时，一般由发动机通过胶带驱动变量泵，变量泵驱动定量马达，定量马达驱动变速箱，最后通过末端传动驱动行走轮。

采用新型发动机，功率大、重量轻。如帕金斯公司的 V 型八缸柴油机，功率 118 kW，重量只有 703 kg。

5. 应用人机工程学原理改进驾驶室，提高工作效率

(1)驾驶室减震、密封，装有冷、暖空气调节装置和安全设施。

(2)增大可视性,以便驾驶员更好地监视机器的工作。

(3)方向盘的上下、前后位置可调节,并用静压传动,转向操作轻松方便。

(4)各种操作手柄、按钮和踏板都在手脚旁边,且形状、大小合适。

(5)座椅悬浮并能高低、前后调整,适应各种身材的驾驶员。

(6)在座位上可控制卸粮,并可抽出小抽屉检查谷物的清洁度。

6. 广泛采用茎秆处理装置

联合收获机一般不带草箱,收集茎秆时可采用捡拾集垛车和压捆机进行处理。茎秆还田有两种方法:一是利用茎秆抛撒器将脱粒后的茎秆均匀撒到田间;二是利用茎秆切碎器先切碎后再撒到田间。

7. 应用微电子、自动化技术

采用自动控制技术,如装有电-液控制的割茬高度自动控制器、电控制的拨禾轮无级变速装置,装有电-液控制的自动调平装置等。

采用荧屏和数码管显示信息,显示的内容有:转动部件的转速、收获机的前进速度、切割高度、谷物损失量、燃油箱的存油量、粮箱的填充量、工作小时数、工作量等。有的还配置小打印机,从中可更详细地分析收获机的工作状况。

警报的输出与控制。当收获机的某工作部件有故障时,系统会发出警报声或亮信号灯或用语言报警等。若驾驶员忽略警报信号,经过短暂的时间后,微机会被迫使发动机停止工作,从而保证人、机的安全。有的是通过测量有关轴上的扭矩或者脱粒装置上的负荷而自动调整收获机的前进速度。有的微机系统跟踪直立的作物,自动控制收获机的前进方向,接近障碍时自动停车等。

项目八　经济作物收获机械

为轻工业提供原料的作物称为经济作物。我国经济类作物种类较多，但其中种植面积较大且对国民经济有重大影响的是棉花、甜菜、甘蔗、花生、大豆、油菜等作物。

我国的棉花主要产区为长江棉区、黄淮棉区和新疆棉区，甜菜主要产区为黑龙江、内蒙古和新疆等省（自治区），大豆主要产区为黑龙江省，而甘蔗主要产区则为广西、广东和云南等省（自治区）。

这些作物虽同属经济类作物，但在形态、种植农艺和生产机械化技术等方面却存在较大的差异，如棉花属纤维类产品作物，甜菜为块根作物，而甘蔗则为多年生高秆粗茎作物。我国各地区多年的生产实践创造出众多的适应我国特点且各具特色的生产机械化技术与机器设备，为经济作物的增产增收起到了重要的保证作用。

任务一　棉花收获机械

棉花是我国的主要经济作物，在国民经济中占有重要的地位。棉花种植在其他环节上均已实现机械化，但是棉花收获目前却完全是由人工采摘。棉花生产单位面积用工为小麦的5～6倍、玉米的2倍，收获用工占总用工量的1/5～1/3，且多在农忙季节。

采用机械化收获比人工收获工效提高约100倍，而且能保收、保质、节省劳力。但棉花收获机结构复杂，价格昂贵，一次性投资大，经济不发达的地区推广困难。加之机械收获往往有大量碎叶、枝秆混入，要求轧花厂必须有相配套的清除能力。

采棉机的类型有机械式、气流式、电气式几种。为了解决机收棉含杂率高、品级低的问题，还需要采用皮棉清理机。

一、棉花机械化收获工艺

棉花机械化收获的主要作业工艺包括化学脱叶、机器采棉和清理加工等三个环节。

1. 化学脱叶

喷洒化学脱叶催熟剂，脱掉绝大部分棉叶，增加吐絮率，使棉株变得比较干燥，便于采收，还可以提高采棉效率。

2. 机器采棉

有分次采棉、一次采棉和摘铃等三种工艺。

在我国，采棉以分次采棉结合摘铃为宜。分次采棉机，能保持棉株直立不倒、不伤果枝和青铃，只采吐絮畅、棉瓣蓬松的籽棉。

3. 清理加工

机采籽棉的清理加工工艺包括烘棉、清棉、轧花、打包。烘棉可使纤维变得蓬松光滑，减少杂质和纤维的黏结，便于清理、轧花；通过清理和轧花，可以清除籽棉中的外附杂质。

(一)采棉机的种类

按采棉工艺不同,可将采棉机分为分次采棉和一次采棉两种形式。

1. 分次采棉

使用水平或垂直摘锭采棉机,只从全开的棉桃中摘取籽棉,在霜后用摘铃机摘下未开的棉桃。随着棉株上棉桃的开裂,可进行多次采收。这种收获方法使用的机器适应性好,对棉株的损伤较少,但是机器的结构复杂,制造困难,使用可靠性差。

2. 一次采棉

使用梳齿式或摘锭式采棉机将棉株上的全开、半开棉铃一次全部采摘。这种方法使用的机器结构比较简单,收摘效率和摘净率比较高,收获成本低,但收获的籽棉中含有大量的铃壳、断枝及碎叶等杂质;霜前花和霜后花混在一起,使籽棉的等级降低。

二、采棉机械

目前,广泛用于生产的棉花收获机仅有美国生产的水平摘锭式采棉机和乌兹别克斯坦生产的垂直摘锭式采棉机。其他类型的采棉机,如气吸式、气流吹吸式、气吸振动式采棉机,自20世纪50年代至今一直处于研究阶段。在此主要介绍常用的两种类型采棉机。

(一)水平摘锭式采棉机

水平摘锭式采棉机可分为平面式、滚筒式和链式。常用的是滚筒式。

滚筒式水平摘锭式采棉机(图8-1)由扶导器、工作室、采棉滚筒、脱棉器、湿润器、输棉管、棉箱等组成。这种采棉机采摘率较高,而且落地棉较少,籽棉含杂率9%左右。但是结构复杂,质量大,制造要求高。

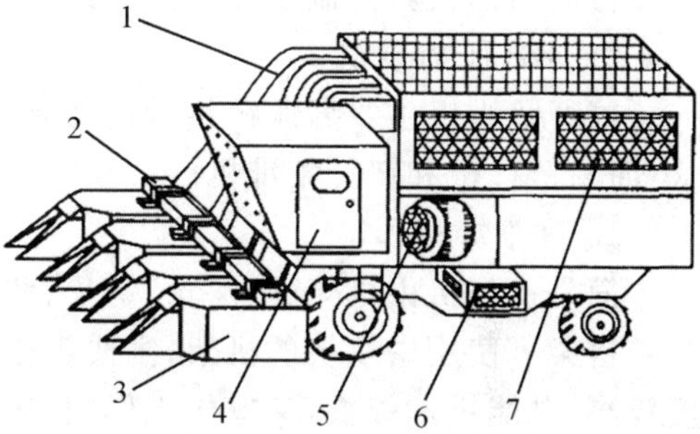

图8-1　水平摘锭式采棉机

1. 输棉管　2. 前横梁　3. 水平摘锭式采摘器　4. 驾驶室　5. 风机　6. 发动机　7. 集棉箱

滚筒式水平摘锭式采棉机的工作过程是:采棉机沿着棉行前进,扶导器压缩棉株,并把棉株引入由采棉滚筒及固定护板形成的工作室(采棉区);旋转着的采棉滚筒有规律地把摘锭送入采棉区,旋转的摘锭伸出栅板,插入被挤压的棉株,其钩齿抓住籽棉,把棉絮从开裂的棉铃中拉出来,缠绕在摘锭上。然后摘锭进入脱棉区,高速旋转的橡胶圆盘式脱棉器将摘锭上的籽棉脱下,落入集棉室,由气流管道进入棉箱。摘锭从湿润器下边通过时,表面涂上一层水,清除掉绿色汁液和泥垢,重新进入采棉区。

(二)垂直摘锭式采棉机

垂直摘锭式采棉机(图8-2)通常由前后排列的两组采棉滚筒构成其采棉部件,每组两个滚筒,从棉行的两边同时采摘棉花。与水平摘锭式采棉机相比,这种机型结构简单,容易制造,但采摘率稍低,落地棉较多,对棉株损伤较大,适应性较差。

采棉工艺过程是:棉株由扶导器导向工作室,被旋转着的滚筒挤压;高速旋转的摘锭同棉铃相接触,其齿抓住全开的铃壳内的籽棉拉出,缠绕在摘锭上。旋转刷式脱棉器从摘锭上脱下籽棉,并抛入集棉室。利用气流将集棉室中的籽棉送入棉箱,棉株由前后两对滚筒连续加工两次。从棉铃中落下的籽棉被气流捡拾器拾起,送入另一棉箱。

图 8-2 垂直摘锭式采棉机

1. 棉株扶禾器 2. 垂直摘锭滚筒 3. 输棉管 4. 风机 5. 集棉箱

三、棉秆铲拔收获机械

在棉花生产的过程中，棉秆收获是劳动强度大，工时消耗多，季节性强的作业项目。棉秆不能及时收获将影响棉田的秋耕冬灌作业；带病的棉秆不能及时清理会增加棉花的病虫害；棉秆不能收集和利用，在经济上也造成较大损失。因此，棉秆收获机械化具有重要意义。

目前棉秆收获机械主要有棉秆铲拔机、拔棉秆机和棉秆切碎还田机。

(一)棉秆铲拔机

棉秆铲拔机主要靠锄铲将棉秆根部铲断，并松碎表土，便于棉秆收集。主要包括两种形式：简易铲秆机和铲秆集堆机。

1. 简易铲秆机

简易铲秆机由机架、限深轮、铲子、茎秆压紧秆等组成。

机架可使用中耕机的机架；主要工作部件是铲子，左右对称地安装在机架上，它的碎土角度较小，既能铲断棉根，又有松土作用，还不致埋压已铲起的棉秆；压茎秆可促使被铲起的棉秆整齐倒下，减少棉秆牵挂铲柄的机会，便于下一步收集。

2. 铲秆集堆机

这类机具能在铲断棉秆同时将棉秆铲起并收集成小堆，从而节省了收集棉秆的工作量。

(1)拨盘-挡杆式铲秆集堆机　由拖拉机动力输出轴通过传动装置，驱动拨盘旋转，扶持棉秆使其根部被铲子切断，秆身在基本保持直立的状态下被依次送至集堆挡杆处，将左右联动的集堆挡杆挤压张开，张开到一定角度时，成堆的棉秆即摆脱挡杆的控制而堆放于田间。集堆挡杆在回位弹簧的作用下，回复到原始工作状态。

(2)搂耙式铲秆集堆机　相当于简易铲秆机上增加一套搂耙式集堆机构，可根据棉秆的搂集情况，适时地操纵搂耙起落，达到棉秆堆集的目的。

(二)拔棉秆机

这种机器一般由拔辊、机架、传动、输送、挡板和护罩等部件组成，可以将棉秆拔起并输送至机器后落入田间。

四、国内外棉花生产机械化情况

1. 美国机械化采棉发展状况

美国从 19 世纪 50 年代开始研究采棉机，到 20 世纪 40 年代开始批量生产采棉机，当时的机器以水平摘锭式为主。截至 20 世纪 80 年代末，采棉机械化程度已达 100%。采棉机的生产厂家由开始的十多家，现在只剩约翰·迪尔公司(John Deere Co.)和凯斯国际公司(JI Case Co.)两家。20 世纪 90 年代，这两家公司的最新产品为约翰迪尔公司的 9930 型两行采棉机和 9965 型五行采棉机，凯斯公司的 2022 型采棉机和 2055 型五行采棉机。

两行采棉机采用两组采摘滚筒相对，前后错开排列，等行距配置。五行采棉机采摘滚筒为前后同侧排列，缩小了采棉装置的宽度，可实现窄行和宽窄行栽培模式的棉花采收，还可以实现四行采收。

2. 乌兹别克斯坦共和国采棉机械化发展状况

乌兹别克斯坦共和国是原苏联机械化植棉、采棉及清理加工技术设备的研究与生产中心。20 世纪 30 年代开始研制采棉机，初期设计主要采用气吸式和刷式结构。20 世纪 40 年代开始水平摘锭式采棉机的研制，但未能大面积推广。后来开始研制垂直摘锭式采棉机，20 世纪 50 年代初开始批量生产。截至 20 世纪 90 年代初，乌兹别克斯坦机械化采棉达到 70%以上。目前，乌兹别克斯坦生产的采棉机主要为垂直摘锭式。

垂直摘锭式采棉机的特点是：采棉部件结构比水平摘锭简单，易制造，造价低；适宜采摘棉株分枝少而短、棉铃集中、株高低于 80 cm 的棉花；有效工作区较小，棉花的采净率和工效较水平摘锭低，一般采净率为 80%，需采 2～3 次，生产率低 20%；采棉机的工作部件悬装在拖拉机上，动力部分利用率高。

3. 我国棉花收获机械发展趋势

目前，我国在消化吸收国外先进经验的基础上，研制了采棉机及机采棉成套加工设备，但是一些主要部件仍需进口，所以设备的成本较高。在相当长的一段时期内，仅一些大型农场才有经济实力实现部分机械化采棉。

从我国国情出发，今后我们应该加快机采棉成套加工设备的研制，完全实现国产化；在主要产棉区，建立系列棉花加工中心；研制半机械化、半自动化的低成本的棉花采摘机械(装置)，辅助人力，减轻劳动强度，提高工效。

任务二 甜菜收获机械

甜菜是一种经济价值较高的作物，其茎根含糖量高(约为 17%)，是制糖工业的主要原料之一；其叶樱和糖渣是优良的饲料，而且可以提取制药原料。因此，甜菜的生产在许多国家的农业三产中占有重要的地位。在我国北方地区，尤其是黑龙江和新疆均有大面积种植。

一、甜菜的生长形态及收获方法

甜菜由叶缨、根头、茎根和根须几部分组成(图 8-3)，茎根部分是收获的主要部分。

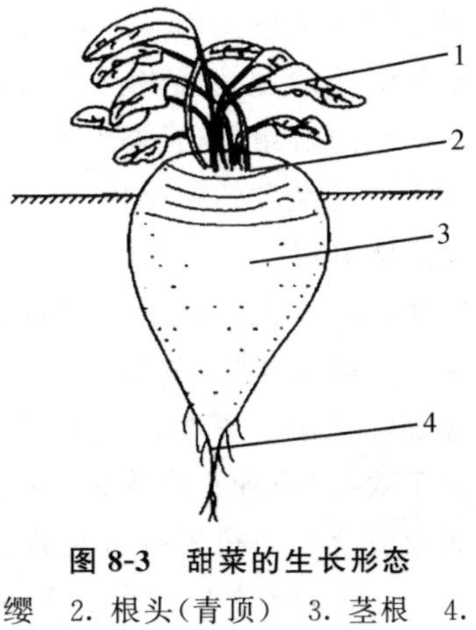

图 8-3 甜菜的生长形态

1. 叶缨 2. 根头(青顶) 3. 茎根 4. 根须

甜菜收获包括切除叶樱、挖出获茎根、清理泥土杂物及根须、装运等项作业。甜菜收获方法分为分段式收获和联合式收获两种。

1. 分段式收获

分别进行切除叶缨和根头、挖出茎根、清理泥土、杂物及根须等作业。这些作业程序分别由人工或机械分先后次序完成。

2. 联合式收获

由联合收获机械一次完成所有作业程序。甜菜联合收获机械有牵引式和自走式两种。牵引式甜菜收获机一般收获单行或双行，配套动力 15～58 kW。自走式甜菜收获机一般收获四行或六行，配套动力 60～150 kW。

我国目前多采用人工和机械结合的分段收获。由机械完成挖掘、集条(堆)和运输程序，人工完成切除叶樱、根头和根须，并清理干净。在一些主要种植地区和大农场，从国外引进了一些先进的甜菜联合收获机，采用液压控制和自动控制技术，有较高的生产率和良好的工作质量。

二、甜菜联合收获机

甜菜联合收获机由切顶装置、挖掘装置、输送清理装置、动力及传动装置组成。

1. 切顶装置

切顶装置是甜菜收获机的主要工作部件，通常由仿形器和切刀组成。切顶应水平、准确地切去根头部分，并且不能将甜菜推斜。

根据仿形器和切刀的形式可分为铲刀式、圆盘刀和甩刀式。

2. 挖掘装置

挖掘装置的作用是将生长在土壤中的甜菜茎根挖掘出来。该部分是甜菜收获机械消耗功率最大的部分。要求不能伤害甜菜，工作可靠，消耗功率小。

铲式挖掘装置工作时铲面入土，甜菜被双铲挤压出土，适合小型收获机低速作业；叉式挖掘装置由两根前端为圆锥形的圆柱组成的挖掘铲将甜菜挤出土壤，其结构简单，入土性能好，广泛应用于甜菜收获机械，缺点是易缠挂杂草。

目前，国外有些甜菜收获机采用组合式挖掘装置，可以集中各挖掘装置的优点，收到较好的挖掘效果。还采用振动挖掘部件(铲或叉)，可以降低工作阻力和改善挖掘效果。

3. 输送清理装置

甜菜切顶和挖掘出土后，需要输送集中成条、成堆，或送入料箱。

螺旋输送清理装置多行甜菜收获机采用螺旋输送滚筒，分别将切下的叶缨和根头及挖掘出土的茎根向机组侧边输送至倾斜输送器。倾斜输送器一般是链条刮板式，把收获物分别输送到位于一定高度的料箱内。输送装置的底板制成栅条状，在输送过程中将混入收获物的泥土和夹杂物分离。

栅状回转圆盘式输送清理装置转动栅状圆盘，将挖掘后的茎根带动输送，依靠固定导向板输送到下一级输送机构，输送过程中分离泥土和较小的杂物。

螺旋辊式输送清理装置采用多对螺旋辊，相对转动清理茎根的黏附泥土及根须。若速度过低则工效低，清理程度降低；速度过高，输送较快，清理质量下降，且易损伤茎根。

甜菜联合收获机根据各装置配置的位置不同分为串联式和并联式。

图 8-4 所示为并联式两行甜菜联合收获机的工作简图。

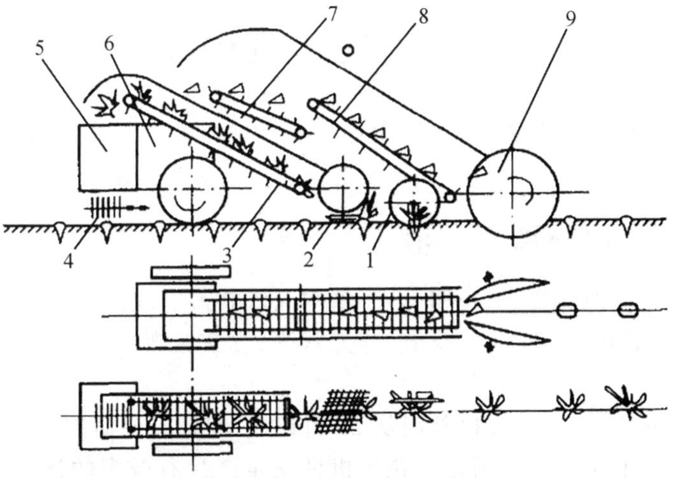

图 8-4 并联式甜菜联合收获机

1. 垂直圆盘切刀 2. 切顶装置 3. 叶樱升运器 4. 根头清理器 5. 叶樱收集箱 6. 茎根收集箱 7. 茎根升运链 8. 茎根捡拾链 9. 挖掘轮

收获作业时,一行切顶一行挖掘。机器右侧切顶装置把叶缨和根头切下,由输送器送入到收集箱。机器左侧挖掘装置对准机器前一行程切顶装置所切顶的一行进行挖掘,由茎根输送器送入茎根收集箱。

该类型甜菜收获机一般选用甩刀式切顶装置和轮式挖掘装置,工作质量好,对行性较好。由拖拉机牵引作业,适应性较强。

图 8-5 所示为串联式六行甜菜收获机,其切顶装置与挖掘装置在同一行上。

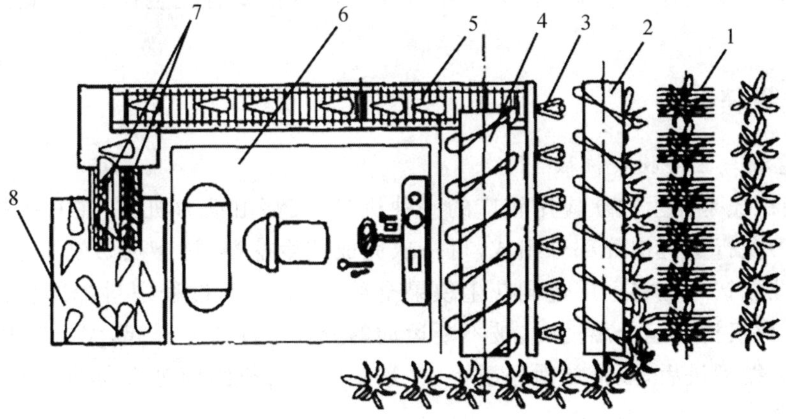

图 8-5 串联式六行甜菜收获机

1. 切顶装置 2. 叶樱输送螺旋 3. 甜菜挖掘装置 4. 茎根输送螺旋 5. 倾斜输送链 6. 主机 7. 螺旋辊清理装置 8. 收集箱

工作时切下的叶缨和根头由螺旋输送器向机器一侧输送,成条堆放在地里。挖掘出的茎根,经螺旋输送器输送至链式升运器,再由链式升运器输送到清理装置,经清理后送到收集箱。

串联式甜菜收获机工作效率高,工作质量好,其发动机功率较大,一般为 150 kW,适合在大规模种植甜菜的地区使用。

任务三　花生收获机械

花生是我国主要的油料作物，其种仁含有50%的非干性油和35%左右的蛋白质。花生和油菜、大豆并列为我国三大油料作物，在我国的南方各省和华北地区均有广泛种植。

一、花生的生态特性和收获要求

我国花生生产从播种到收获，长期以来，基本上依靠人工、畜力操作，劳动强度大，效率低。尤其是花生收获期，正值“三秋”大忙季节，劳力紧张，收获粗放，损失较大，增产而不增收的现象屡见不鲜。

根据花生生产的需要，我国农机部门从20世纪80年代开始研制和生产了一些机具，在部分地区花生生产基本上实现了机械化。花生机械化生产具有较多的优点，能够大幅度提高劳动生产率，减轻劳动强度，同时能显著提高产量和收获量。

花生机械收获可以分为分段收获和联合收获，它们的工艺过程是：

分段收获：割蔓扫叶→挖掘→分离抖土→集果→运输→自然干燥→入库；

联合收获：挖掘→分离土壤→运送→摘果→清选→集果→运输→自然干燥→入库。

用于分段收获的花生收获机有挖掘机、摘果机和捡拾摘果机；用于联合收获的有挖掘铲式和拔取式花生联合收获机。

我国从20世纪50年代开始研制花生收获机以来，目前除了捡拾摘果机外，已有多种类型的样机。已经定型的花生收获机有东风-69、4H-2和4H-800等型号。花生联合收获机也在研制中。国外花生收获多采用分段收获法。先用花生挖掘机挖掘、铺条晾晒，然后用捡拾摘果机捡拾摘果，从而使花生收获过程机械化。花生收获机械主要有花生挖掘机、花生摘果机、花生联合收获机。

二、花生收获机械

1. 花生挖掘与捡拾收获机械

花生挖掘机械是花生收获应用较广的一种机具，大都由动力机构、左右挖掘铲、输送分离机构、铺放滑条及行走机构等部分组成，可一次完成花生挖掘、抖土及条放任务。

作业时，挖掘铲入土将土层连同花生秧果全部铲起，提升过程中抖掉部分泥土；当花生秧蔓接近输送分离机构升运分离链时，被不断运动的分离爪挂住并提起，泥土在升运过程中被抖掉，花生秧蔓被抛到机后，顺铺放滑条滑下，并被集中放在机组前进方向的左侧地面。

2. 花生摘果机

花生摘果机一般由机架、喂入台、风扇、摘果滚筒、凹板、分离筛及传动部分组成。工作时，带果花生秧蔓由人工喂入后，即被滚筒的钉齿撕碎，使花生果与秧蔓分离。在花生果与秧蔓从凹板空隙中漏下的过程中，大部分花生茎叶被风机吹出壳外，而较重大茎秆和花生果便落在第一层分离筛上，重量较大的茎秆被逐向机后并排出，而花生果和较小茎秆从筛孔漏下。落入下筛进一步分离，小的茎秆和泥土漏下落入底部，花生果从下筛出果口流出。

3. 花生联合收获机

下面简要地介绍我国研制生产的两种花生联合收获机。

(1)挖掘式花生联合收获机(图 8-6)　该机悬挂在拖拉机上,由拖拉机带动工作。工作时,非对称三角铲把花生和泥土铲起,经过五个分土轮的作用分离出大量的泥土,花生被抛入螺旋输送器,送至机器左侧,由偏心扒杆和刮板式输送器送到摘果滚筒。被滚筒摘下的花生果经凹板及滑板,在气流清选后落入集果箱内。夹杂物被气流吹至右侧,由排草轮排出机外。

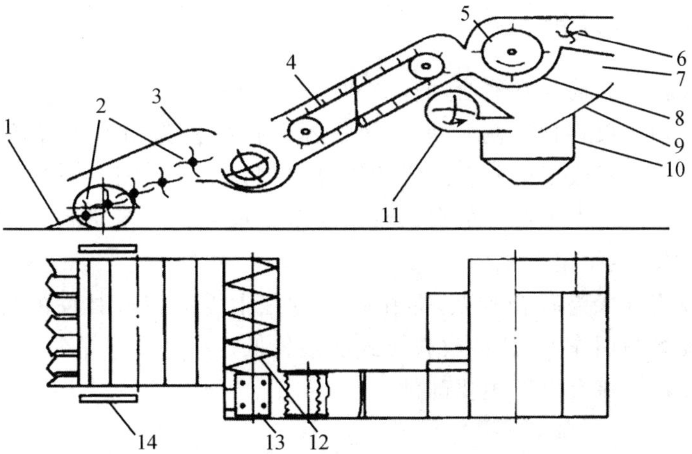

图 8-6　挖掘式花生联合收获机的结构简图

1. 挖掘铲　2. 分土轮(5个)　3. 盖罩　4. 刮板输送器　5. 摘果装置　6. 排草轮　7. 排杂器　8. 栅格凹板　9. 滑板　10. 集果箱　11. 风扇　12. 螺旋输送器　13. 偏心扒杆　14. 支承轮

(2)拔取式花生联合收获机(图 8-7)　工作时,分导器把各行花生植株扶起,导向拔取装置的夹持输送带之间,被拔取的花生植株经横向输送带和刮板输送器送至摘果装置。拔取装置夹持输送带的前面一段为拔取段,可产生一定的拔取力;其后面一段为输送段。在皮带拔取花生植株的过程中,可以把土石块抖落,因而可以免除复杂的分离装置,并减少功率的消耗。

采用拔取式花生收获机时,应严格对行作业才能保证拔取,此机型一般适用于南方沙壤土上花生的收获。当土壤坚实度较大,拔取力超过茎蔓抗拉强度时,应使用挖掘铲式收获机。

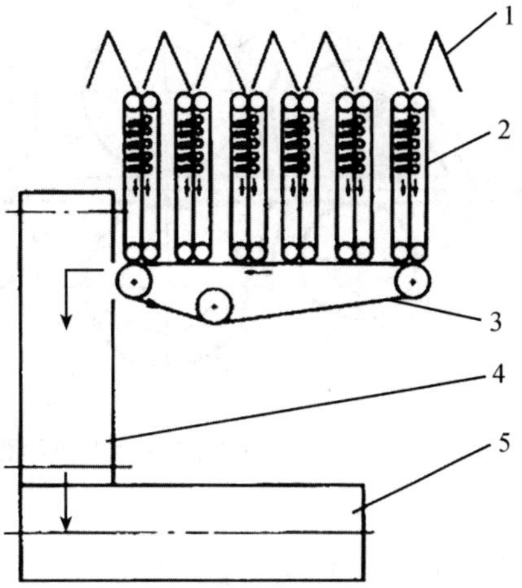

图 8-7　拔取式花生联合收获机结构简图

1. 分导器　2. 支持输送带　3. 横向输送带　4. 刮板输送器　5. 摘果装置

任务四　甘蔗收获机械

甘蔗是一种多年生粗茎秆草本作物,是重要的制糖原料,是我国南方地区的重要经济作物。我国南方蔗区是每年收获一次。

收获是甘蔗生产中一项最繁重的工作。除了将甘蔗砍下，还要将蔗梢和蔗叶去掉。手工收蔗劳动量大，效率低，机械化收获是急需解决的问题。

甘蔗机械收获分整秆式收获和切段式收获两种。整秆式收获是将甘蔗整段收下后，去叶、集堆，然后运去糖厂整根压榨；而切段式收获则是在收获过程中已经将甘蔗切成段，并用风扇将大部分切下的蔗叶吹掉。

一、整秆式甘蔗收获机

整秆式甘蔗收获机有简易和联合两种方式。

简易整秆式收割机仅将甘蔗割倒铺放，该机器以拖拉机为动力，操作简便，割下的甘蔗直接铺放在田间。这种方式收下的甘蔗还需用剥叶机剥去蔗叶。图 8-8 所示为剥叶机工作示意图，甘蔗切掉顶稍后，两个上下旋转的喂入辊将蔗茎送向带两个反向旋转的脱叶刷的辊子，蔗叶被脱叶刷除掉，蔗段被排出至机外。

另一种整秆收获方式为联合收获，即在收获过程中连续完成甘蔗的切梢、扶倒、切割、喂入、输送、剥叶和堆集等项作业，这种收获方式功效较低。

整秆式甘蔗收获机械有以下主要部件。

1. 切梢机构

切梢机构主要由集梢器、切梢圆盘刀、拨梢轮和升降架等组成(图 8-9)。

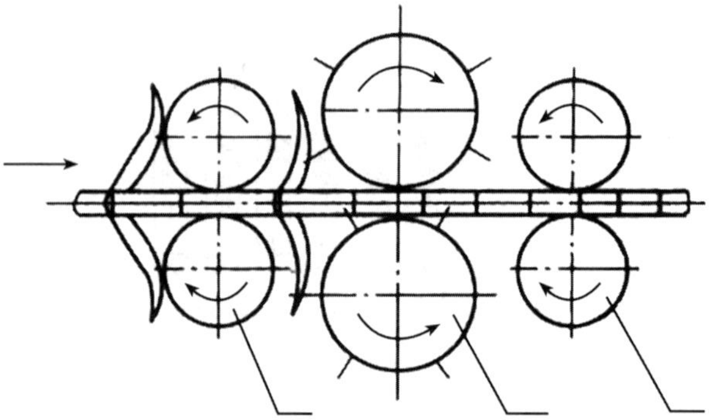

图 8-8　甘蔗剥叶机的剥叶机构示意图

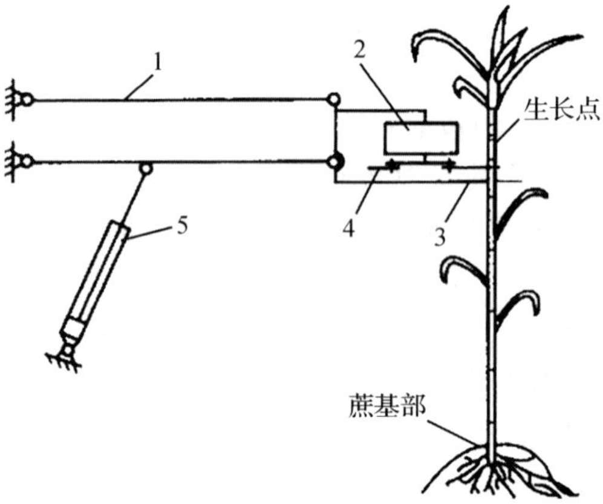

图 8-9　切梢机构

1. 升降架　2. 拨梢轮　3. 集梢器　4. 切梢圆盘刀　5. 油缸

切梢机构用来切除含糖分低、含杂质高、对制糖没有价值的蔗梢。其切割高度可调，为了使传动简单紧凑，最好采用液压传动。

2. 扶蔗器

甘蔗在收获时往往会发生倒伏，所以一般的甘蔗收获机上都有扶蔗器。

在甘蔗收获机上采用的扶蔗器有倾斜回转链型拨指链式和螺旋式两种。前者用在立式割台的简单甘蔗收获机上，其结构和工作原理与立式割台水稻联合收获机上的扶禾器类似。

目前在国内外甘蔗收获机上广泛采用的是螺旋式扶蔗器，主要结构为两个带螺旋叶片的空心辊轴，两边螺旋扶蔗器的螺旋叶片工作时相向转动，扶持甘蔗茎秆由底圆盘切割器从基部切割并通过喂入口向后输送。

3. 底圆盘切割器

用来从甘蔗基部切断茎秆。圆盘切割器(图 8-10)在工作时作回转运动,惯性力容易平衡,因此可以提高切割速度,使得切割断面平整,避免撕裂和拉断现象产生。

在甘蔗收获机上大都采用双圆盘式底切割器。

图 8-10　圆盘切割器

4. 剥叶机构

整秆式甘蔗收获机上剥除蔗叶的剥叶装置主要有胶指滚筒式和钢丝滚筒式。

(1)胶指滚筒式剥叶装置(图 8-11)　由按一定形式排列的几个胶指滚筒组成。提高滚筒转速,胶指打击力增大,可提高甘蔗的剥净率;但随着打击力的增加,容易使茎秆的损伤增加,剥叶装置功耗增大,而且胶指磨损大,其寿命减少。

(2)钢丝滚筒式剥叶装置(图 8-12)　近年来在我国和日本研制的甘蔗收获机上应用较多,其采用的剥叶元件为钢丝束,主要靠钢丝绳与蔗叶的摩擦力来除掉茎秆上的蔗叶。这种剥叶装置的剥净率高,对茎秆的损伤小,但钢丝经多次弯曲后,容易从固定处折断。

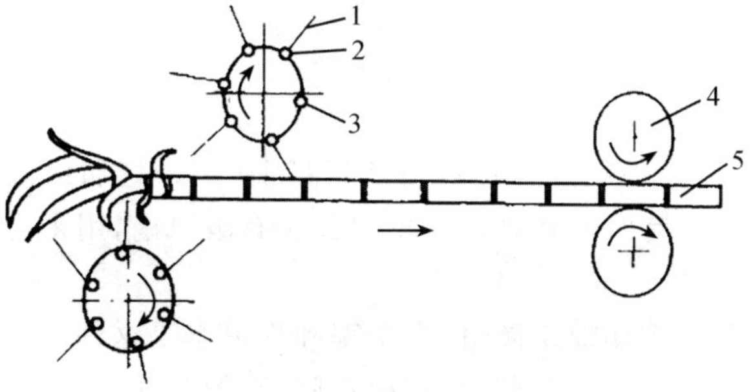

图 8-11　胶指剥叶滚筒

1. 橡胶指　2. 销轴　3. 盘片　4. 限速轮　5. 蔗茎

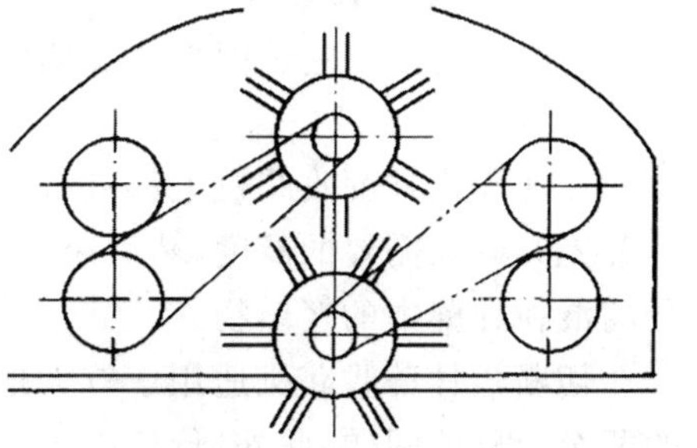

图 8-12　钢丝剥叶滚筒

二、切段式甘蔗收获机

图 8-13 所示为澳大利亚近年生产的切段式甘蔗收获机。该机可以收获带叶甘蔗,由切梢机构、分蔗扶蔗机构、底切割机构、旋转切段刀、蔗段升运器、风选器等组成。

工作时,切梢机构首先将蔗梢切掉,分蔗扶蔗机构将需要收割的蔗与未割行分开,还能扶起倒伏的蔗并将要砍的蔗送至底切割机构,切断后的蔗由夹持轮输送到切段器,旋转切段刀将蔗切成短段,切断的蔗叶被风选器吹出机外,蔗段则由蔗段升运器提升,最后倒入运输车中,第二风选器在倒蔗前将剩余的蔗叶吹掉。

切段式甘蔗收获机与整秆式甘蔗收获机的主要部件几乎相同,不同的是剥叶装置采用气流式风选,另外还有甘蔗切段装置和装载升运器。

1. 气流式剥叶装置

这种剥叶装置主要由抛掷轮和风扇组成(图 8-14)。工作时,抛掷轮使茎秆梢部迎着风扇吹来的强劲气流,以很高的速度抛出,利用高速高压气流的作用,将蔗叶从茎秆上剥掉。这种剥叶装置多在澳大利亚切段式甘蔗收获机上采用，结构简单，易损件少，剥净率高，但喂入量过大时剥叶效果较差。

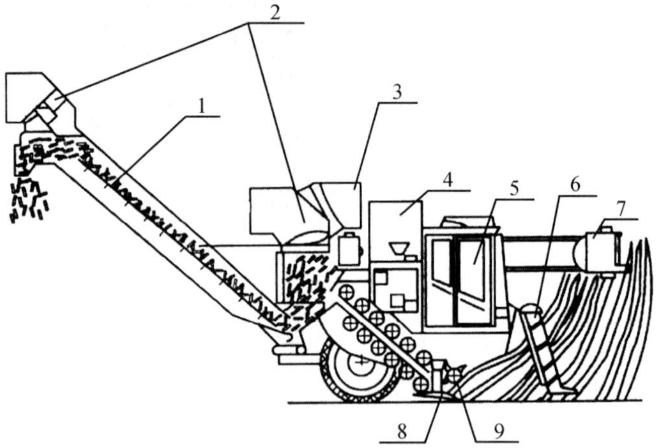

图 8-13　切段式甘蔗联合收获机

1. 升运器　2. 风选器　3. 切段器　4. 发动机　5. 驾驶室　6. 护蔗器　7. 切梢器　8. 底切割器　9. 喂入轮

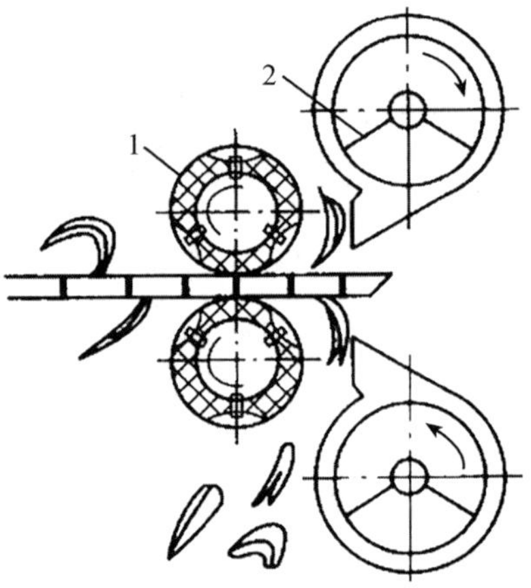

图 8-14　气流式剥叶装置示意图

1. 抛掷轮　2. 风扇

2. 甘蔗切段装置

切段装置按一定长度将茎秆切成蔗段，主要有滚切式和砍切式两种。

3. 装载升运器

在切段式甘蔗收获机上都备有装载升运器。一般配置在切段装置后面，用来把切成段的甘蔗先升运到需要的高度，然后装到运输车内。有时还在升运器出口处装有吸风扇，用来再次分离混在甘蔗中的轻杂物。

切断式甘蔗收获机适用于较大地块的蔗田，工作效率高，但含杂率和损失率是这种收获机的两个矛盾的问题，此外，价格高也是这种机型的一个问题。尽管存在问题，但是从总体来说，这种方式能带来最大的效益，所以现在国外基本上都接受了这种机械收获方式。

机械收获甘蔗时有一个共同的问题，即砍蔗刀会造成部分蔗头损伤，使宿根蔗的产量损失2％～4％。目前这方面的研究正在进行，希望能降低这项损失。

任务五　大豆收获机械

我国东北三省为大豆的主产区，大豆种植面积较大，同时由于大豆的收获期较短，人工收获劳动强度大，因此，大豆机械收获要求十分迫切。

机械收获大豆损失率高，其主要损失发生在割台。割台损失主要有炸荚、掉荚、掉枝和漏割等。因此，收获大豆时要求割茬低；不能留底荚，不能丢枝；在整个割幅范围内，切割器要能很好地适应地形；切割器和拨禾轮对大豆植株的打击和振动要小，并且要顺利地将割下的植株送到割台台面上。

一、机械收获大豆的方法

机械收获大豆一般采用分段收获和联合收获两种作业方式。

1. 分段收获

分段收获即在大豆完全成熟之前就用割晒机割倒，经过晾晒后用联合收获机捡拾脱粒。分段收获能减少损失，延长收获期，收获的大豆色泽好、品质高。但割晒时间的掌握十分关键，否则影响大豆品质。

2. 联合收获

联合收获必须在大豆完熟期进行，一般采用谷物联合收获机经适当的调整、改装或更换大豆割台进行收获。

二、大豆割台

目前，国内外用于大豆联合收获的装置有三种，一是在谷物联合收获机割台上换装大豆低割装置；二是采用挠性割台，可使大豆收获和谷物收获通用一个割台；三是专用于大豆收获的对行割台。

1. 大豆低割装置

大豆低割装置是谷物联合收获机收获大豆的附件。目前生产上使用的有两种：一种是整体固定式；另一种是挠性切割装置。

(1)整体固定式　是将原割台上的切割器拆下，将大豆低割装置整体地安装在护刃器梁上，如图 8-15 所示。这种低割装置因安装限制，一般不能横向仿形，使用效果不佳。

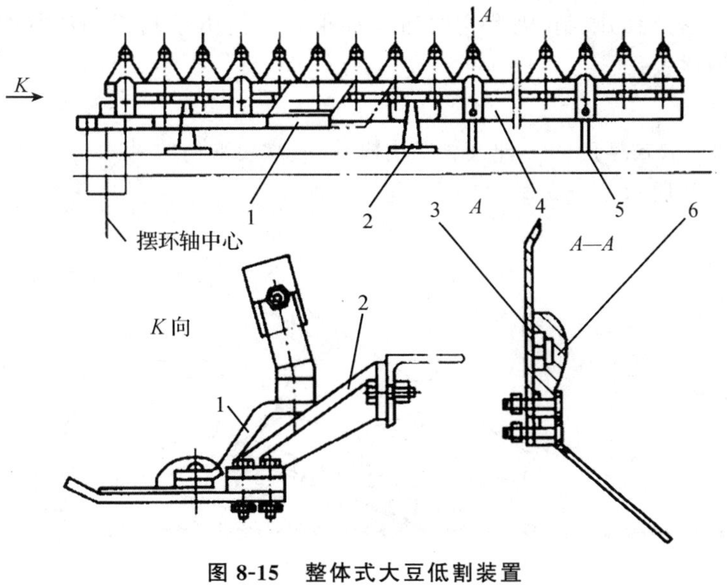

图 8-15　整体式大豆低割装置

1. 动刀合　2. 支座　3. 定刀片　4. 定刀合　5. 过渡条　6. 压刃板

(2)挠性切割装置　切割器的护刃器梁很薄，又具有良好的弹性，因而能使切割器在横向上对地面起到良好的仿形效果。同时安装有仿形托架，其后端与割台铰接，工作时前端与地面接触，保证纵向上实现仿形。因而该装置在实际收获大豆时效果较好。

2. 挠性割台

为了减少大豆收获损失，国外一些联合收获机采用了挠性割台。图 8-16 为美国约翰·迪尔公司生产的 JD-7700 型联合收获机上配备的一种挠性割台。在割幅范围内，整体式切割器连同护刃器梁靠其本身的挠性形成较大的波形，以适应地形的变化。

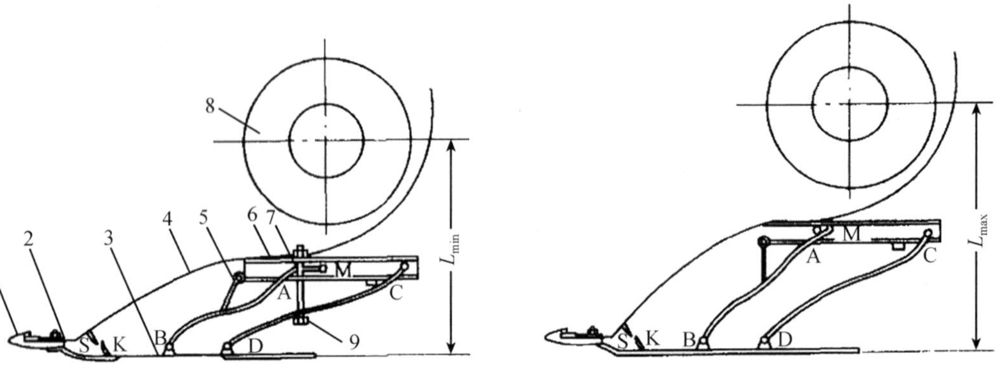

图 8-16　JD-7700 型联合收获机挠性割台结构

1. 切割器　2. 护刃器梁　3. 仿形滑板　4. 弹簧过渡板　5. 传感臂　6. 固定梁架　7. 滑槽　8. 割台螺旋　9. 锁定螺栓 ABCD 为浮动四杆机构

该割台采用电液式仿形装置。其工作原理是在割台下面安装传感器，通过连杆将信号传递到电器开关，进而控制电磁阀，使液压油进入油缸或回油，完成割台的自动升降。

当用挠性割台收获直立的谷物时，不需要割台仿形，可以利用螺栓将浮动四杆机构锁住。此时，挠性割台即变成刚性割台。由此可见，挠性割台是一种谷物和豆类通用的割台。它在收获大豆时，不受大豆行距的限制，因此它的适应性很好。但由于割刀的波状变形，使得动刀片和压刃器等的磨损增大。

3. 大豆专用割台

美国约翰·迪尔公司生产的一种大豆专用割台，一次可对行收获六行大豆，行距为 712 mm。其工作过程如图 8-17 所示。

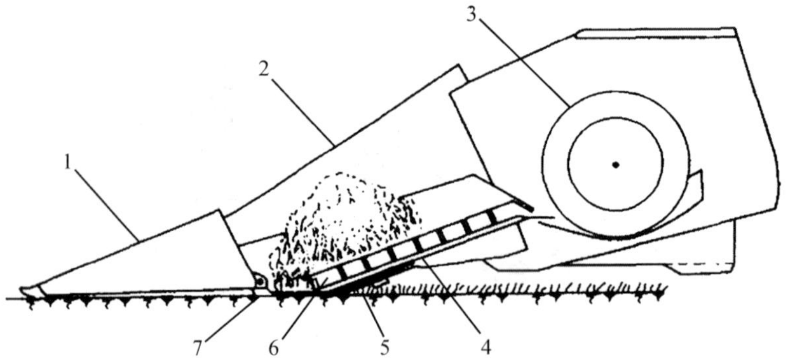

图 8-17　大豆专用割台工作过程

1. 分禾器　2. 分禾板　3. 割台螺旋　4. 豆粒收集槽　5. 旋转刀　6. 波形夹持带　7. 仿形滑板

联合收获机在田间作业时，六组分禾器同时伸入大豆行间，将倒伏或低矮的大豆植株扶起，导向波形夹持带。夹持带将大豆植株夹住，由下部的旋转刀切断，夹持带继续平稳地将割下的豆株输送到割台螺旋输送器，再由螺旋输送器和伸缩扒指机构输送到倾斜输送器，进入滚筒脱粒。

大豆专用割台的特点：一是对行仿形，分禾器伸到植株下部将其扶起，割刀可以贴地切割，大大减少了漏割损失；二是旋转刀高速旋转，每分钟切割一两千次，能适应高速作业，而且很少漏割，旋转部件基本上不产生振动；三是取消了拨禾轮，由波形带夹持输送，这就减少了炸荚、掉荚和掉枝等损失；四是在波形夹持带下装有豆粒收集槽，可以收集少量炸荚豆粒，并随豆株一起送入割台螺旋输送器。

大豆专用割台是目前大豆收获装置中损失最少的一种，但是，它的行距是不可调的，必须与大豆播种机的行距一致，才能进行收获。工作时，对行收获是比较紧张的，而挠性割台和挠性切割装置却不受行距的限制，它的通用性和操作方便性就优于专用对行割台，因此多被采用。

第三篇　其他农业机械

项目九　谷物干燥机械

谷物成熟收获后其所含水分一般高于安全贮藏的水分含量，因此需要通过自然或人工的方法进行干燥。常见的自然干燥方法包括自然通风、摊晾、曝晒等，但由于气候原因往往难以实现，这就使得人工机械干燥的方法非常必要和重要。

任务一　谷物干燥的原理和方法

谷物干燥就是使谷粒中的水分气化而释放出来，被周围介质带走，从而降低谷物中的含水量。需要注意的是，谷物干燥的同时伴随着谷物本身生物化学品质的变化。所以在干燥过程中，不仅要去除多余的水分，还要保持谷物的品质不降低并尽可能得到改善。

一、谷物干燥的原理

将谷物含有的水分降低到适宜贮存的含水量，要经历一段过程，过程长短受许多因素的影响。目前所用干燥机械，多采用加温气体干燥谷物，以缩短干燥时间，提高工效。

谷物水分、温度及干燥速度随时间而变化的规律称为谷物干燥特性。谷物干燥过程通常分为谷物预热、等速干燥、减速干燥、谷物缓苏及冷却五个阶段。

1. 谷物预热

在这个阶段，由气体传来的热量主要用来使谷物加温，此时谷物水分气化很少，但干燥速度迅速增大。

2. 等速干燥

谷物加热至一定温度后，由于谷物水分由里向外扩散速度较大，干燥速度较快并维持稳定不变。谷物保持一定温度，谷物水分直线下降。经过一段时间后，含水量下降变缓。

3. 减速干燥

此阶段谷物的水分已较等速干燥阶段显著减少，其内部扩散速度比表面蒸发速度低，因而干燥速度逐渐减小，谷物水分按曲线下降。

此阶段谷物温度接近于干燥介质的温度，若温度较高或持续时间较长，会使谷物品质下降。因此干燥过程中要注意掌握干燥温度和时间。

4. 谷物缓苏

谷物经过高温快速干燥后，为了减少内外温差，需将谷物保温贮存，让水分逐步由内向外移动。此过程谷物表面温度有所下降，水分也少许降低，干燥速度变化很小。

5. 冷却

将谷物温度下降到常温。冷却阶段谷物水分基本不变。

二、谷物干燥的方法

(一)按介质温度和干燥速度分类

1. 低温慢速通风干燥法(即不加温干燥法)

不加温干燥法是将相对湿度较低的外界空气引入并穿过谷层，利用空气相对湿度低时能降低谷粒平衡湿度的特点，使谷粒放出水分。这种方法不需要复杂设备，不用燃料，成本低，无污染，但干燥速度慢。

2. 高温快速干燥法

高温快速干燥法是把介质(空气)加热到 50～200 ℃，再使之与谷粒接触，提高谷粒温度，从而达到快速干燥的目的。

(二)按热传递方式分类

1. 热力对流干燥法

利用加热的空气或烟道气直接和谷粒接触，热量以对流的方式传递给谷物，使水分汽化，然后气体介质再把排出的水分带走。

2. 热力传导干燥法

使谷粒和被加热物体的表面直接接触，热量以传导方式传给谷粒使水分汽化，从而达到干燥的目的。

3. 辐射干燥法

利用太阳能和远红外线照射到谷粒上，它们的辐射能被吸收后，转换成热能，使谷粒加热、干燥。

除此以外谷粒干燥的方法还很多，因而干燥机的种类也很多，在生产中应根据干燥机的生产率、能源、使用技术等进行选用。

任务二　谷物干燥设备

根据干燥原理、方法、热源和谷物的不同，干燥机有几种分类方法和不同的类型。按气流温度的高低可分为常温、低温慢速干燥机和高温快速干燥机；按干燥室内谷物的状态可分为固定床、移动床、流化床和喷动床式干燥机；按干燥室的结构可分为平床式、圆筒(仓)式、柱式、塔式、转筒式等类型；按作业方式可分为连续式、间歇式和循环式干燥机。谷物干燥机械还可分为固定式和移动式两大类。

谷物干燥机械种类虽多，但都是由送风设备、盛料容器以及加热装置等主要部分组成的。

一、仓式太阳能干燥机

图 9-1 所示为一种仓式太阳能干燥机，由圆形仓、集热器、风机等组成。集热器安装在圆仓壁或仓房顶向南处，由太阳能加热后的空气用风机从仓底部送到仓内，对谷物进行干燥。热空气通过谷层后，由上部排气口排出。该机属于固定床整仓干燥机。

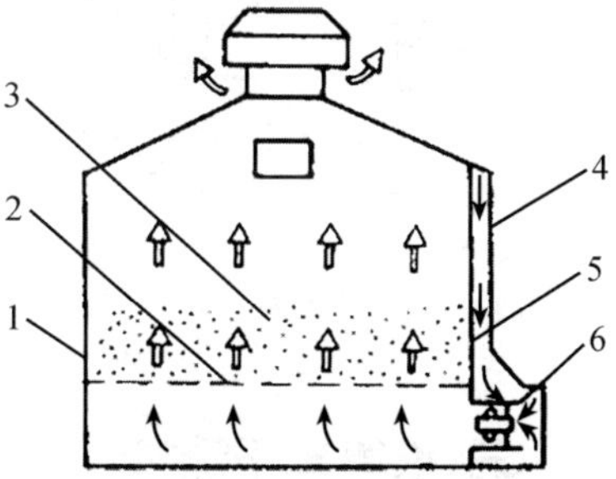

图 9-1　仓式太阳能干燥机

1. 圆筒仓　2. 透风板　3. 谷物　4. 集热器　5. 风道　6. 风机

整仓干燥是在贮存仓内干燥和冷却物料，并且多数是将谷物就留在仓内贮藏。干燥介质从仓底向顶部流动，与物料产生湿热交换。随着干燥过程的进展，干燥介质(通常是加热后的空气或烟道气)穿过物料层，吸收物料中的水分，并携带水蒸气从仓顶排出。由于干燥是一个吸热过程，物料的温度会逐渐升高，而干燥介质的温度会逐渐降低。在干燥过程中，需要定期检测物料的含水率、温度等参数，以判断干燥是否达到要求。当物料的含水率降低到安全储存水分时，干燥过程结束。随后，可以继续向仓内通入未加热的空气，对物料进行冷却，使其温度降至接近环境温度，以便安全贮藏。

整仓干燥管理简单，热能利用充分，物料不会过热，谷粒不易出现裂纹。缺点是管理周期长。固定床整仓干燥所需的气流量较小，干燥过程比较缓慢，易使上层物料产生霉变。

利用太阳能作为干燥热源，可以节约燃料。虽然在目前条件下设备投资大、干燥成本较高，但从长远来看，太阳能干燥机是有发展前途的。

二、封闭循环式干燥机

封闭循环式干燥机是采用低温、大风量、薄层干燥工艺的干燥机械，干燥机工作时，谷物是不断循环的。

全机由热风炉、干燥机温度自控装置和主机三部分组成(图 9-2)。主机由干燥箱、定时排粮轮、搅龙、升运器、风机等组成。

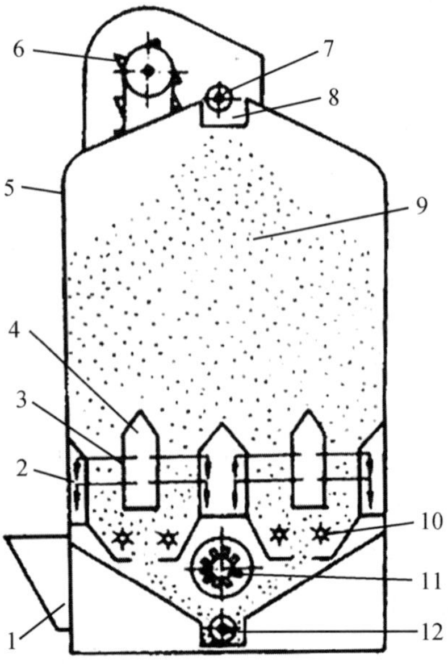

图 9-2　循环式干燥机

1. 盛料斗　2. 废气室　3. 孔板　4. 热风室
5. 烘干箱　6. 提升器　7. 上搅龙　8. 均布器
9. 谷物　10. 排粮轮　11. 吸气风扇　12. 下搅龙

循环式干燥机工作时，谷物是在主机内循环的。待干燥的谷物由喂入斗经升运器、上搅龙进入主机的干燥箱(干燥箱的上部为缓苏段，下部为干燥段)，装到一定数量后，关闭盛料斗闸门，停止上粮，进行干燥作业。主机工作过程如下。

打开吸气风机，将加热后的热空气引入干燥室的缓苏段，热空气与谷物接触，实现热交换，带走汽化的水分，经废气室排出机外。受热干燥后的谷物，被排粮轮定时下排到下搅龙处，再经升运器、上搅龙，均匀地撒布到缓苏段。缓苏段内的谷物在自重作用下，又缓慢地移到干燥段，完成一个循环。经多次循环干燥，直到谷物含水量达到入仓标准，即可打开排粮门，将谷物排出机外。

循环式干燥机的热风温度控制在 60 ℃以下，一次循环的降水率约为 1%。

三、滚筒式干燥机

如图 9-3 所示，滚筒式干燥机(转筒式干燥机)由加热炉、筒式干燥室和风机等组成。

筒式干燥室(又称滚筒体)由薄钢板焊成，呈倾斜状态安装，由电动机带动转动。在滚筒内部装有抄板，用来均匀地撒布谷物，使谷物能得到均匀干燥。

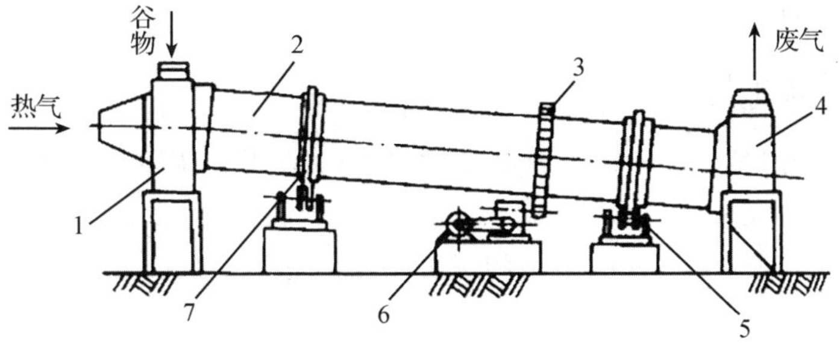

图 9-3　滚筒式干燥机

1. 头罩　2. 滚筒体　3. 齿圈　4. 尾罩　5. 托辊　6. 电动机　7. 滚圈

工作时，由加热炉送出的热空气被风机吹入滚筒，谷物从头罩进入滚筒与热空气混合，谷物加热，其水分汽化。谷物在筒内随滚筒旋转，同时被抄板抄起又落下、不断地翻动，逐步由筒的前端向后移动，废气及烘干后的谷物都通过尾罩排出。

四、塔式干燥机

塔式干燥机（竖箱式干燥机）是一种大型固定式干燥设备，由加热炉、干燥室、风机等组成（图 9-4）。

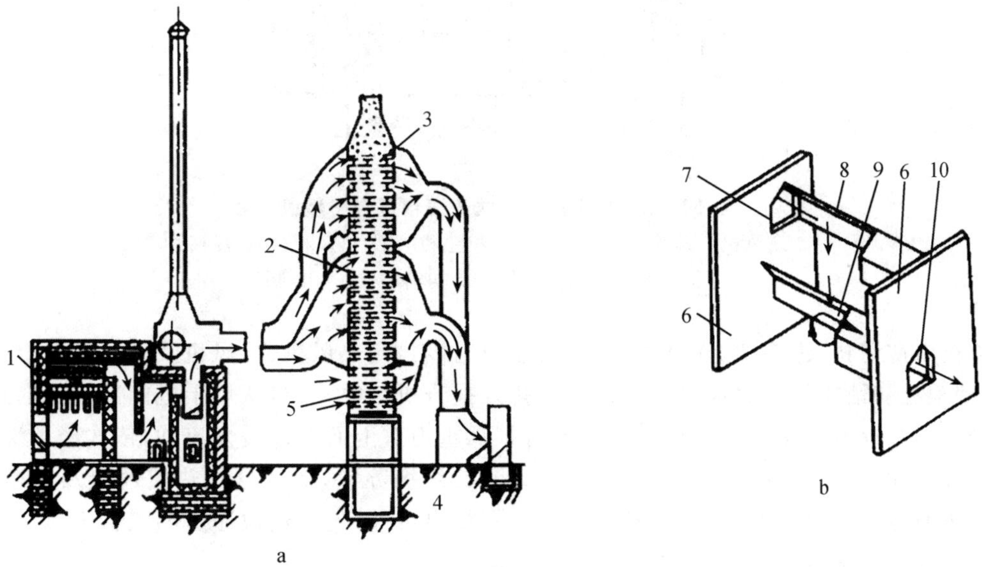

图 9-4　塔式干燥机

a. 塔式干燥机　b. 通风盒工作示意图

1. 加热炉　2. 干燥室　3. 进排气管道　4. 吸风机　5. 冷却室　6. 侧壁

7. 进气管口　8. 进气管　9. 排气管　10. 排气管口

塔式干燥机高达十几米，物料在塔内靠重力缓慢地向下移动。塔内有许多交叉排列的通风盒，气流由此进入进气管，从其敞开的下口进入谷物层，再进入排气管的下口，从排气管口排出。下部设有排料装置，安装有排料装置调节物料的下落速度。

干燥机工作时，物料处于不同的温度条件，干燥效果不一样，导致谷物水分不均匀；此外，气流需要穿过的物料层较厚，因而阻力较大。

五、分流循环式干燥机

我国在开展对干湿粮混合干燥机理与工艺研究的基础上，研制并开发了系列干湿混合干燥机，具有更显著的节能效果。该系列干燥机采用二级混流式及二级顺流式干燥机结构，其中较为典型的5HGS-15型（图9-5）的结构和工艺流程如下。

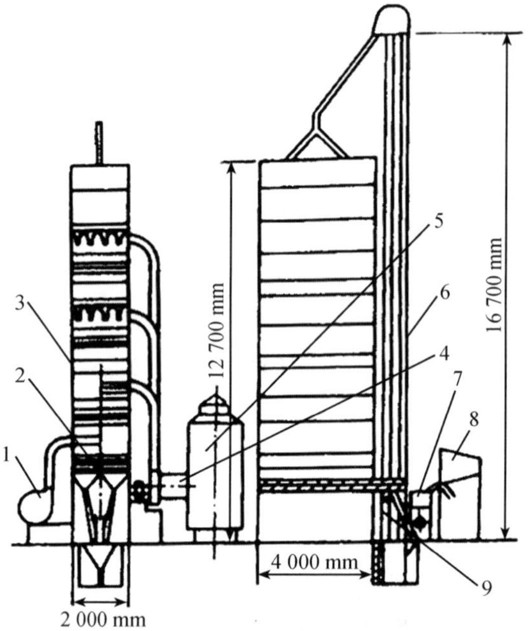

图9-5　热干粮循环式干湿粮混合干燥机

1. 冷风机　2. 排料器　3. 干燥机主机　4. 热风机　5. 热风炉
6. 提升机　7. 进料斗　8. 初清机　9. 出料机

该机由初清机、进料斗、提升机、烘干机主机、排料器、热风机、冷风机及热风炉等组成。工作中，湿粮经初清机清选后通过湿粮进料斗排入提升机接收斗，与从烘干机内部排出的热干粮混合并一同被提升机送至烘干机顶部。混合粮靠重力自上而下地缓慢流动，依次经预混室、一级顺流加热室、一级缓苏室、二级顺流加热室和二级缓苏室，随后分成热粮通道及冷粮通道。流入冷粮通道的粮食经逆、顺流冷却后由排料器排出机外；流入热粮通道的粮食进行三次加热通过缓苏室流入提升机接受斗，参与下一循环的干燥。

该机全流程时间根据外界温度状况可调，但需要适当调节干湿粮混合比。

六、低温慢速干燥设备

这类干燥设备是利用外界空气或稍加温的空气进行干燥，所需时间较长，一般多在谷物贮仓内进行或完成干燥作业后兼作贮仓。有地板通风仓和径向通风仓两种。

1. 地板通风仓

仓底用平坦或接近平坦的透风地板（用木、砖、水泥等制成），地板下为空气室，用风机将外界空气或稍加温的空气吹入室内造成一定压力，使其均匀地由地板缝隙透过谷层进行干燥，然后由上部排气口排出。

2. 径向通风仓

径向通风仓是在具有通风仓壁的圆筒仓中心竖立透气的通风管道，使风机送来的气流通过中心管道向四周径向吹出，穿过周围谷层由透气仓壁排出。

以上两种方式都可用自然空气或加低温的空气。因为谷粒是干燥贮存性质，时间长，通风的气体长期接触谷粒，故加温时不宜使用炉气直接加热，以免将谷粒污染变色。

自 1980 年以来，我国开始定型生产的圆形仓底板通风干燥机由供热风设备、仓体、仓内的通风底板和底板的"扫仓搅龙"（能自转和公转）、底板下面的卸粮搅龙、提升机及上料搅龙等所组成。

作业时，先将湿粮装入仓内，热风机向底下方的配风室供给热风，当谷物干燥到要求水分时开始卸粮。

卸粮时，首先开动提升机和卸粮搅龙，让谷仓内的谷物自然流向中心卸粮口，经卸粮搅龙及运器送出机外。当谷物流到自然堆角状态时，则开动"扫仓搅龙"清除仓底部的积粮，使卸出的谷物充分混合，干、湿谷粒均匀分布，靠其自然水分平衡使水分逐步达到一致。

有的通风仓为了提高生产率，在仓内装有可移动的垂直搅龙，称其为搅松器。该搅龙回转时能使下层谷物向上方翻动，而上方谷物流入下方。装有搅松器的通风仓，其谷层高度较高。

圆形干燥仓目前国内无统一规格，其仓壁的为水泥和砖，有的为波纹形钢板。

项目十　农副产品加工机械

任务一　粮食加工机械

粮食是人体所需热量的主要来源。世界上农业生产的主要粮食有稻谷、小麦、高粱和玉米等，通常将稻谷、小麦以外的粮食称为粗粮。

粮食加工指通过处理将原粮转化成半成品粮、成品粮，或者将半成品粮转化成成品粮。粮食加工主要包括：稻谷碾米，小麦及杂粮制粉，植物油脂提取、精炼和加工等。

一、碾米机

碾米是把原粮脱去颖壳，除去颖果的皮层和胚，得到较纯的粒状成品粮，如白米、高粱米、粟米和玉米糁。

碾米机按加工原理可分为擦离式、碾削式和混合式三种；按主要工作部件的结构可分为铁辊碾米机、砂辊碾米机、铁筋砂辊碾米机和喷风碾米机等。擦离式碾米机采用擦离碾白，碾辊为铁辊；碾削式碾米机采用碾削碾白，碾辊为圆柱形或截锥形砂辊，碾辊表面有筋或槽；混合式碾米机采用混合碾白，碾辊为砂辊，表面有筋或槽，其工艺性能和经济指标较好。

（一）铁辊碾米机

1. 主要构造

铁辊碾米机属于擦离式碾米机。主要由进料、碾米及糠米分离等部分组成(图 10-1)。

(1)进料部分　由进料斗、料斗座、料斗插板等组成。

(2)碾白部分　由米机盖、铁辊筒、米筛、米刀和机箱等组成，是米机的主要工作部分。

铁辊筒是碾米的主要部件，在电机带动下转动；米筛主要用于排糠，增加摩擦阻力，起辅助碾白作用；米刀起协助破壳去皮和增加摩擦作用。

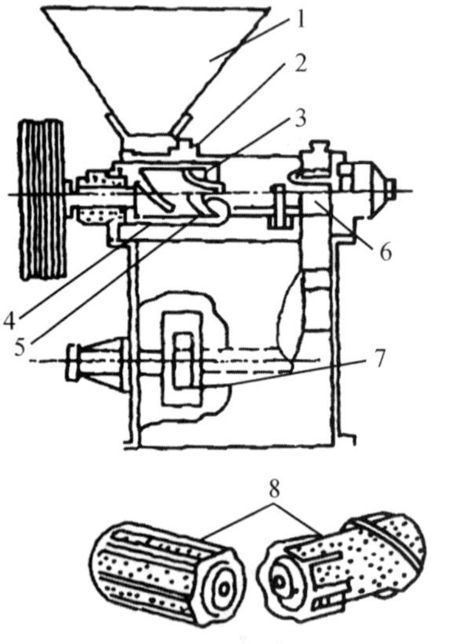

图 10-1　铁辊碾米机结构示意图

1. 料斗　2. 进料闸门　3. 主轴辊筒　4. 筛子　5. 米刀　6. 出米嘴　7. 风扇　8. 铁辊筒

2. 工作过程

铁辊碾米机的工作过程如下：稻谷由料斗进入碾白室后，在旋转辊筒推筋的作用下，边转动边前进。继续进料使碾白室逐渐缩小，加上室内机件阻力的影响，谷粒密度增大，室内挤压力和摩擦力相应增加。在辊筒筋条不断翻动和推进作用下，米粒间、米粒与机件间的摩擦擦离作用不断加强，从而使谷粒表皮逐渐剥落。碾白的米由出料口排出，糠屑经米筛孔排出。如直接碾稻谷，需反复碾 2～3 次，才能获得纯净白米。

这种碾米机构造简单,适应性强,加工成的成品表面光滑、外观好,但碎米率较高。适用于碾制强度较高的稻谷。

(二)铁筋砂辊碾米机

铁筋砂辊碾米机属于混合型碾米机。主要由机盖、螺旋推进器、铁筋砂辊、米筛和米刀等部件组成(图 10-2)。

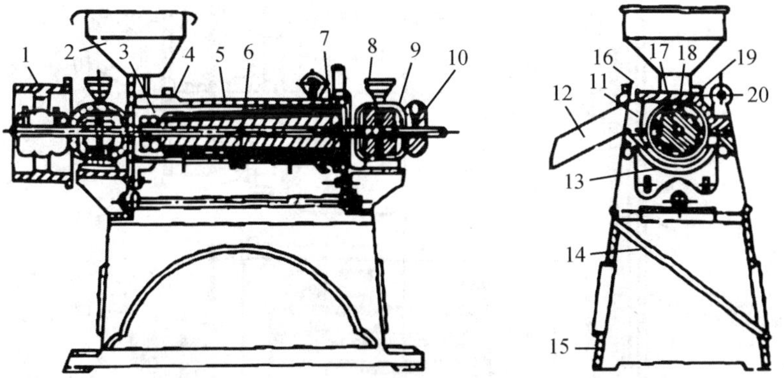

图 10-2 铁筋砂辊碾米机

1. 胶带轮 2. 进料斗 3. 螺旋推进器 4. 进料插板 5. 机盖 6. 米筛 7. 筛托 8. 轴承壳 9. 轴承 10. 轴承架 11. 出料口 12. 出料槽 13. 磨筛 14. X糠板 15. 机座 16. 出料插板 17. 砂辊 18. 活筋 19. 米刀 20. 磨桥

铁筋砂辊呈圆锥形,进口端直径较小。辊筒上有六条凸起的铁筋,浇铸金刚砂后,铁筋凸出砂面。

工作过程如下:糙米进入碾白室后,由螺旋输送器推至砂辊部分。碾白室容积是进口端大、出口端小,砂辊在转动过程中,砂刃不断切削糙米,同时铁筋不断对其挤压与翻动,在米刀和米筛配合下起到碾削和摩擦擦离作用,使糙米成为白米。

该机的特点是机构简单,拆装方便。当加工籽粒强度较低的籼米时,碎米率较低,出米率高。

二、磨粉机

粮食制粉多数是干法机械加工,把原粮颖果破碎,从皮层上剥刮胚乳粗粒,再逐道研磨成粉,如小麦粉、黑麦粉、玉米粉。有的把粒状成品粮直接粉碎、筛理成粉,如米粉、高粱米粉。

磨粉机是小麦与杂粮制粉的主要设备。其类型较多,主要有辊磨、锥磨、盘磨等。工作原理均为利用挤压与研磨将粮食籽粒研磨成粉,然后通过筛子将面粉和麸皮分开。

(一)辊式磨粉机

辊式磨粉机以一对以不同速度相向旋转的圆柱形磨辊作为磨粉部件,待磨物料被喂入两辊之间磨成粉。可用于加工小麦、玉米和高粱等。其结构紧凑,操作和保养方便,磨粉质量好,生产率高,能量消耗少,适合农村小型加工厂使用。

1. 主要构造

辊式磨粉机由磨粉部分、平筛和传动机构三部分组成(图 10-3)。

(1)磨粉部分　由喂入机构、磨辊、调节机构和清理机构等组成。起物料喂入、磨粉、磨辊

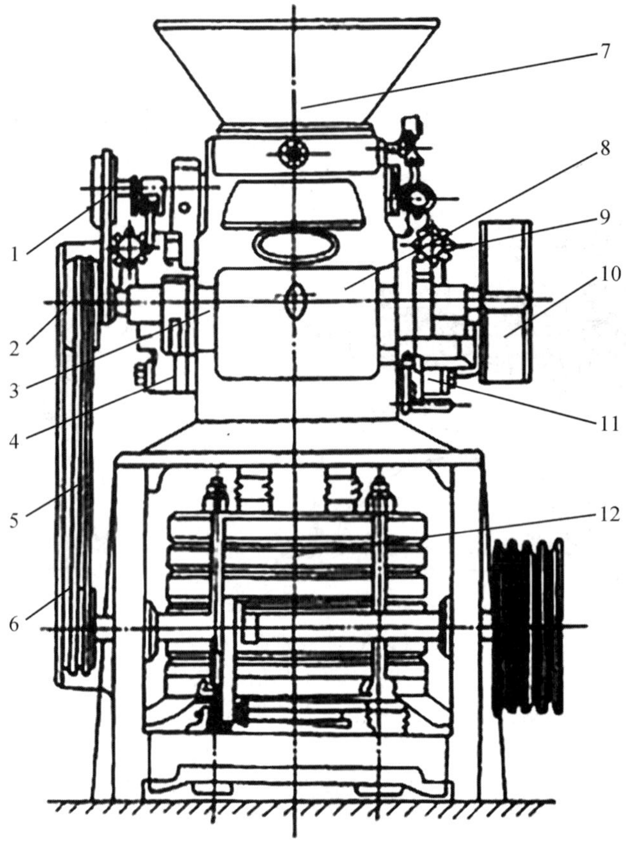

图 10-3　辊式磨粉机

1. 平皮带　2. 三角带轮　3. 补块　4. 活动轴承　5. 三角带　6. 防护罩　7. 喂入机构　8. 磨门　9. 调节机构　10. 牙轮盒　11. 固定轴承　12. 筛理机构

间隙调节和磨辊表面清理等作用，是磨粉机的主要工作部分。

(2)平筛　由筛架、吊杆、筛体和传动轮等四大部分组成。磨后的物料通过进料口落在筛面，进行筛选。

(3)传动机构　包括电动机、离合器、皮带轮传动和齿轮传动，为磨辊、平筛提供动力，并能通过操纵机构实施动力结合及分离。

2. 工作过程

辊式磨粉机的工作过程如下：喂料辊转动时，料斗内的物料通过喂料辊和控制板之间的空隙进入研磨室。快磨辊和慢磨辊相对转动，根据碾压、剪切和研磨的工作原理，对物料进行研磨，将原粮磨成粉状。经研磨后的物料通过进料口落在筛面，进行筛选。筛下的粉和筛上的麸渣，分别由两个接筒流出，麸渣再一次送入料斗，继续进行研磨。

(二)其他磨粉机

1. 锥形磨粉机

锥形磨粉机由喂料、调整、磨制、筛理四部分组成。其磨粉部件由带磨绞的锥形磨芯和锥形磨套组成。磨芯转动磨套固定，物料由轴向进入磨芯与磨套之间被研磨粉碎。筛理部分旋转，在离心力的作用下使被磨碎粮食中的面粉由筛子分离出来，经出粉口流出。未经筛出的麸、渣由前口流出完成筛理作用。

2. 盘式磨粉机

盘式磨粉机主要由喂料、调整、磨粉、筛理四部分组成。

其工作过程如下：粮食由料斗进入粉碎齿轮与齿套的间隙，完成第一级磨碎并输送到由动、静磨盘组成的研磨组件被研磨成粉，利用风力将磨成粉的粮食输送到筛理部分，筛理后的面粉和麸皮分别从出粉口和出麸口流出。

任务二　饲料加工机械

用来加工和配制饲料的机械称为饲料加工机械。

饲料加工机械可分为：

(1)原料清理设备。包括各种除杂、去石、除铁设备。

(2)饲料粉碎机械。有粉碎机、微粉碎机和超微粉碎机。

(3)青饲料切碎、打浆机械。

(4)饲料混合机。

(5)颗粒饲料加工机械。包括饲料压制机、颗粒饲料膨化机、膜颗粒机、颗粒破碎机和微颗粒饲料加工装置。

(6)其他机械。包括计量配料装置、分级筛、颗粒饲料油脂喷涂设备、输送机械、包装机械。

一、饲料粉碎机

对饲料进行粉碎，首先是为了增加饲料表面积，有利于畜禽消化吸收。其次，原料经粉碎后，各种配料容易混合均匀，有利于制粒效率与质量提高，从而提高饲料的商品价值。为达到不同的粉碎度要求，饲料粉碎可分为一般粉碎、微粉碎和超微粉碎。

饲料粉碎方法主要有压碎、磨碎和击碎三种。

1. 压碎

如图 10-4a 所示，利用两个表面光滑的轧辊，以相同的速度相对转动，饲料通过轧辊缝隙时，被碾压和摩擦而压碎。这种方法适应性较差，国内很少采用。

2. 磨碎

如图 10-4b 所示，使用两个带有齿槽的坚硬磨盘，一个固定，一个转动，饲料夹在其间，在磨盘压力和齿搅拨作用下而碎裂，磨碎的饲料在离心力作用下，从磨盘夹缝中流出。这种方法工效低，加工后饲料温度高。

3. 击碎

如图 10-4c 所示，利用高速旋转的锤片(或爪齿)对饲料进行冲击，将饲料粉碎。这种方法功效高，通用性好，得到了广泛的应用。

(一)锤片式粉碎机

1. 主要结构

锤片式粉碎机主要由进料斗、粉碎和排粉输送等部分组成(图 10-5)。

(1)粉碎部分　又称粉碎室，由转子、筛片、齿板、机体组成。

转子位于机体中间，其上安装着粉碎机的主要工作部件——锤片。锤片是打击、粉碎饲料

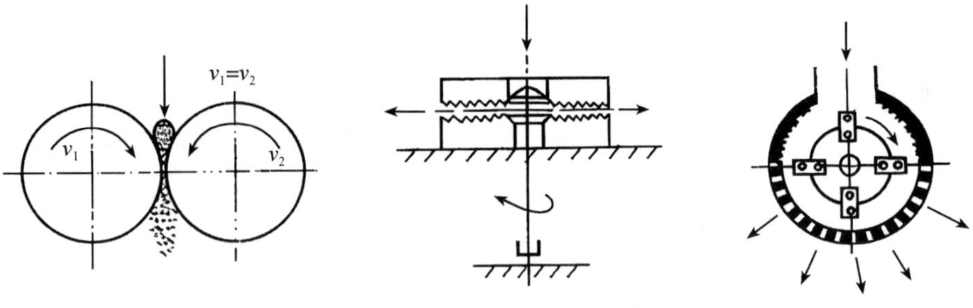

图 10-4　饲料粉碎方法

a. 压碎　b. 磨碎　c. 击碎

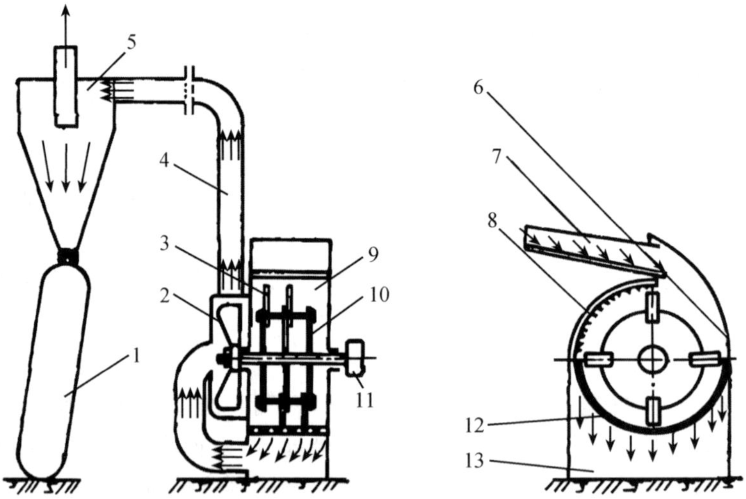

图 10-5　锤片式粉碎机

1. 集粉袋　2. 松料风扇　3. 锤片　4. 输料管　5. 集料管　6. 小齿板　7. 喂料　8. 大齿板　9. 粉碎室　10. 转子　11. 皮带轮管　12. 筛片　13. 机体

的主要部件，常用的有长方形和阶梯形两种。长方形锤片结构简单，制造容易，通用性强，使用寿命长，有四个工作角，磨损后可调换使用。阶梯形锤片有较多的尖角，锤碎劈开饲料的效果更好，但磨损较快。

（2）排粉输送部分　包括风机、输送管道、集粉器（旋风分离器）、集料袋等。风机与转子同轴，经输送管道与筛片下部的出口相连。

2. 工作过程

锤片式粉碎机利用高速旋转的锤片对饲料反复锤击，加上转子旋转的离心力作用，使饲料在粉碎室与齿板及筛片相互撞击，从而粉碎成细小粉末。

饲料由进料斗进入粉碎室，首先受到高速旋转的锤片的打击而破裂，在离心力作用下被甩向齿板，与齿板发生撞击而被弹回，再次受到锤片打击，又与齿板相撞，饲料颗粒经几次打击、撞击作用后，成为细小粉粒。比筛孔小的从筛子漏出。漏下的饲料粉粒，在风机的吸力作用下，被输送至集粉器。带粉粒的气流沿集粉器内壁高速旋转，气流中的饲料粉粒在离心力作用下，与内壁摩擦而降低速度，沉降在集粉器底部，从排料口落入集料布袋，较轻的粉尘与空气则从集粉器上的排气管排出。

(二)爪式粉碎机

爪式粉碎机主要由机体。动齿盘、活门、定齿盘、筛子、进料装置和料斗等部件组成(图 10-6)。除了能进行粉碎作业外,经改装后还可以对小麦、玉米、大豆、高粱等进行脱粒,因此在农村得到广泛应用。

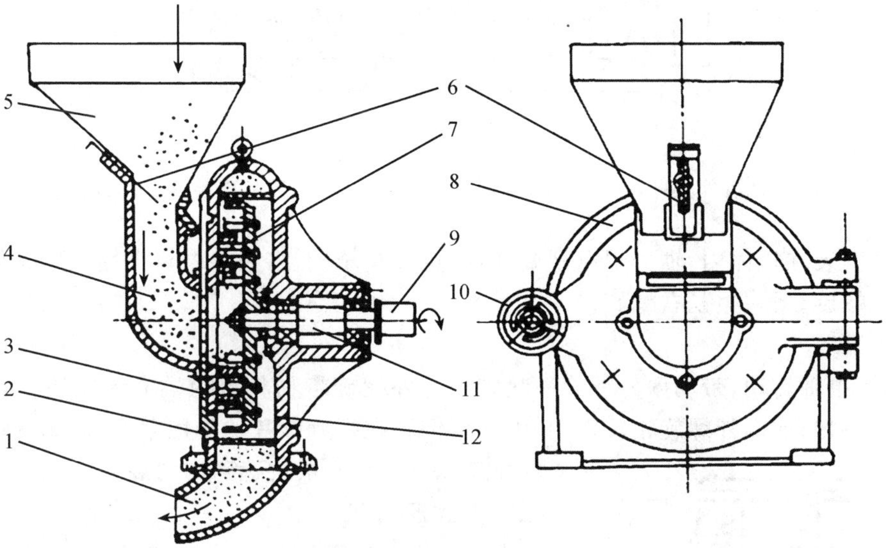

图 10-6 爪式粉碎机

1. 出粉管 2. 筛片 3. 定齿盘 4. 进料管 5. 盛料斗 6. 控制闸板 7. 动齿盘 8. 粉碎室盖板 9. 皮带轮 10. 压紧手轮 11. 主轴 12. 机体

爪式粉碎机主要靠冲击原理进行粉碎。工作时动齿盘旋转,饲料从料斗进入粉碎室后,受到高速旋转的圆齿和扁齿的猛烈冲击和剪切作用。同时在离心力作用下,饲料由动齿盘中心向外移动,不断地与定齿盘、筛片等发生撞击和饲料间的摩擦,因而逐渐细碎成粉。合格的粉粒靠动齿盘高速旋转而形成的风压,通过筛孔将其吹出,不能通过筛孔的饲料继续被撞击,直至通过筛孔为止。

二、饲料混合机

饲料经过粉碎、计量后,必须使其充分混合,否则畜禽仍将得不到全面营养,因此混合是饲料加工的一个重要环节。目前,饲料混合多采用饲料混合机。

饲料混合机必须生产率高、混合均匀、机内物料残留量少、结构简单、操作方便。

饲料混合机的种类繁多。按照物料流动状态不同可分为分批式混合机和连续式混合机;按照主轴安装位置的不同分为卧式混合机和立式混合机。

(一)卧式混合机

卧式混合机是批量混合,具有混合周期短、混合均匀度高、残留量少等优点。缺点是配套动力较大。

1. 卧式混合机的构造

由机体、螺旋轴,主进料口、添加剂进料口、出气口、出料控制机构和传动机构等组成(图 10-7)。

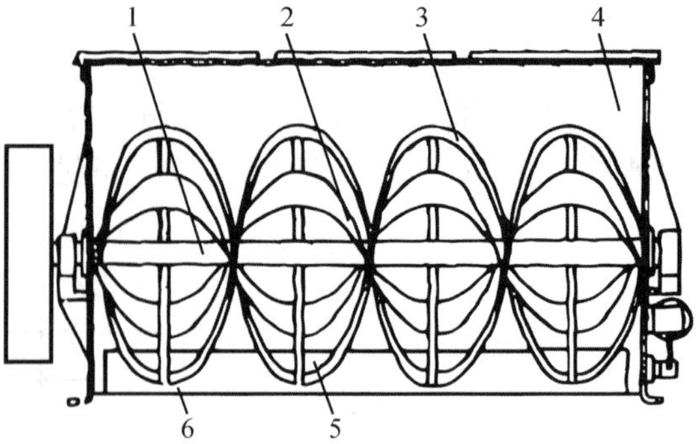

图 10-7　卧式混合机

1. 主轴　2. 左螺旋叶片　3. 右螺旋叶片　4. 机壳　5. 叶片连接杆　6. 卸料活门

螺旋轴安装在机体内，轴上焊有螺旋叶片（也称转子）。多数混合机采用双座螺旋，每根螺旋一边是左螺旋，另一边是右螺旋。

2. 工作过程

工作时，主轴转动，带动内外螺旋一起转动。外螺旋将物料从两端向中间搅拌，内螺旋从中间往两端搅拌；或内外螺旋相反作用，内外层饲料在螺旋叶片的作用下，各向相反方向移动，并不断翻滚、对流，从而很快达到均匀混合。

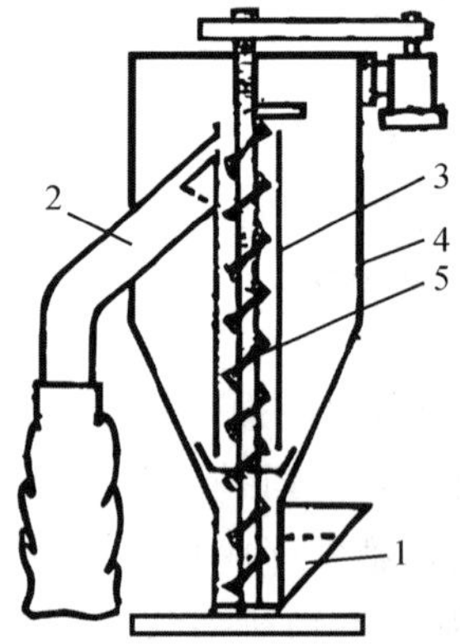

图 10-8　立式混合机

1. 料斗　2. 卸料筒　3. 搅龙外壳　4. 圆筒　5. 垂直搅龙

(二)立式混合机

立式混合机又称垂直搅龙式混合机，也是批量混合，是一种非连续性作业的机器，适用于粉料混合。

1. 立式混合机的构造

主要由料斗、垂直搅龙、圆筒、搅龙外壳、卸料筒、支架和电机传动部分组成（图 10-8）。

2. 工作过程

将已计量好的各种粉料依次倒入料斗内，由垂直搅龙将饲料垂直向上升运，到搅龙顶部开口处排出，落入搅龙外壳和圆筒之间，落到圆锥形底部后又被垂直搅龙向上升运，又从搅龙顶端排出，经多次反复循环，能获得混合均匀的饲料。搅拌完毕将卸料活门打开，排出混合饲料。

三、配合饲料加工机组

配合饲料加工机组是将各种原料和辅料按加工要求加工成配合饲料的成套设备。

一般由四部分组成：①计量装置，用来确定各种物料的比例；②粉碎机，用来粉碎原料；③搅拌装置，用来混合饲料；④料仓，用来暂时存放饲料。

配合饲料加工机组的原料经计量装置计量后吸送到粉碎机粉碎，粉碎并混合好的粉料落入成品料仓。该机组是连续计量，一次粉碎，混合在输送和粉碎过程中进行。

使用时要注意：起动时先起动搅拌机，后起动粉碎机，机器运转正常后方可给粉碎机喂料；停机时要待粉碎物料全部进入粉碎机半分钟后，先停粉碎机，待饲料卸完后，再停搅拌机。

任务三　油料加工机械

油料加工机械是指将油料作物的果实或其他含油物料制成食用或工业用油脂的机械设备。根据油料加工工艺，油料加工机械可分为油料预处理机械、油脂提取设备和油脂精炼设备三大部分。

一、油料预处理机械

油料预处理机械是在油脂提取过程中，将油料果实清除杂物、剥壳去皮、调湿调温以及成型制坯的配套机械设备。

(一)油料预处理机械

油料预处理机械一般包括清理机械、剥壳分离机械和制坯成型设备。

1. 清理机械

用于清除种子各种杂质以达到规定含杂指标的分离设备。

常用的有筛选设备、磁选设备、扇车、扬场机以及铁辊筒碾米机、水洗和除尘配套设备等。

2. 剥壳分离机械

包括油料剥壳机和壳仁分离机。根据壳、仁的结构性质不同，借助搓碾、剪切、撞击或挤压的作用原理剥去油籽的外壳。剥壳后的壳、仁混合物利用筛选、风选进行有效分离。

3. 制坯成型设备

将清理后的油料破碎、软化、轧坯、蒸炒或成型，使成为能满足压榨或浸出所需片状或粒状熟坯。可供选择的设备有：油料破碎机、软化锅、油料轧坯机以及油料蒸炒设备等。此外，尚有专用于粉状油料或高油分油料直接浸出的成型制坯设备，如凝聚机、颗粒压籽机、膨化成型机等。

(二)圆盘式剥壳机的工作过程

圆盘式剥壳机是通过机械方法破碎和剥离油料种子外壳的机器。其主要工作部件是一个固定圆盘和一个转动圆盘(图 10-9)。两个圆盘的相对工作面是由几块扇形齿纹板组成的环形磨片，磨片表面有细密的方格齿纹或斜条齿纹。转动圆盘装在旋转轴的一端，另一端装有调节机构，借以调节两个圆盘的间隙。油料从固定圆盘的中心孔进入两个磨片之间。转动圆盘在旋转时所产生的搓碎作用使油料外壳破碎和剥离。

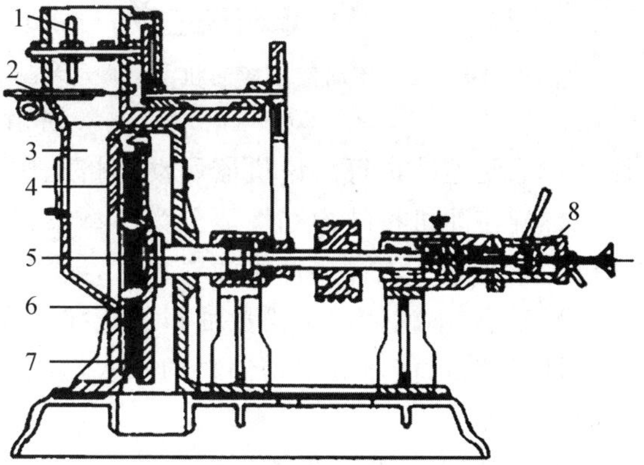

图 10-9　圆盘式剥壳机

1. 喂料翼　2. 调节板　3. 通道　4. 固定圆盘　5. 转动圆盘　6,7. 磨片　8. 圆盘间隙调节器

该机主要适用于棉籽剥壳，也可用于花生果、油桐籽和油茶籽剥壳，还可用于破碎大豆、花生仁及油饼。

二、油脂提取设备

(一)榨油机

榨油机是用机械压榨法从预处理的坯料中提取植物油的机械。其特点是出油效果较好，油饼质量好，对油料预处理要求不高，而且能适应农村处理多品种油料籽的要求。

榨油机取油有两种方法。一种是对静态的油料加压，间歇式作业，如液压榨油机；一种是对动态油料采用挤压的方法，连续作业，如螺旋榨油机。

1. 液压榨油机

液压榨油机是利用液压传递原理制成的一种间歇式榨油设备。按油饼叠放状态分为立式和卧式两种。

图 10-10 所示为立式手动液压榨油机。由榨油部分和手动液压泵组成。压榨前油料要经过清理、轧坯、蒸炒、制坯等预处理，制成的坯料再放入榨油机进行压榨。

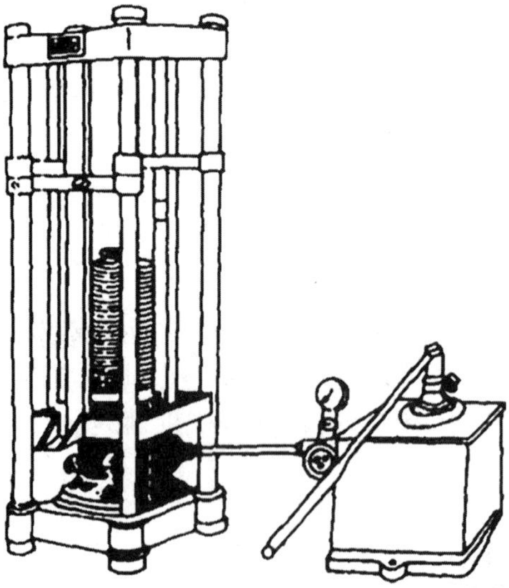

图 10-10　立式手动液压榨油机

这种榨油机体积小，重量轻，结构简单，压力变化方便，能满足榨油过程先快后慢，压力由小到大的工艺要求。但操作劳动强度较大，性能指标落后，且不能连续作业，在国外技术先进国家已趋于淘汰。

2. 螺旋榨油机

螺旋榨油机包括进料装置、榨膛、调饼机构、传动系统以及机架等部件(图 10-11)。大中型榨油机还附设有榨油机蒸锅。

榨油机工作时，榨油物料在榨轴的推动下在榨膛内被连续向出饼端推进。由于榨膛容积逐渐缩小，压力逐渐增大；另外，在压榨过程中，物料之间及物料与机件间的强力摩擦产生一定的热量。当具备了适宜的压力、温度和时间后，油脂便从含油物料中分离出来，分离出来的油脂从榨条缝隙流出，饼渣则被压成饼由出饼口被推出机外。油料从进料机构连续喂入，榨油作业便连续进行。该机器属动态挤压作用下的连续作业机。

螺旋榨油机按结构和性能分为小型螺旋榨油机及大中型螺旋榨油机和预处理机。小型榨油机主要适用于农村多种小油料加工，能适应于整籽冷榨、一次压榨、预榨等多种用途。缺点是处理量小，不太适应于松散油料的压榨。大中型螺旋压榨机，加工能力大，是结构较完整的一次性压榨机，能适应多种油料的一次性压榨，可保证较高的出油率，但结构复杂笨重，结构调整时需要停车。

(二)油脂浸出设备

油脂浸出设备用于将经过预处理和轧坯后的油料，浸在溶剂(己烷或轻汽油)中将油浸出，得到的混合油再经过滤、蒸发、汽提等工序使溶剂与油分离以及湿粕蒸脱的成套设备。

浸出设备包括主机浸出设备和回收系统设备两部分。按溶剂与坯料接触方式分为浸泡型、渗流型与混合型；按结构外形分为罐组式、螺旋式、刮板拖链式、履带式、平转式、篮筐式以及塔盘式等；按生产过程又有间歇式与连续式之分。

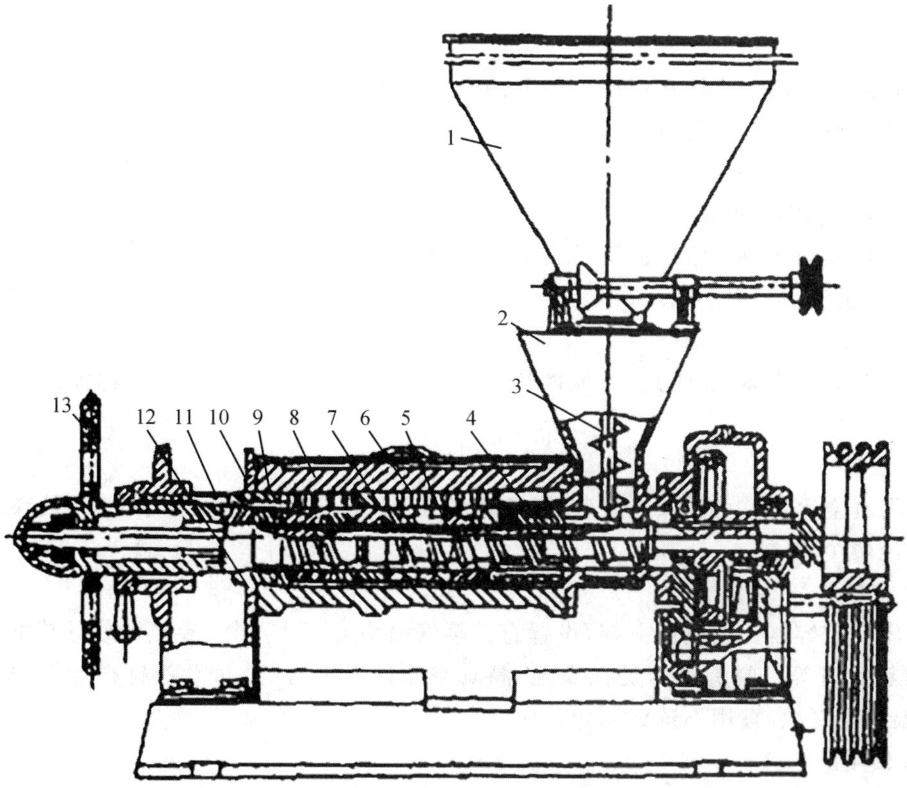

图 10-11 螺旋榨油机

1. 装料斗 2. 进料斗 3. 喂料桨叶 4. 条排 5. 榨螺轴 6. 圆排 7. 榨螺 8. 上榨笼壳 9. 压紧螺母 10. 出饼圈 11. 调节螺杆 12. 下榨笼壳 13. 调整手柄

浸出器的类型较多，在选择使用时，应以原料结构性质、生产规模、浸出方式、浸出级数和工艺条件等作为主要依据。四种主要机型的性能对比见表 10-1。

表 10-1 四种浸出器特性对比

特征	平转式	环形拖链式	水平篮筐式	罐组式
料坯性质	片状预榨饼	片状预榨饼	片状预榨饼	粉状预榨饼
料坯状态	固定	移动、翻转	固定、翻转	固定
生产能力	范围大	范围大	范围较大	范围小
料层高度/m	高(1～3.5)	低(1～0.5)	中等(1～0.7)	高(1.5～2)
浸出方式	静态:渗滤 浸泡结合:逆流 连续式	动态:浸泡 渗滤结合:逆流 连续式	静态:翻转 渗滤大喷淋:逆流 连续式	静态:浸泡 逆流 间歇式
浸出级数	4～8	4～6	5～9	3～8
浸出周期/min	短(40～150)	短(28～120)	较长(90～150)	长(>150)

三、油脂精炼设备

油脂精炼设备用于将压榨或浸出的毛油通过过滤、水化、碱炼、酸炼、脱色、脱臭等工序，去除各种杂质、胶体杂质和脂溶性杂质。

油脂精炼主要设备包括间歇式、连续式、半连续式炼油设备及过滤设备等。

(一)间歇式炼油设备

间歇式炼油设备由一组炼油锅及真空系统、泵、贮罐、管路、代表等组合而成。适用于多种精炼工艺，广泛应用于中小油厂。

1. 炼油锅

由锥底圆筒形锅体、加热盘管、搅拌装置和传动机构等构成，能用于多种油脂的水化工序或碱炼工序等全过程。

2. 脱色锅

属密闭真空容器，由锅体、搅拌装置、减速装置、盘管以及真空系统等组成，其操作包括预脱色和脱色两个程序。

3. 脱臭锅

属密闭真空容器。无机械搅拌，设置直接蒸气喷头与高压蒸气，导热油或导热剂等高温介质间接加热盘管等。脱臭操作是在高温、高真空条件下进行的，对设备材料与结构要求刚性好、耐高温和耐腐蚀，宜用不锈钢制作。

4. 氢化罐

属带搅拌装置的密闭容器。由氢化罐、压滤机、催化剂罐组成。

氢化罐的操作工艺是：进油、催化、真空除气、加热，加氢、测定与冷却等程序周期性地进行。

(二)连续式炼油设备

连续式炼油全部工序实现连续化生产。其特点是密闭紧凑、操作稳定，适合于大中型油厂以及油源质量稳定的场合。但设备结构复杂、造价高、操作维修要求高。

连续炼油工艺包括：碱炼、脱色、脱臭以及物理精炼等，可根据要求加以组合。连续碱炼的主要设备是离心机；连续脱色脱臭的主要设备是脱臭塔；连续物理精炼的主要设备是物理精炼塔，它与脱臭塔结构相似，有时可以合用。

1. 离心机

离心机分为管式和碟片式两种。

管式离心机由高速转筒、锥形外壳、吊轴以及传动装置等构成。工作时，转筒内油脂与内部旋翼一起高速旋转而产生离心力。根据密度的不同而达到分离油脂的目的。

碟片式离心机由转鼓、机身、进出口管以及传动机构等组成，属沉降式离心机。主要部件转鼓由若干锥形碟盘按一定间隙叠置而成。与管式相比，具有处理能力大、噪声低、运转平稳、分离效果均匀等特点。但结构复杂、造价高。广泛应用于大中型油厂。

2. 脱臭塔

脱臭塔又称物理精炼塔，是将脱色油连续进行除气预热、脱臭及冷却等过程的专用塔。其特点是处理量大，蒸气耗用量均匀，但对原料要求严格，脱臭效果不易一致，不适用于经常更换油品的场合。

3. 过滤设备

过滤设备是用于去除油脂中固体杂质的专用设备，主要有：离心分渣筛、板框压滤机、盘式叶滤器和螺旋卸料离心机等。它们的结构特点和用途见表 10-2。

表 10-2　几种主要过滤设备的特点和用途

机型	结构与工作原理	适用范围与特点
离心分渣筛	圆锥形筛体高速运转时，在重力和离心力的作用下，渣沿着筛面排出，油穿过筛孔	毛油粗渣分离，简单，处理量大，油中含渣较多
板框压滤机	由若干装滤布的滤板和中空滤框构成滤室，毛油从中心孔收入，油在压力作用下穿过滤布，渣留于框内	毛油或半精油过滤，质量稳定，劳动强度大
盘式叶滤器	滤布装于叶片形滤框板上，含渣毛油从外部进入叶片，清油从框中间引出，最后利用机械传动，借离心力实现卸渣。属于间歇压力过滤	半精油过滤，紧凑，能组合成连续式，密封要求高
螺旋卸料离心机	借助卧置的高转速转鼓将油渣在离心力作用下分离至筒壁，空心转轴上的锥形桨片不断将渣排出，净油从中央溢出	毛油过滤，处理量大，造价高

项目十一　园林、果树机械

园林作业项目繁多，作业内容、作业对象、作业条件及作业时间差异很大。实现园林作业机械化，可以降低园林作业人员的工作强度，保证施工质量，提高工作效率。园林机械就是为完成各种园林作业而研制、开发出的多种类的作业机械设备。

任务一　割 灌 机

利用旋转式工作部件切割灌木的机械称为割灌机，割灌机除广泛用于幼林抚育、次生林改造和成林改造及割竹、除草作业外，还可用于林地清理以及清除灌木的作业。

割灌机可分为手扶式、悬挂式及背负式。

割灌机的技术要求：割茬低、切口平，割尽，控制倒向，不伤苗、压苗；小型轻便，便于携带上山，林地通过性好；结构简单，耐用可靠，操作、保养、维修方便；振动、噪声低，一机多用。

一、侧背式割灌机

（一）构造

国产 DG-2 型侧背式割灌机如图 11-1 所示。该机采用硬轴传动，主要由发动机、传动系统、离合器、工作部件操纵部分及背挂部件等组成。

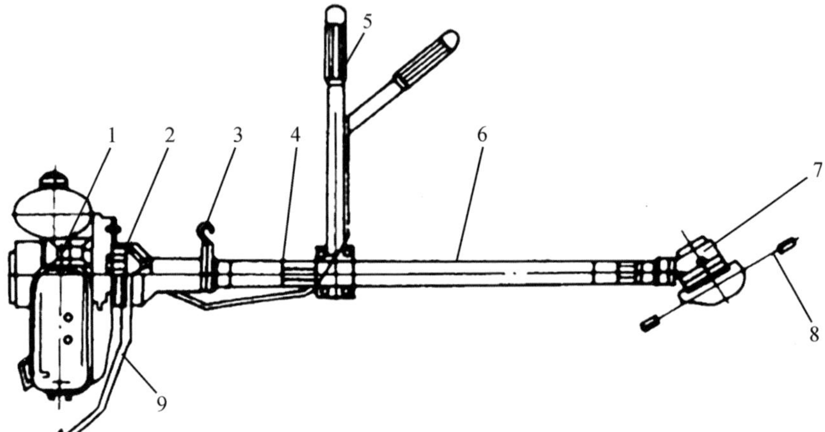

图 11-1　DG-2 型割灌机

1. 发动机　2. 离合器　3. 挂钩　4. 传动部分　5. 操纵部分　6. 套管　7. 减速器　8. 工作部件　9. 支脚

1. 离合器

该机离合器可实现过载自动打滑，以保护工作部件不受损坏，空载怠速时能自动切断动力。

离合器主体与风扇固定在一起，风扇安装在曲轴上，构成离合器主动部分；离合碟是被动件，固定在传动轴上。发动机的转速达到 2 800～3 200 r/min 时，离心块在离心力作用下克服弹簧的紧箍力而向外张开，依靠摩擦作用与离合碟成为一体并将动力传给传动轴，带动工作部件进行切割作业。当发动机的转速低于 2 800 r/min 时，离心力减小，离心块在弹簧力的作用下恢复原位，动力切断，工作部件停止旋转。

2. 传动轴与减速器

传动轴属于硬轴，用来将离合器传来的发动机动力传递给减速器。

减速器可改变传动方向，与工作部件总称为工作头。减速器的减速比为 1.21，若发动机的转速是 5 000～6 000 r/min，工作件的转速则为 4 130～4 950 r/min。

3. 工作部件

割灌机的工作部件类型很多，多为圆锯片和刀片（图 11-2）。圆锯片广泛用于切割灌木和小径级立木，刀片多用于割草和切割藤蔓。

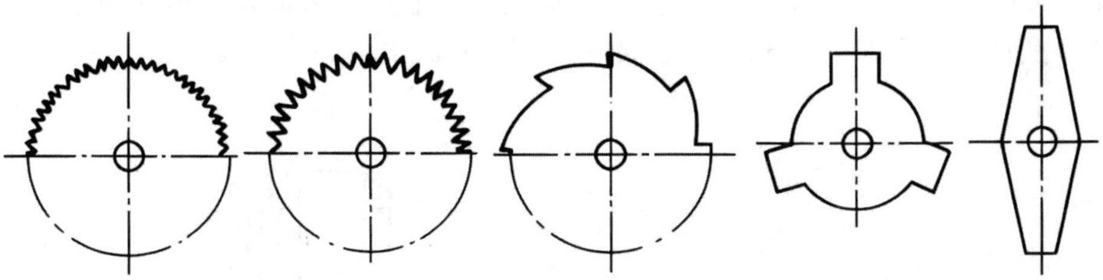

图 11-2　割灌机工作部件的类型

a. 80 齿圆锯片　b. 40 齿圆锯片　c. 8 齿圆锯片　d. 3 刃刀齿　e. 双刃刀齿

DG-2 型侧背式割灌机配有两种类型的工作部件，即圆锯片和刀片。圆锯片通过各种连接件紧固在减速器的从动轴上；刀片同防卷圈一起安装在刀盘上。刀片均布并可更换，每只刀片有 4 个刃口，可以反转调头使用。刀片伸出刀盘外的长度可以调节，切割嫩草藤蔓时，刀片可伸长些；切割老、硬的杂草和藤蔓时，刀片可伸出短些。

（二）使用与维护

1. 使用

割灌机进行使用时，发动机转速一般以 5 000 r/min 左右为宜。严禁在 6 000 r/min 以上长时间运转，以防损坏发动机零件、降低使用寿命。操作方式可根据林地具体条件选择。可以双手左右摆动连续切割，也可以单向切割，一次伐倒。发生卡锯时，立即关小油门，待离合器分离后抽出锯片或刀盘。工作结束后，减小油门低速运转 3～5 min，待机器冷却后再停机，严禁高速运转时突然停机。

2. 维护与保养

（1）班后要清理整机表面的油污，用热水清洗锯片（刀片）上的树脂和草渍。清洗空气滤清和离合器。检查油管接头和外部紧固件是否松脱。

（2）工作 50 h 后，除完成班保养要求外，还应清洗油箱、沉淀杯和汽化器浮子室；清洗减速箱后应换新润滑油；清除消音管和火花塞中的积炭；拆下起动轮检查螺钉是否紧固。

（3）工作 100 h 后，先完成 50 h 保养内容；然后检查离合器磨损情况；拆洗发动机。

（4）工作 500 h 后，要全部拆卸清洗，检查各部件损坏情况，并进行更换和修理。

(5)长期保存时,应擦洗整机,汽缸内注入少量润滑油;变速箱换新润滑油;锯片(刀片)修磨后涂上润滑脂。整机放置于干燥通风处。

二、几种常见的割灌机

(一)背负式软轴割灌机

背负式软轴割灌机由发动机、软轴和工作部件等组成。工作部件配有多种圆盘锯片及附件。

工作时将割灌机背在肩上,发动机的动力通过离合器、三角皮带及软轴传递给割灌机的工作部件。因采用软轴传动,操纵灵活性大,不受地形和坡度影响,可以上下左右自由操作,特别适应于地形复杂的山区作业。

(二)悬挂式割灌机

悬挂式割灌机悬挂在轮式或履带式拖拉机上,工作部件由拖拉机发动机的动力输出轴经传动机构带动旋转,随拖拉机的移动进行割灌作业。一般用于大面积除灌作业。

图 11-3 所示为一种悬挂式双锯盘割灌机,主要由机架、锯片、传动机构、悬挂装置和推板等组成。

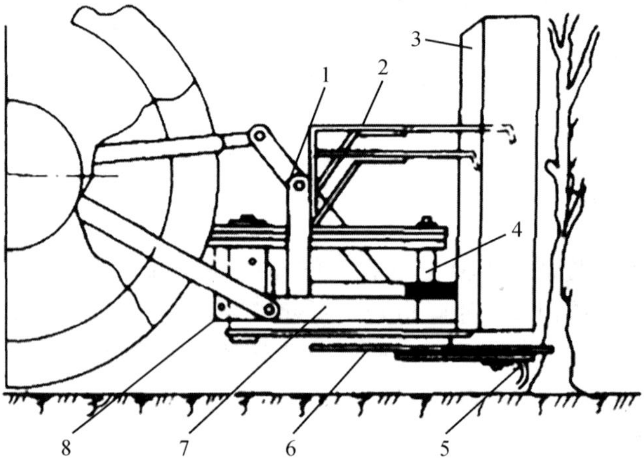

图 11-3 悬挂式割灌机

1. 悬挂架 2. 推板支架 3. 推板 4. 垂直轴 5. 滑撬 6. 锯片 7. 支架 8. 减速器

机架由左右两个支架组成,一端铰接于减速器座上,另一端用导向板和弹簧连接在一起,遇到障碍时可借助弹簧力的作用使支架越过障碍或回位。

传动装置包括万向轴、减速器、皮带轮和三角皮带。减速器通过皮带传动带动锯片旋转。两锯片旋转方向相同,锯下的灌木由推板推向右侧。

整机由悬挂装置支承和起升,除灌作业时拖拉机后退行驶。

任务二 挖 苗 机

造林季节为及时提供大量苗木,适时挖苗出圃,是苗圃作业中最繁忙的工序之一。手工挖苗劳动强度大,占用大量劳力,劳动效率低,所以广泛使用挖苗机进行挖苗作业。

苗圃中挖苗作业包括挖苗、拔苗、清除苗根上的土壤、分级及捆包等工序。

国内外挖苗作业大部分是单项机械化，只有挖苗工序普遍使用了挖苗机，其他工序一般多为手工作业。

挖苗机应满足以下林业技术要求。

(1)掘土深度应符合苗木根系生长要求，一般为 25～60 cm。

(2)切开的土壤只许松碎，不得产生翻转和移动，以免埋没苗木。

(3)挖苗刀刃应锋锐，避免撕断根系。

(4)机具结构应合理，不得碰伤苗木。

一、挖苗机的类型和一般构造

挖苗机按与拖拉机的连接方式分为牵引式和悬挂式两种类型；按作业种类可分为垄作挖苗机、床作挖苗机和大苗挖苗机。

挖苗机的结构形式各有差异，但主要工作部件都是 U 形挖苗刀，并配有碎土装置。

1. 挖苗刀

挖苗刀是挖苗机的主要工作部件，其入土角 α 及水平刃夹角 2γ 是影响挖苗刀工作质量的主要因素(图 11-4)。

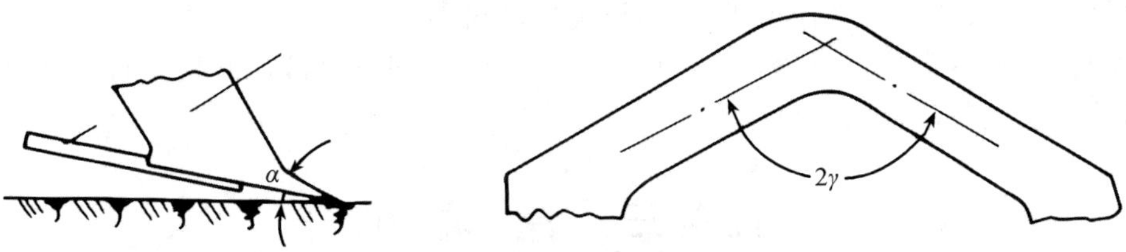

图 11-4　挖苗刀参数

入土角 α 是刃面与土壤水平面的夹角，过大时会增加土壤对刃面的正压力和摩擦力，使阻力增大，因而引起对苗木根系的损伤。过小时挖苗刀不易入土，因而影响抬土和松土作用。为便于切土和松碎土壤，可将刃面做成具有不同 α 角的光滑连接的曲面。

水平刃夹角 2γ 使挖苗刀在工作时产生一定的滑切作用，以减少工作阻力。

挖苗刀两侧的垂直刀刃应稍向后倾，以利滑切而减少工作阻力。

2. 碎土装置

碎土装置用于松碎抖落苗木根系的土壤，以减轻拔苗工序的劳动强度，同时便于苗木分级、捆包和栽植。

碎土装置有碎土板式、转轮式和摆杆式等式样。

碎土板呈曲面，安装在 U 形刀的后面。当苗木经挖苗刀移动到碎土板上时，在曲面的作用下，根部土壤被折断松碎而抖落。

转轮式碎土装置如图 11-5 所示。由前后两个敲打轮组成。前轮上装有固定式敲土杆，后轮上的敲土杆是铰接的。当苗木由敲打轮上方通过时，敲土杆便敲打根部，将根部的土壤敲落。

摆杆式碎土装置如图 11-6 所示。其敲土部分是一个梯形架，前端铰接在机架上，中间被曲柄机构带动作上下及前后往复运动，利用梯形架敲打苗木根部，使土壤抖落。摆杆式碎土装置抖碎土壤的效果比转轮式好，不伤苗，不缠根，但有惯性力，使机器产生振动。

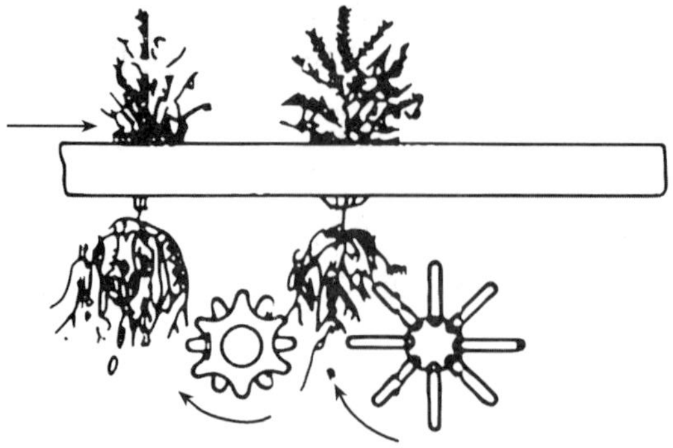

图 11-5　转轮式碎土器

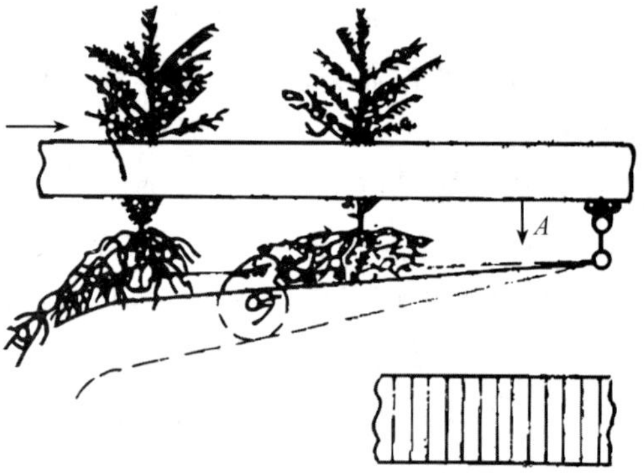

图 11-6　摆杆式碎土器

二、挖苗机的使用

(1)挖苗机使用时,机架应是水平状态。横向调平,是用悬挂机构左右提升杆调节;纵向调平,是用悬挂机构上拉杆调节。

(2)挖苗深度和犁耕耕深由左右调节轮同时调节,机组作业时应平稳,无偏牵引现象。

(3)作业时应使拖拉机(右轮履带)与苗行保持一定的距离,减少伤苗。

(4)机组地头转弯时应将挖苗机升起,以免损坏机器。

(5)运输时,应将限位链拉紧,减少机具的左右摆动,同时将液压装置定位阀压住,以免运输途中液压系统受震动而损坏机件。

任务三　挖 坑 机

挖坑机也称挖穴机,主要适用于挖植树坑,也可用于果树栽植、橡胶树定植及大苗移植前的挖坑作业。另外也可用于工程和牧场围栏增设桩柱时挖坑。

挖坑机应满足以下技术要求。

(1)挖坑机挖出的坑径、坑深应满足栽植树木的要求。

(2)挖出的坑应有较高的垂直度,坑壁应整齐,但不宜太光滑,否则不利于根系生长。

(3)挖坑时应符合出土率的要求,尤其在贫瘠的土壤上挖坑时出土率要求高。

(4)挖坑时抛出的土应在坑的周围,抛土半径不应太大,以便回填土方便。

按照配套动力和挂接方式的不同,挖坑机可分为悬挂式、牵引式、手提式和自走式;按照挖坑机钻头的数目,可分为单钻头、双钻头和多钻头挖坑机。

一、手提式挖坑机

如图 11-7 所示,手提式挖坑机的钻头装置与小型二冲程汽油机配置成整体,由单人或双人操作。

该机主要由小型二冲程汽油发动机、离合器、减速器、钻杆及套、保护罩和钻头装置等组成。其工作原理是由发动机带动离心式离合器,当发动机转速达到啮合转速时,离合器结合,动力经减速器减速而驱动钻头做旋转运动。该机使用带螺旋齿的整地型钻头,附有安全保护罩,可以防止缠草、土壤抛撒和保证操作者人身安全。

手提式挖坑机主要用于地形复杂的山区、丘陵区和沟壑区，在坡度为35°以下的地区进行穴状整地或挖坑，也可以用于果园、桑园、苗圃的挖坑作业，坑径一般在0.3 m以内。

二、悬挂式挖坑机

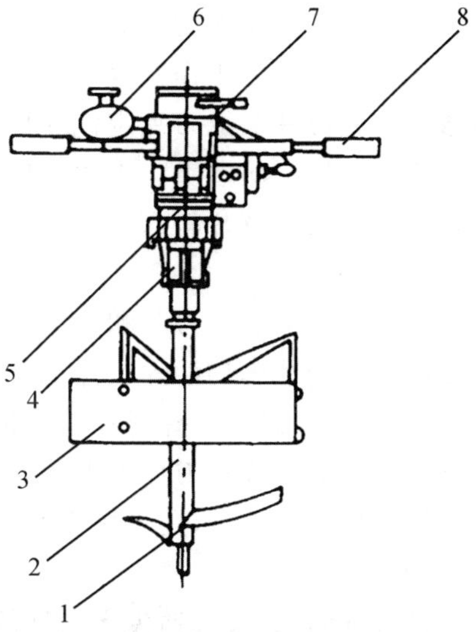

图 11-7　手提式挖坑机结构示意图

1. 钻头装置　2. 钻杆及套　3. 安全保护罩　4. 减速器　5. 离合器　6. 油箱　7. 发动机　8. 手柄

悬挂式挖坑机的钻头装置悬挂在拖拉机的前方、侧向或后方(图11-8)。拖拉机动力输出轴带动钻头转动，拖拉机的液压系统操纵挖坑机的升降。它可以挖较大的坑径和较深的坑，也可带动多钻头同时作业。此种形式的挖坑机多用于地形平缓、拖拉机可以顺利通过的地区进行作业。

一般悬挂式挖坑机由机架、动力输出轴、离合器、联轴节、减速器、上拉杆、左右下拉杆和钻头等主要零部件组成。其工作原理是由拖拉机的动力输出轴、联轴节和减速器来传递动力，驱动挖坑机的钻头做旋转运动；拖拉机液压分配器手柄置于浮动位置，钻头装置靠自重向下作进给运动，钻头完成切土、升运土壤并抛至坑的周围。作业时拖拉机停止行驶，完成一次挖坑作业后，拖拉机按造林株距行驶到下一个位置上作业。

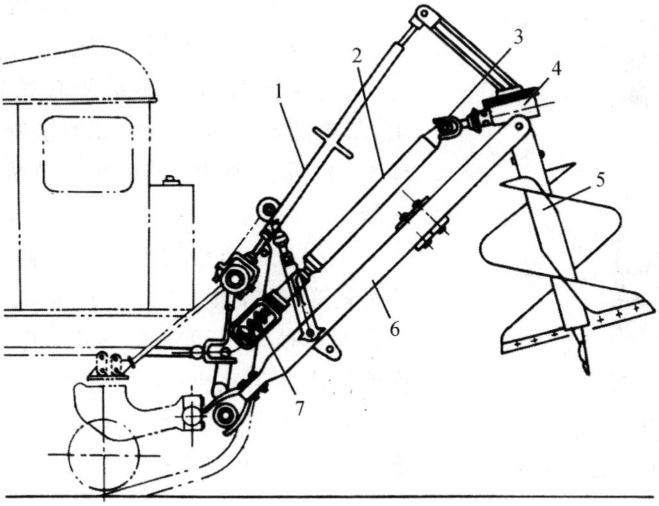

图 11-8　悬挂式挖坑机结构示意图

1. 上拉杆　2. 传动轴　3. 联轴节　4. 减速器　5. 钻头　6. 机架　7. 离合器

三、挖坑机的主要工作部件

钻头是挖坑机的主要工作部件，由翼片、刀片、钻尖和钻杆组成。

1. 钻头翼片

钻头翼片有螺旋型、叶片型和螺旋齿型三种。螺旋型和叶片型翼片在挖坑作业中从穴中向上升运和排除土壤的性能较好，一般用于挖坑作业，故也称为挖坑型翼片。

挖坑型翼片的工作原理是：挖坑作业时钻头垂直向下运动，在扭矩和轴向力的作用下切削土壤。首先由钻尖及刀片定位并切削表层土壤，松碎的土壤在离心力的作用下被甩向坑壁，在摩擦力的作用下坑壁阻止土壤旋转，使其沿翼片表面向上滑移。外层土壤靠内摩擦力的作用带动相邻土层沿翼片斜面向上运动，土壤升运到地表后被抛离到坑的周围。

2. 刀片和钻尖

钻头的前端装有刀片和钻尖，刀片是挖坑机切削土壤的主要部件，工作中最易磨损，要求在足够强度和冲击韧性的条件下，保持刃口锋利，以减轻切削阻力。

刀片有双刃矩形、梯形和三角形三种。双刃矩形刀片一面磨损后，可调换刃面使用，用于较坚硬的土壤。梯形刀片入土性能较好，阻力小。三角形刀片用于松软土壤。

钻尖也称定位尖，用于挖穴时定位并切去中心部分土壤。钻尖有分叉形、三角形和螺旋锥形三种。

试验证明，分叉式钻尖入土性能好，阻力小，而螺旋锥形入土阻力大，但定位性能好。

任务四 植树机

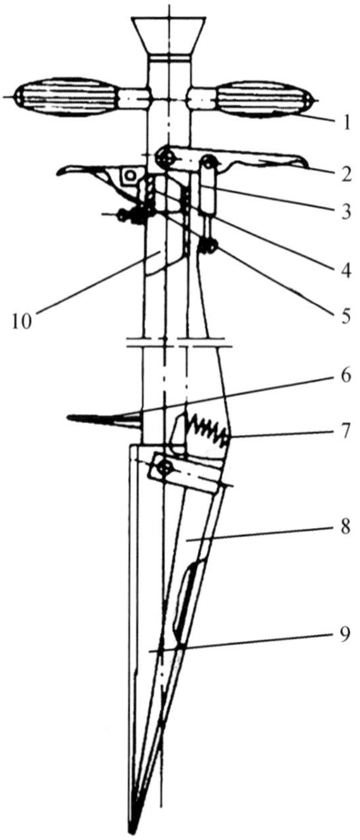

图 11-9 导管式沙丘植树器

1. 把手 2. 手柄 3. 调整螺丝 4. 投苗筒 5. 投苗筒手柄 6. 脚蹬 7. 弹簧 8. 副开穴嘴 9. 主开穴嘴 10. 导管

植树机可以将已经形成根系和茎干的苗木植入林地，也可以进行插条作业。

植树机应满足以下技术要求。

(1)要有均匀一致的开沟深度。

(2)栽梢的苗木保证苗根直立、须根舒展。

(3)保证苗木的根系要栽植在湿土层的松软土上，苗根底部要有 1～2 cm 的松软土层。

(4)覆土时要保证湿土与根系接触，覆土均匀一致。

植树机的类型较多，按植苗作业的机械化程度可分为简单植树机、半自动植树机和全自动根树机三种。简单植树机可进行开沟、覆土和压实作业，植苗作业需由人工完成；半自动植树机可完成开沟、植苗、覆土和压实四道工序；全自动植树机除能完成上述几道工序外，还能完成植苗前的递苗工序。

一、植树器

(一)沙丘植树器

沙丘植树器有导管式和开式两种。导管式沙丘植树器的构造如图 11-9 所示，主要由苗木导管、开穴嘴、脚蹬、扶手、投苗筒等部分组成。开穴嘴在压缩弹簧的作用下处于常闭状态，由手构操纵开启，开穴嘴的开度用调整螺丝调整。苗木导管内装有投苗筒，管外设有控制钩手，投苗筒经常置于苗木导管内，扳动钩手，投苗筒顺导管落下。

开式沙丘植树器与导管式相似，扶手为“门”字形，以便于直接向开穴嘴投送树苗。开穴嘴的锥度较小，利于入土。开穴嘴上部装有压缩弹簧，使其处于闭合状态，用控制手柄可以操纵其开启。

使用沙丘植树器时，用脚蹬将开穴嘴踩入沙丘中，从导管上端喇叭口投入苗木，拔起植树器同时，用控制手柄将开穴嘴打开，沙土随即灌入植苗穴中，将苗木根底部埋住。

植树器可顺利地将苗木一次植入 35～40 cm 深的沙层中，因不挖坑，所以不搅乱干湿沙层，栽植后根部舒展，苗木直立，栽植效果好。结构简单，重量轻，便于制造和携带作业。

(二)容器苗栽植器

在地形复杂、不能使用机械的小地块，可以采用容器苗栽植器进行植树造林。图 11-10 所示为几种简单的容器苗栽植器，结构简单，重量轻，便于携带，操纵方便。

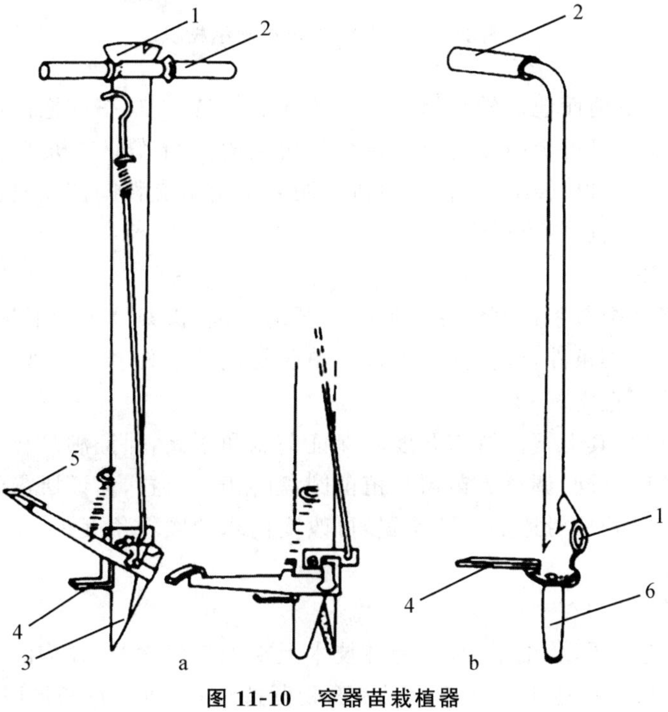

图 11-10 容器苗栽植器

a. 鸭嘴式栽植器 b. 挖穴铲

1. 苗筒 2. 手柄 3. 挖穴嘴 4. 挖穴踏板 5. 开嘴踏板 6. 挖穴铲

鸭嘴式栽植器的使用方法与沙丘植树器基本相同。

挖穴铲是最简单的栽植器，可在地上挖出一个与容器苗大小相等的圆穴，将苗木放入筒中，苗木自筒落入穴中。

二、半自动植树机

(一)构造与原理

JZ-30 型半自动植树机如图 11-11 所示，主要由锐角箱型开沟器、转盘式植苗机构、刮板覆土器、圆柱形压实轮、牵引装置、棘轮离合器和苗箱等组成。

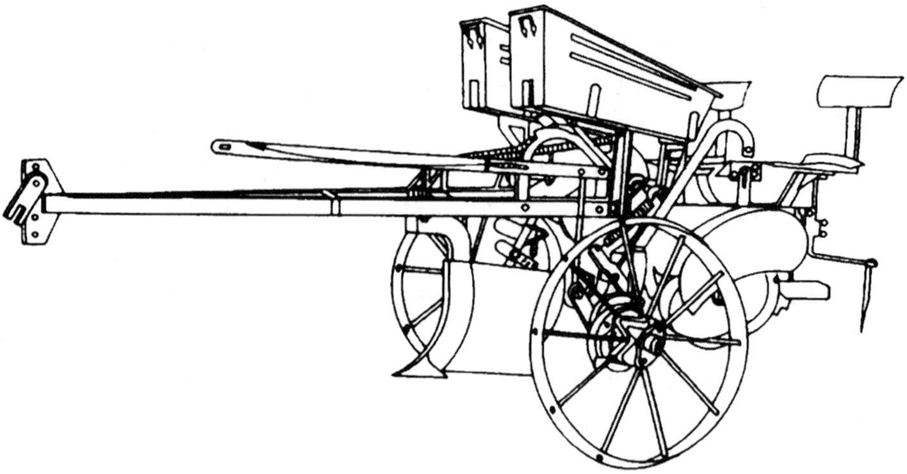

图 11-11　JZ-30 型半自动植树机

该机适用于经过整地而地形较平坦的立体条件下，与较大功率的拖拉机配套，进行大面积机械化造林。每台拖拉机可牵引 3 台或 5 台植树机同时进行作业。机组前进时，行走轮的动力经传动机构带动植苗机构转动，每台植树机有两名植苗员交替向苗夹放置苗木，植苗机构将苗木投放到植树沟中，然后覆土压实。

(二)使用与调整

(1)使用前将深浅调节手杆固定在所需要的开沟深度，机架处于水平状态。

(2)根据不同的土壤条件，调整前覆土板和镇压轮的前后距离及开度，以便及时埋覆苗木根系和压实，保证苗木直立。

(3)覆土器调整后，其上下位置与开度应保证垄宽和垄高，保证满足林业技术要求。

(4)根据苗木长度不同，调整夹苗器与植苗圆盘的相对位置，保证所需的栽植深度。

(5)通过调节苗夹开放滑道的安装位置，可改变苗木的倾斜角度。

三、大苗植树机

沙荒地区风沙危害严重，干旱少雨，造林技术上要求栽植大苗、开沟灌水，以保证苗木的成活率。KDZ 型大苗植树机适于在沙荒地区大面积营造片林、防沙林和护田林。

如图 11-12 所示，KDZ 型大苗植树机由机架、限深轮、开沟犁、开沟器、覆土器、压实轮、苗箱等部分组成。

机架由前机架和后机架组成。前机架是植树机前部和中部的主体，用于安装前开沟犁、开沟器、限深轮和苗箱等主要部件，并且组成悬挂装置。限深轮装在主机架两侧，用调节丝杠可改变限深轮的高度。开沟犁体用于植树前开灌水沟。后机架安装有前、后覆土器、镇压轮等。与前机架铰接，因此后机架可以上下浮动，以适应地形变化，使压实力稳定，保证栽植质量。

该植树机可一次完成植苗和开灌水沟两项作业，卸去后机架可用于开沟作业，卸去前开沟器可用于平原植树作业。可适应小块地作业，耕作质量良好。

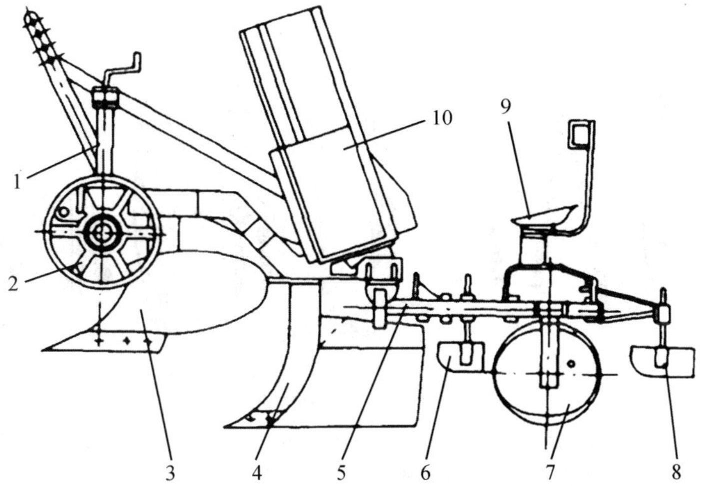

图 11-12 KDZ 型植树机

1. 前机架 2. 限深轮 3. 前开沟犁 4. 植苗开沟器 5. 后机架 6. 前覆土器 7. 镇压轮 8. 后覆土器 9. 座位装配 10. 苗箱装配

任务五 整形修剪机械

在园林建设中,需要对树木进行整形修剪,对草坪进行修边、剪草等作业。在果树种植过程中,为了使果树具有合理的、健壮的树体结构,也要适时进行果树修剪作业。这里就介绍树木整形机具和草坪整形机械。

一、修剪工具

树木修剪方式有两种:即单枝修剪和整体修剪。单枝修剪是有选择地剪去过密的、病弱的或长势不合要求的枝条。整形修剪是对树冠进行无选择的修剪,使树木形体具有一定的几何形状,如圆形、V 形或矩形等。

修剪工具类型较多,主要是根据果树枝条的粗细和硬度来选用。

如图 11-13 所示的修剪工具中,a、f 是截锯,用于切割较粗的干枝;b 是修枝剪,用于修剪较软的果树枝条;c 是小型修枝剪,用于修剪藤蔓、矮灌木和小树枝;d、e 是手动的大型修枝剪,f 用于修剪较粗的枝条;g 是高枝剪,用于修剪上部枝条。

二、链式动力锯

链式动力锯可用于伐树和修剪粗大的干枝,多用汽油机作动力,也称油锯。

(一)链式动力锯的构造

轻型油锯主要由汽油机、传动机构和锯木机构组成(图 11-14)。

轻型油锯的发动机为单缸、二冲程风冷汽油机。传动机构由离心式离合器和驱动链轮等组成。

发动机曲轴的动力直接传递给离合器被动盘上装有锯木机构的驱动链轮。工作时,离合

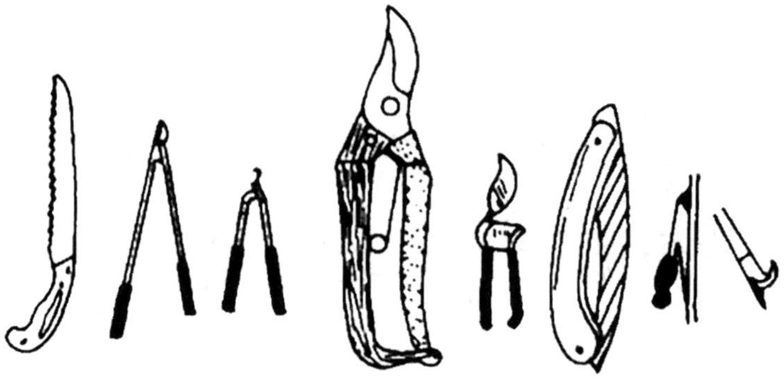

图 11-13　修剪工具

a,f. 截锯　b. 修枝剪　c. 小型修枝剪　d,e. 大型修枝剪　g. 高枝剪

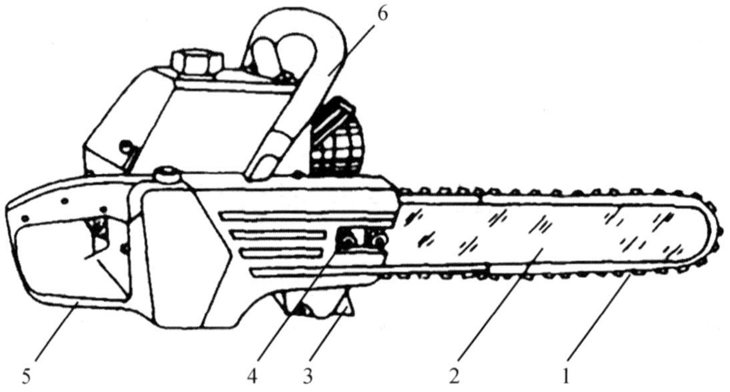

图 11-14　轻型油锯

1. 锯链　2. 导板　3. 插木齿　4. 张紧装置　5. 后把手　6. 前把手

器结合,带动驱动轮转动,驱使锯链沿导板转动。锯链卡阻时,离合器自动切断动力,避免锯木机构受到损坏。发动机怠速运转时,离合器自动分离,锯链停转,保证油锯和工作人员的人身安全。

锯木机构由锯链、锯链导板、张紧装置和插木齿组成。

锯链是锯木机构的主要工作部件。轻型油锯的锯链为万能锯链,也称刨刀式锯链,可以从横向(垂直于树干方向)、纵向或斜向锯切树干。

锯链导板是用于支承和引导锯链按一定方向运行的部件,有带导向轮和不带导向轮两种。导板尾部有润滑油孔,来自油箱的润滑油经此孔压入导板或锯链之间进行润滑。

插木齿位于工作装置的后下方,固定在油锯体上。锯木时,插木齿抵住树干,为油锯的一个支撑点,以便操作人员控制油锯作业。

(二)链式动力锯的使用和维护

(1)作业前应检查锯链的安装方向和调整锯链的张紧度。

(2)锯割前,先将插木齿靠紧树干,然后使锯齿轻轻接触树干,等钢板锯入树干以后,再逐步增大油门和增大送锯力。

(3)出现卡夹等现象时,可将锯板在锯口中左右活动。

(4)油锯使用后应妥善保存,注意防潮、防晒。长期存放时,应放净油料,拆下锯链、导板,清洁后涂油存放。

三、草坪机械

草坪剪草机种类很多,按驱动方式分为手推式、自走式和拖拉机牵引和悬挂式;按工作部件的运动方式分为滚刀式、旋刀式和往复式等。

滚动滚刀式剪草机由二冲程汽油机、闭式传动系统、滚刀、草斗、操纵系统和行走系统等组成,具有结构简单、紧凑,闭式传动磨损小,维护保养简便等特点。适用于公园、体育场等大面积草皮修剪。

图 11-15 所示机动旋刀式剪草机是草坪养护工作中主要的园林机械。它依靠安装在机器腹部下方的旋刀高速旋转将草剪下,并通过常速旋转的惯性和气流将割下的草通过引导管抛进集草袋。重量轻、功率大、结构紧凑、操作方便、生产率高,应用广泛。

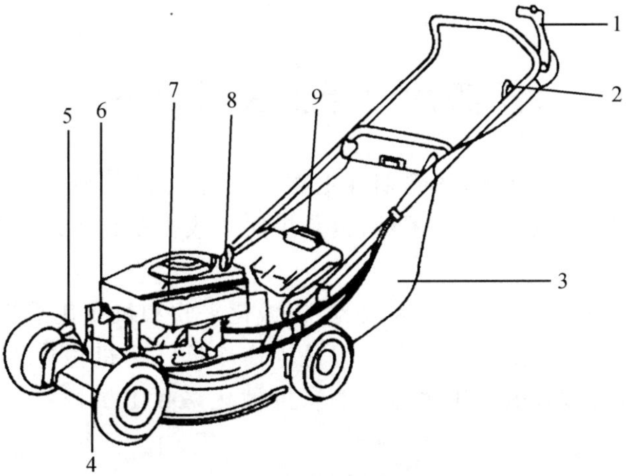

图 11-15 机动旋刀式剪草机

1. 离合器操纵杆 2. 油门手柄 3. 集草袋 4. 消声器 5. 调高手柄 6. 火花塞帽 7. 空气滤清器 8. 启动绳 9. 集草袋把手

四、绿篱修剪机

绿篱修剪机有旋刀式和往复式两种。

旋刀式电动绿篱修剪机使用蓄电池电源,以小型直流电动机的转轴驱动有两边刃口的转刀,通过转刀高速旋转剪切树叶和树枝。该机剪切平整,结构牢固,操作轻便,使用安全,广泛用于各种绿篱、树枝、花坛整形和杂草剪切等园艺作业。

往复式绿篱修剪机有电动型和机动型两种。图 11-16 所示剪枝机属于往复式绿篱修剪机。工作时,发动机的旋转运动通过曲柄连杆传动机构变成直线往复运动。该机使用可靠,重量轻,适用于城乡园林街道、住宅绿篱和茶园、茶树的修剪与剪枝。

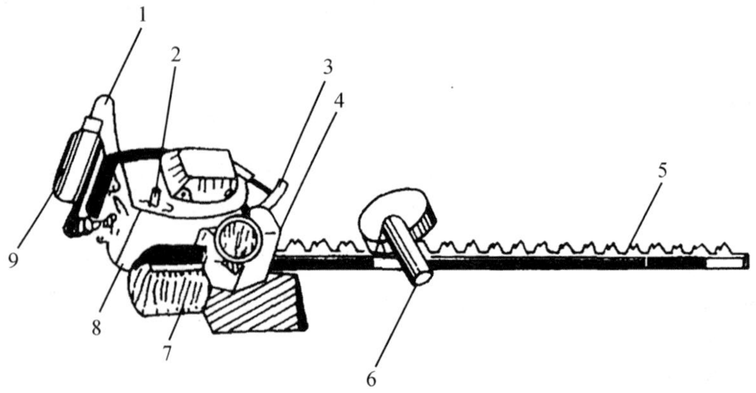

图 11-16 往复式机动绿篱修剪机

1. 左手柄 2. 开关 3. 启动绳 4. 油箱 5. 刀片 6. 右手柄
7. 空气滤清器 8. 齿轮箱 9. 油门手柄

任务六 果实采收机械

果实的种类繁多,其生长部位、成熟期等生物、生态特性差异较大,而且不耐碰踏。这些特点为果实采收机械的研制增加了许多困难,也是果实采收机械在生产中应用范围有限、发展较慢的原因。

果实的采收方法主要有三种:人工采收、半机械化采收和机械化采收。人工采收依靠人工进行单个采摘,采收的果实损伤少、质量高,但是生产率低。半机械化采收借助摘果工具或自动升降台车或行间行走拖车,由人工进行采摘。机械化采收由机械使果实脱离果树,效率高,但是果实损伤较多。

一、采收作业台

采收作业台包括梯架和自动升降台。

梯架(图 11-17)类型较多,可根据果园地势和树体特点选用。

图 11-17 梯架类型

自动升降台是靠机械的作用将采摘人员送到必要的工位，它主要由机座、伸缩臂、工作台、前支架和液压系统等组成（图 11-18）。

立柱与转轴固定在一起装在机座上，上端与伸缩臂铰接，下端装有摆动机构可使立柱左右转动。伸缩臂由内臂、外管和油缸组成，油缸用于控制伸缩臂的伸缩和仰角。操纵换向手柄可以调整工作台的位置，改变立柱摆角即调整工作台的左右位置；改变伸缩臂的仰角和伸出量，即调整了工作台的高低位置。

工作台与内臂之间、伸缩臂与支柱之间分别装有一个随动油缸，它可以在调整工作台位置时，使工作台保持基本垂直于地面的位置。

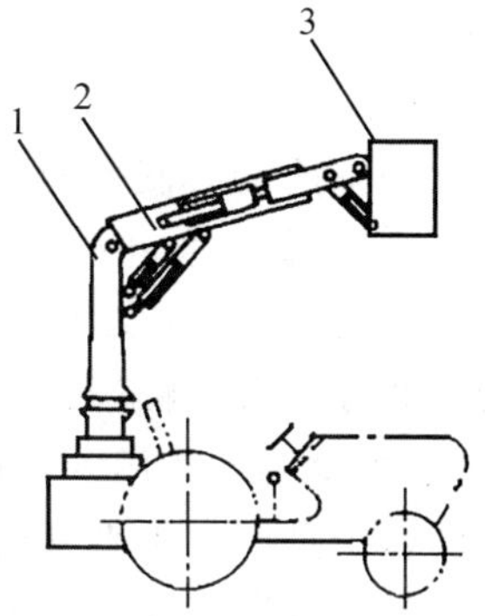

图 11-18　自动升降台示意图

1. 立柱　2. 伸缩臂　3. 工作台

二、采收机

机械摘果的基本原理是：用机械产生的外力，对果柄施加拉、弯、扭的作用。当作用力大于果实的脱离阻力时，果实就将从与果树枝连接力最小处脱开，完成采摘过程。

根据所用动力不同，采收机主要可分为气力式和机械式两种。

（一）机械式采收机

机械式采收机采用的分离方法有切割、梳下、振动等多种。应用较多的是振动式采收机。根据产生振动的形式不同，它又分为推摇式和撞击式两种。

1. 机械推摇式采收机

由推摇器（又称振动器）、夹持器及接载装置等组成（图 11-19）。

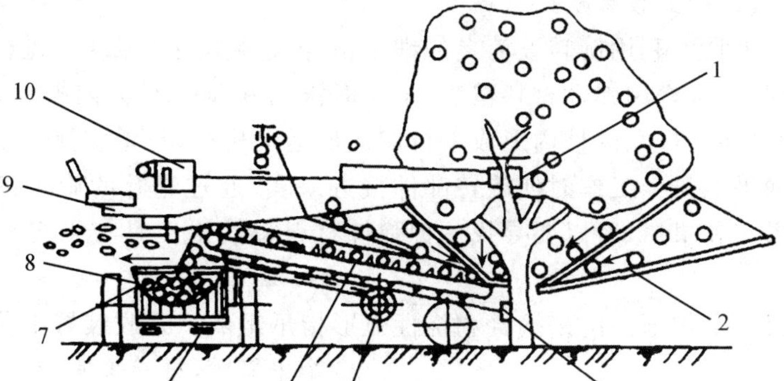

图 11-19　推摇式采收机作业工艺过程

1. 夹持器　2. 接载装置　3. 固定立柱　4. 风扇　5. 输送装置　6. 支撑架　7. 限制器　8. 运载车厢　9. 座位　10. 推摇器

工作前由人工用夹持器夹住树干或大树枝，并将接载装置布置在树冠下面。推摇器工作时，树枝摆动，其上的果实产生加速度，树枝摇到极限位置时，果实具有的加速度达到最大值，这时与果实加速度方向相反的惯性力也达最大值，这个惯性力对果柄施加拉、扭、弯的综合作用，当这作用力大于果柄与枝条连接力时，果实脱落，掉入接载装置并滚入中心，落到带式输送器上，输往运载车厢。卸果时，风扇产生的气流吹走轻杂物，清洁的果实落入装有缓冲带的运载车厢中。

推摇式采收机主要工作部件如下。

(1)推摇器　使果树产生振动。常见的有两种形式,一种是固定长冲程曲柄滑块式,另一种是非平衡偏心作用式。

前者在拖拉机或液压马达等动力驱动下推摇树干,因机构冲程固定,果树的振幅也一定(两者相等),且振幅较大,易伤果树。

非平衡偏心作用式由两个转动方向相反的偏心重块,分别装在各自轴上,但却绕着同一轴心旋转,于是产生不平衡的离心力,作用在树干上使树干振动。

(2)夹持器　由活动夹头和固定夹头组成。在它们的内表面都安有弹性垫,以保持树干不被损伤。

夹持器的作用是将推摇器产生的振动传给树干,使树干径向产生剪切作用。夹持器与树干的接触面积不可太小,否则会损伤树皮。夹持器的开闭由液压装置控制。

(3)接载装置　常见接载装置的有两种形式,一种倒伞型,收集的果实都自动向中心滚落;另一种是双收集面型,收集面是平的,分别布置在树干两侧,并向树干倾斜、两个面中间有可收缩的部位,以便包住树干。接载装置上面装有一层到四层缓冲带,果实下落时速度在缓冲带作用下减慢,从而减少果实损伤。

2. 机械撞击式采收机

工作部件多装在自走式采收机上,边走边采收,也可定位采收后再移动工位。

撞击式采收机作业方式有多种:一种通过撞击元件自身振动撞击果枝,使果实脱落;另一种是撞击元件绕立轴旋转,水平拨动果技,果实被拨落;还有一种是撞击元件随横向(垂直果树行的方向)倾斜轴或水平轴转动,振落果实,适用于灌木类果树。

(1)用摘果工具采摘的收果机

①“梳”式摘果工具　利用旋转滚筒上的细小指杆直接作用在果实上进行摘果。为了减轻对果实和树枝的损伤,指杆用弹性材料覆盖,工作时滚筒在垂直平面内振动,同时在水平面内绕固定轴旋转,滚筒和指杆在树枝内形成平行四边形运动机构,将果实摘下来。

②旋转叶片摘果工具　工作时使旋转部件接近果实,通过轮叶的旋转将果实摘下来。这种采摘方式易伤果实和果树,所以要寻找一种弹性材料将摘果工具与果实及树木接触部位保护好,减少损伤。

③橘子采收机　工作部件由采摘臂和挠性弧形指爪组成。采收装置上分五层交叉安装着35个采摘臂,每一采摘臂上装有10个弹簧钢丝做成的挠性弧形指爪,爪在采摘臂上可伸缩。工作时爪先缩进采摘臂,臂伸入树枝中,向下移动时,指爪伸出,爪的形状可捕捉卡住成熟的橘子,并摘下;而小橘子和叶子则不受任何伤害地滑过,直到摘完成熟橘子为止。

图 11-20　有三层集果器的门式采收机

(2)门式采收机　图 11-20 所示为荷兰制造的门式采收机,四个轮子可单独或同时回转 90°。机架如“门”字形,工作时机架可随机器移动跨越树丛。摘果工具是顶部或两侧表面带有弹性针的垂直柱，可以绕一定直径的圆周旋转，同时也做水平和垂直移动。垂直振动可使果实下落。

门式采收机有三层集果器，并带有振摇机，能在行进中振摇果树。该机集果器由两半构成，表面加装弹性材料，落入集果器的果实滚到运输带上，送入贮存器中。机器移动时，集果器两半分开，让出树干的通道。

(二)气动式采收机

近年来，棕榈型果树不断增加，这种果树高一般不超过 3.2 m，树枝呈层状分布，树的株距和行距较小，树枝间有相互搭接。推摇式采收机不适于在株、行距过小的情况下作业，而气动式采收机比较适应棕榈型果树的采收作业。

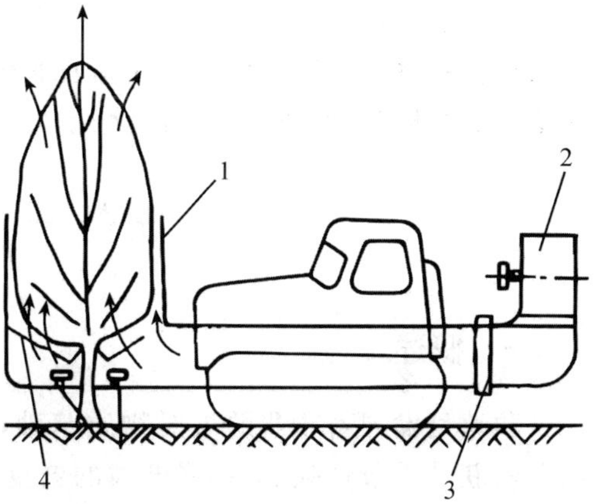

图 11-21　气动式采收机

1. 竖直筒　2. 鼓风机　3. 断续器　4. 集果器

气动式采收机是以不断改变大小和方向的高压气流作用在树枝上，使树枝摇动，果实产生惯性力，当这惯性力大于果柄与树枝连接力时，果实下落。

气动式采收机(图 11-21)工作时，果树枝由竖直筒包围，鼓风机产生的气流，经断续器断续地吹向竖直筒，并作用在树枝上，使果实掉入网状的集果器上。果实下落时，受气流的阻力作用，速度减慢，减轻了果实的损伤。这种机器不能连续采收。

(三)手动式采收机

1. 手动式吸取器

由抽气机和软管构成，软管末端分成两支后装有吸取器。在抽气机的抽吸作用下，通过软管和吸取器将果实摘下，并吸入软管，再通过软管进入真空的贮存箱内。

2. 手动摘果钳

手动摘果钳主要工作部件是充气胶囊和摘果囊(图 11-22)。作业时，摘果囊托住果实，手压充气囊，使摘果囊内气压增加，从而抓紧果实，由人工将果实摘下放入容器内。

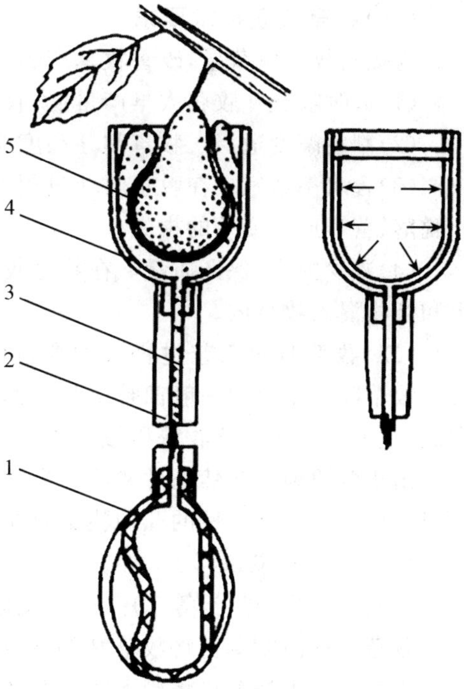

图 11-22　摘果钳

1. 充气胶囊　2. 钳柄　3. 通气管道　4. 托果杯　5. 摘果囊

采用机械收获果实，虽能提高工效，但果实损伤率较高。所以要实现果实采收机械化，必须为机械化作业创造必要条件，即要有相应的树种和相应的栽培管理制度。为了提高机械采收果实的质量，目前日本等发达国家正在研制用机器人采摘果实。

项目十二　畜牧机械

畜牧业生产机械化是根据人类对畜产品需求和畜禽生长发育的需要，通过装备和操作机器来饲养畜禽的过程。畜牧机械是农业机械化的重要组成部分，主要包括：草原建设机械化、牧草收获机械化、饲料加工机械化、畜禽饲养机械化等。

任务一　牧草收获机械

一、概述

牧草是发展畜牧业的重要物质基础，是我国牧区和半农半牧区家畜冬春季节主要饲料。牧草收获是季节性强、劳动强度大的繁重作业项目。据资料介绍，牧草收获实现机械化跟人工及畜力收获相比，可提高生产率 25～50 倍，降低作业成本 40%～60%，减少牧草营养损失 60%～80%，并能够较充分地利用草原资源。所以，迅速实现牧草收获机械化，大幅度提高其生产率，对促进我国畜牧业发展有着重要意义。

（一）牧草收获技术要求

为提高牧草收获量，改善牧草产品质量，减少牧草损失，牧草收获应满足如下技术要求。

（1）适时收获　收获太早产量低，收获太迟则由于木质增加而严重损失营养成分。

（2）割茬高度适当　牧草割茬高度应在不影响次年生长条件下尽量低割。

（3）含水率适宜　在牧草收获过程中，其含水率过大容易腐烂变质，过分干燥又会造成花叶脱落、营养成分变差的损失。

（4）减少损失，保证质量　在牧草收获中应尽量避免机器对牧草打击和碾压，尽量减少泥土和杂物混入牧草内。

（二）牧草收获工艺过程及配套机械

牧草收获全过程一般都是由几个作业工序组成，而且每一工序又由一种相应作业机械来完成，这就形成了牧草收获机械化工艺系统。

由于草原地区自然条件和牧草生长情况等因素不同，采用的牧草收获工艺也不相同。下面对国内外具有代表性的几种牧草收获工艺及其配套机具系统进行介绍。

1. 散长草收获法

由割、搂、集、垛、运等工序组成，见图 12-1。

割草——由割草机将牧草割倒在地；

搂草——由搂草机将割下牧草并搂成草条（条堆）；

集草——由集草器将草条集成小堆；

垛草——由垛草机将小堆集中垛成大草垛；

运草——运草车将牧草运到畜群点。

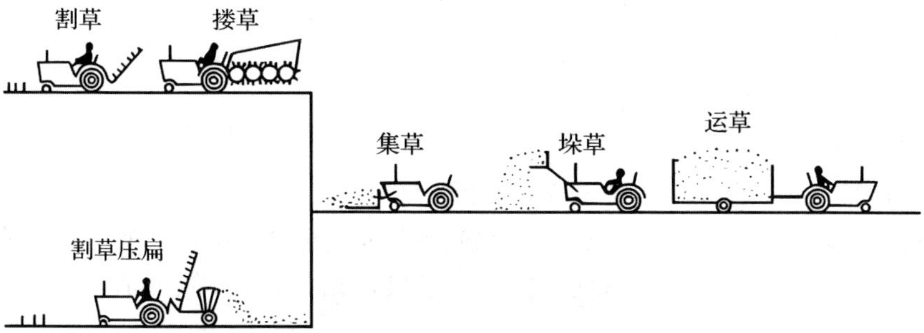

图 12-1 散长草收获工艺及机具系统

此收获工艺生产效率低，牧草损失严重，劳动消耗多，不便运输和贮存，适于收获产量低、气候比较干燥地区的牧草。

2. 捡拾压捆法

由割、搂、捡拾压捆及集捆等组成，见图 12-2。

在割、搂的基础上由捡拾压捆机进行草条捡拾和压捆，再由草捆捡拾装载机捡拾装车，并运至贮存地点堆成草捆垛。牧草的这种收获工艺生产率高，牧草损失少，便于运输和贮存，是国外得到广泛应用的一种收获法。

捡拾压捆法根据形成草捆的大小和形状不同，分为小方捆压捆法和大圆捆压捆法两种类型，后者生产效率高，草捆可在田间存放。

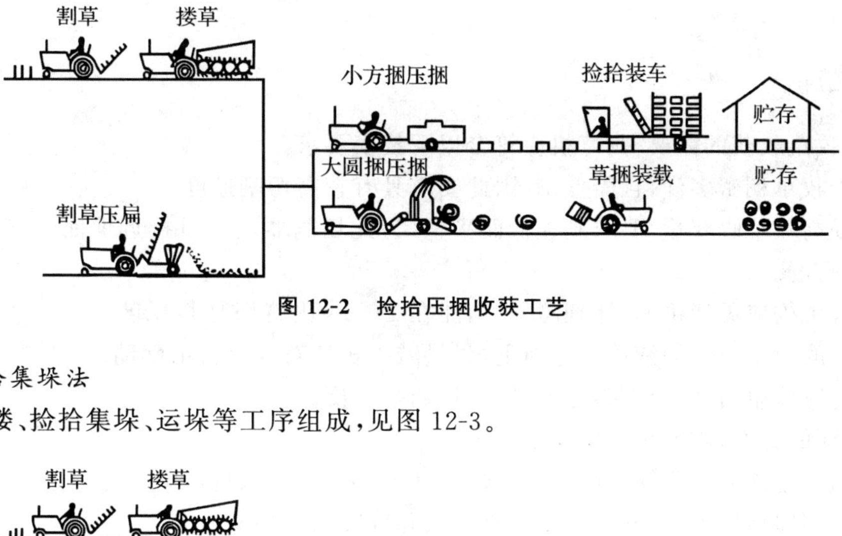

图 12-2 捡拾压捆收获工艺

3. 捡拾集垛法

由割、搂、捡拾集垛、运垛等工序组成，见图 12-3。

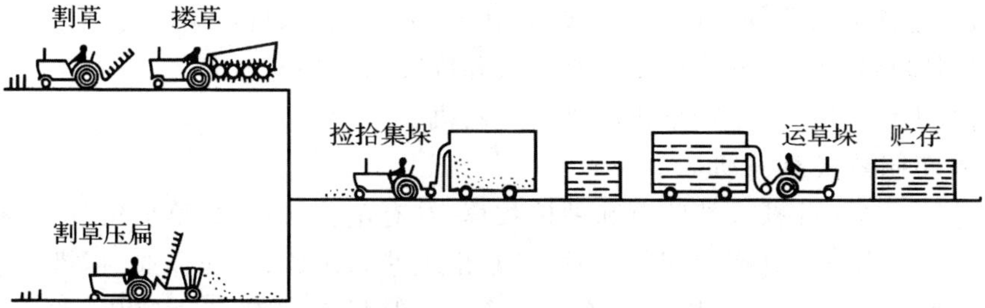

图 12-3 捡拾集垛收获工艺

在割、搂的基础上，由捡拾集垛机将草条捡拾，装入车厢，适当压实形成草垛，放置在田间，再由草垛运输车运至贮存地点堆放。这种牧草收获工艺适应性强，生产率高，牧草损失少，草垛能防雨水浸入，也是一种有效的收获方法。

4. 田间压块收获法

由割、搂、捡拾压块、运输等工序组成，参见图 12-4。

牧草经过割、搂后，由捡拾压块机将牧草捡拾并压成草块，再由汽车运到贮存地点存放。干草压块体积小，密度大，便于贮存和运输，但由于机器结构复杂，能量消耗大，而使应用受到了限制。

上述各种牧草收获法中的割、搂工序中，有时可由割草压扁机代替割草机和搂草机，并同时完成割草、压扁、成条工序，然后根据要求再进行捡拾压捆或捡拾集垛等。牧草压扁可加速其干燥，防止营养损失，适于收获高产、潮湿、茎秆粗的人工种植豆科牧草。

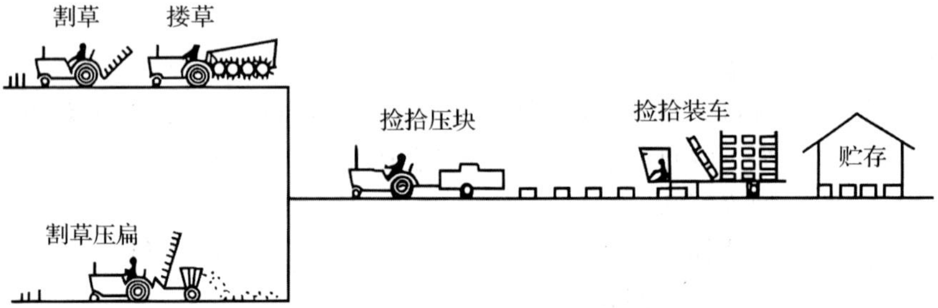

图 12-4　田间压块收获工艺

二、割草机

为满足牧草收获的需要，割草机应符合以下技术要求。

(1)由于牧草稠密多汁，且需低割，因此要求具有较高切割速度。

(2)为提高牧草收获量，要求割茬低而平整，为此切割器应尽量接近地面，能适应地形，并能调整割茬高度。

(3)起落机构应灵活迅速，遇到障碍时，能在 1～2 s 内将切割器升起。

(4)割下的牧草应均匀铺放于地面上，尽量减少机器对牧草打击翻动。

(5)结构应简单，技术经济指标先进，使用调整方便。

按照不同的标准，割草机可做以下分类。

(1)按动力连接方式不同，分为牵引式、悬挂式、半悬挂式、自走式。

(2)按切割器结构不同，分为往复切割器式和旋转切割器式。

(3)按用途不同，分为普通割草机和割草压扁机。

(一)往复切割器式割草机

往复式割草机适于收获天然牧草和种植牧草，具有割茬整齐、牧草损失少、功耗低、使用调整方便等优点。但当收获高产湿润牧草时，经常出现堵刀现象；高速作业时，机器振动加剧，限制了生产率的提高。这种割草机虽然有一定缺点，但目前仍被广泛应用，并在不断改进和完善。

1. 牵引式割草机

牵引式割草机按照配套动力可分为机力牵引和畜力牵引两种;按切割器数可分为单刀、双刀和三刀三种。现以 9GJ-2.1 型机引单刀割草机为例加以说明。如图 12-5 所示,9GJ-2.1 型机引单刀割草机主要由切割器、传动机构、起落机构、倾斜调整机构、牵引转向装置、机架等部分组成。

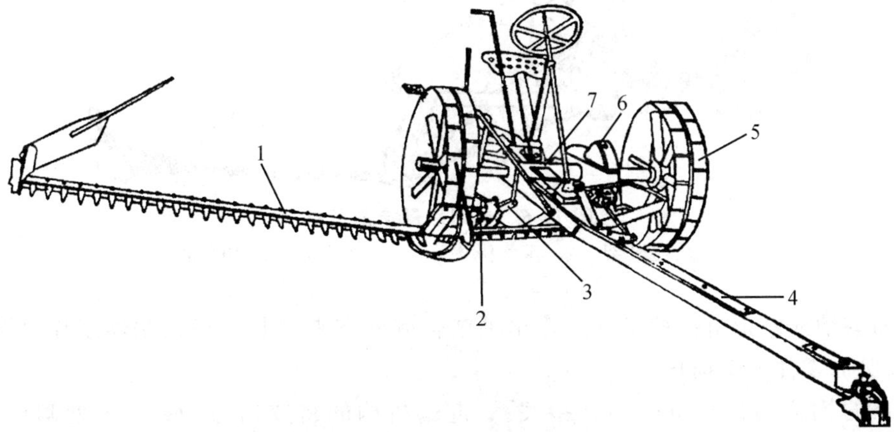

图 12-5 9GJ-2.1 型割草机

1. 切割器 2. 倾斜调整机构 3. 起落机构 4. 牵引转向机构 5. 行走轮 6. 传动机构 7. 机架

该机适应地形能力强,工作可靠,使用调整方便,可同时连接 1~3 台一起工作,比较适于收获天然牧草。

(1)切割器 往复式切割器是割草机主要工作部件,应具有切割省力、割茬整齐、适应性强、工作可靠、使用调整方便等性能。往复式切割器由动刀片、定刀片、护刃器、刀杆、压刃器、摩擦片、刀梁等部件组成。动刀片用铆钉固定在刀杆上形成割刀,定刀片固定在护刃器上用来支承切割。割刀由曲柄连杆(或摆环)机构驱动作往复运动,与定刀片形成剪割幅将牧草切断。

(2)传动机构 传动机构用来把行走轮的动力传递给切割器。它由行走轮、棘轮装置、齿轮传动、棘爪式离合器等组成。

(3)起落机构 当遇到障碍或进行运输时,可用起落机构将切割器升起。

(4)倾斜调整机构 当地形状态不同时,用来调整切割器的仰俯。

(5)牵引与转向装置 该装置主要用来实现割草机与拖拉机以及割草机之间的连接,并且操纵割草机行走方向。

2. 悬挂式割草机

悬挂式割草机常见的有单刀悬挂和三刀悬挂两种。现以单刀后悬挂割草机为例介绍其一般构造。

如图 12-6 所示,该机主要由悬挂机架、传动机构、切割器、起落机构等部分组成。适于收获天然和种植牧草。

悬挂机架用来安装传动机构和切割器,并以三点连接,悬挂在拖拉机液压装置上。

传动机构采用皮带传动。动力由拖拉机动力输出轴输出,通过万向节轴、大小皮带轮和曲柄连杆驱动割刀运动,进行割草作业。

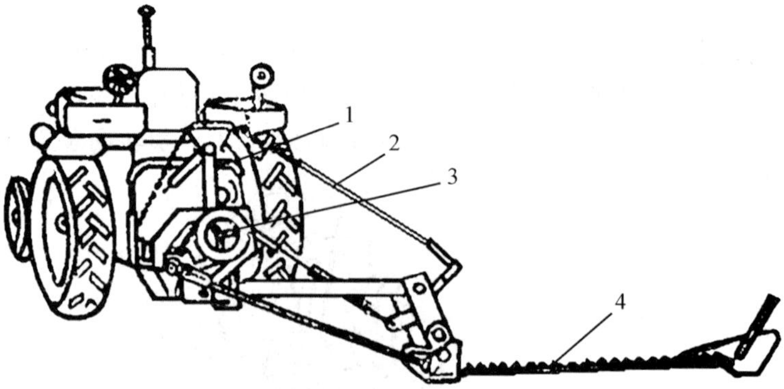

图 12-6 单刀后悬挂割草机

1. 悬挂机架 2. 起落机构 3. 传动机构 4. 切割器

割刀的运动或停止由拖拉机动力输出轴结合或分离来控制。当切割器工作过载时，皮带将打滑，以保护零件不受损坏。

切割器的构造及其与机架的连接关系，起落机构的组成均与 9GJ-2.1 型割草机的基本相同。

3. 往复式割草机的使用

(1)割草时，当割草机即将进入草地时，将切割器放到越障位置，并结合离合器。待割刀运转正常时，立即放下切割器进行割草。

若转移地块或遇到障碍物时，应及时提升切割器，并停止割刀运动。

(2)割草机的前进速度应合适，选择前进速度时既要考虑有较高的生产率，又要考虑有较低的割茬和良好的切割质量。

(3)根据要求按时润滑各零部件，检查各部位紧固情况。如有异常，及时排除。

(4)动刀片刃口变钝或崩坏时，应及时磨锐或更换新刀片。

(二)旋转切割器式割草机

旋转切割器式割草机简称旋转割草机。它采用高速旋转的刀片，以无支承切割原理进行工作。优点是切割适应性强，可高速作业，适合于收获种植牧草和高产天然牧草。缺点是割茬不齐，碎草多，功率消耗大。

旋转式割草机按切割器传动方式不同，分为上传动式和下传动式两种。

1. 下传动旋转式割草机

如图 12-7a 所示，主要由悬挂机架、传动机构、割台、提升机构等部分组成。整机通过悬挂机构与拖拉机三点连接。

当结合拖拉机动力输出轴时，动力通过万向节传递，驱动动刀盘回转，用盘上的刀片割草。刀片借助刀片夹持器铰接在刀盘上，刀盘回转时，刀片甩出割草，遇到障碍物时，刀片可以避开，避免损坏。

2. 上传动旋转式割草机

如图 12-7b 所示，主要由悬挂机架、传动装置、切割滚筒、机罩等部分组成。割草机与拖拉机三点连接，传动装置设在切割滚筒上面。拖拉机动力通过万向节传递，使两个切割滚筒反向旋转进行割草。刀片通过刀片架铰接在刀盘上，由立轴带动旋转。机罩用来防止割草时石块飞起。

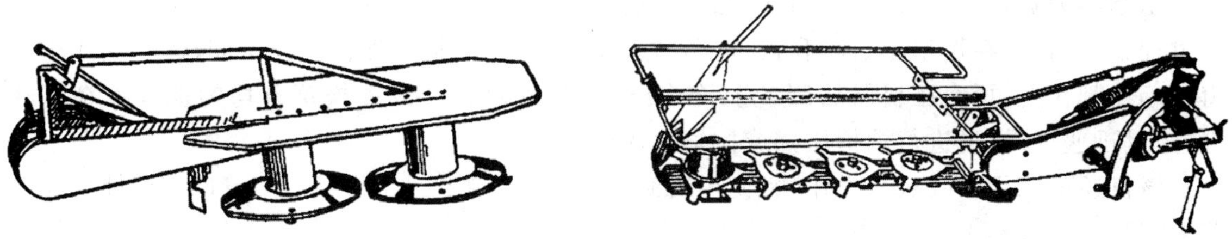

a. 上传动式　　b. 下传动式

图 12-7 旋转式割草机

3. 旋转式割草机的使用

(1)根据地块大小、地势和牧草种植方法来确定行走路线和割草方法(绕行法、梭形法等)。

(2)到达草场后下降割台,使其处于工作状态。

(3)割草前必须使刀盘转速达到额定值时,再起步拖拉机进行割草,同时周围不能有人站立。

(4)割草机应满幅工作。急转弯时应提升割台,停止运转切割器。当发生堵刀时也提升割台,使机器后退,并旋转导草罩,即可排除。当遇到障碍物时,应立即提升割台,驶过后再迅速落下。

(5)刀片刃口磨损后可更换新刀片或左右刀盘刀片对调使用。

(6)定期润滑和检查紧固件。

(三)割草压扁机

牧草茎叶的干燥速度不同,进行牧草收获时,会由于各工序的机械作用而造成花叶脱落损失。如收割后立即压扁,再形成草条,可使牧草干燥均匀迅速,减少营养损失。

割草压扁机有往复切割器式和旋转切割器式两种。

1. 往复切割器式割草压扁机

现以 9GS-4.0 型自走式往复切割器式割草压扁机为例加以说明(图 12-8)。该机又称牧草割晒机,主要由切割器、拨草轮、输送器(三者组成割台)、压扁器、发动机、传动系统、行走装置等组成。由发动机产生的动力通过传动系统分别驱动工作部件和行走装置。

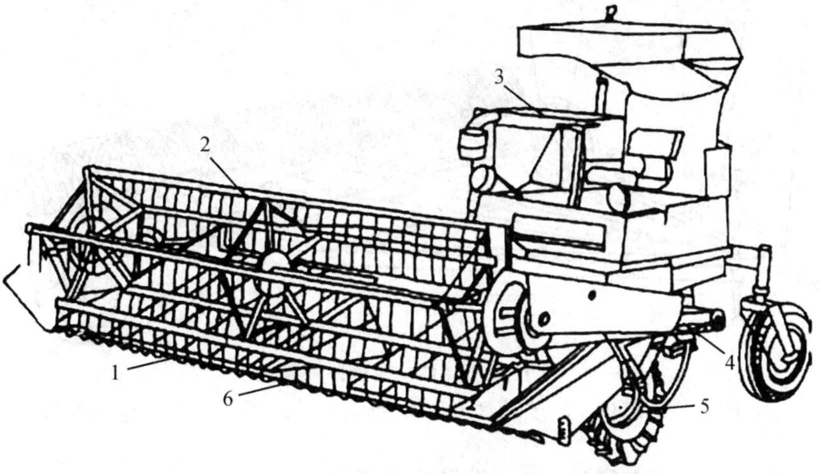

图 12-8 9GS-4.0 型自走式往复切割器式割草压扁机

1. 输送器 2. 拨草轮 3. 发动机 4. 传动装置 5. 驱动轮 6. 切割器

切割器为宽幅往复式，与普通往复式切割器的结构基本相同，配置在割台前下方。该机工作过程如下：牧草在拨草轮引导和扶持下，被切割器切割，由输送器横向向中间输送，通过中间窗口落在割茬上，再由压扁器从割茬上捡拾压扁（辗折）后，形成蓬松草条均匀地铺放在草茬上，经过迅速干燥，可进行捡拾压捆或捡拾集垛作业。

该机还可以用于收获麦类作物，使用时卸下压扁器，割下的作物经中间窗口直接铺放在割茬上晾晒。

2. 旋转切割器式割草压扁机

旋转式割草压扁机一般工作幅宽较小，多用于收获高产牧草或在较小草场作业。牧草由切割器割倒，由对辊式压扁器压扁，通过集条板形成草条，铺放在割茬上。

三、搂草机

搂草机是将割草机割下的牧草搂集成草条，以便于集堆、捡拾压捆或集垛。搂草的时间可由当地自然条件确定，可以在割草同时，也可以在牧草稍晾干之后。搂草的技术要求如下。

(1)搂集干净，牧草损失率小。

(2)搂集的牧草清洁、不带陈草和泥土。

(3)草条要连续、松散、重量均匀一致、外形整齐，牧草移动距离要小。

搂草机根据草条形成的方向可分为横向搂草机和侧向搂草机两大类。

横向搂草机搂集的草条与机器前进方向相垂直，形成的草条不太整齐和均匀，陈草多，牧草损失也大，且不易与捡拾作业配套。但结构简单，工作幅面较大，适于天然草原作业。

侧向搂草机搂集的草条与机器前进方向平行，草条外形整齐、松散、均匀。牧草移动距离小、污染少，适于高产天然草原和种植草场作业。此外，多数侧向搂草机还能进行翻草作业，可对牧草进行摊晒，以加速其干燥。

(一)横向搂草机

目前，在我国应用较多的有马拉和机引横向搂草机两种。

图 12-9 所示为 9LC-6 型横向搂草机的全貌。由机架、搂草器以及升降机构等部分构成。

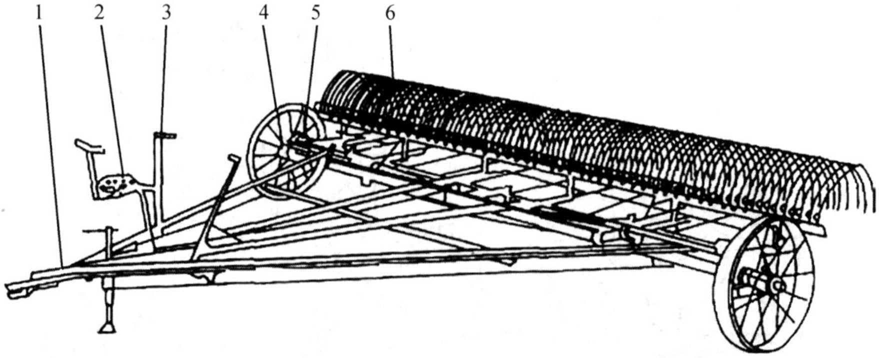

图 12-9　9LC-6 型横向搂草机

1. 机架　2. 座位　3. 操纵手柄　4. 行走轮　5. 升降机构　6. 搂草器

机架由角钢制成，为便于运输，连接均做成可拆的。

搂草器由搂草器梁、弹齿、齿托等组成。弹齿用齿托铰接在搂草器梁上，可随地面起伏而上下作一定量的摆动。

升降机构分左右两组，分别装在机架两侧，由操纵手杆控制，可使两组一起动作。

横向搂草机使用时，两段搂草器升起位置应一致。机器工作时，最好采用环形作业，并应使第二圈草条与前一圈草条对接，以保持草条的连续和直线性。机器尽可能沿垂直牧草倒的方向前进。

(二)侧向搂草机

侧向搂草机按工作部件的不同可分指盘式、滚筒式、旋转带式和旋转耙式等四种。

1. 指盘式侧向搂草机

指盘式侧向搂草机分牵引式和悬挂式两种。图 12-10 所示为 9L2-4.8 型侧向搂草机，主要由悬挂架、机架、指盘轴、指盘等部分组成。它没有传动机构和起落机构，具有结构简单、轻便、搂草性能好、生产效率高等特点。

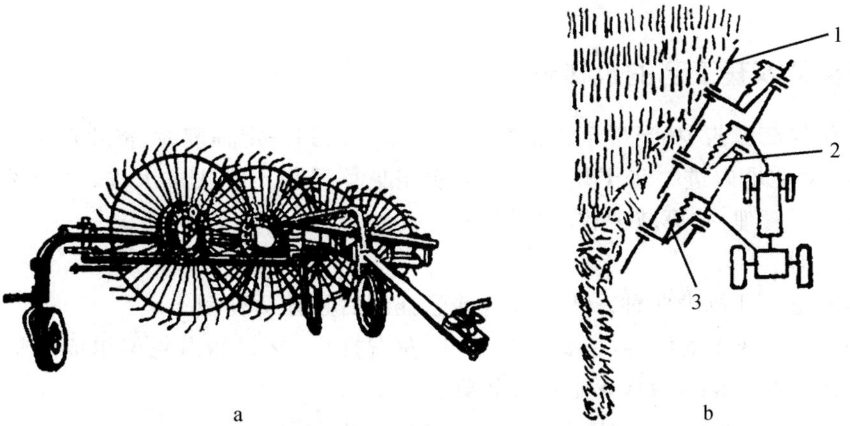

图 12-10　9L2-4.8 型指盘式侧向搂草机

a. 外形　b. 工作过程

1. 指盘　2. 曲轴　3. 弹簧

为减少牧草损失和机器空行程时间，最好采用绕行法作业，前进方向与割草机作业方向相垂直。机器工作时，指盘受地面推力作用而旋转，被搂集的牧草在弹齿作用下，一面跟随机器向前运动，一面向着指盘回转方向运动，最终在机器前面的牧草被搂向机器一侧形成草条。

该机还可利用改变指盘的相对位置来进行翻草和摊草作业。

2. 滚筒式侧向搂草机

滚筒式侧向搂草机由机架、传动机构、起落机构、弹齿倾斜调整机构等组成(图 12-11)。其主要工作部件为搂草滚筒，主要由滚筒框架、前后圆盘、安装在两圆盘间的齿杆、固定在齿杆上的弹齿，以及固定在框架上的降草杆等组成，由行走轮或拖拉机动力输出轴驱动回转。工作时拖拉机牵引搂草机前进，使后部两驱动轮贴地转动，带动搂草滚筒回转。机器前面的牧草在滚筒弹齿的作用下，被向侧向拨动，形成沿着机器前进方向的草条。

滚筒式侧向搂草机结构较复杂，重量稍大，但工作可靠，搂集的草条连续，松散透气，牧草清洁，损失少，便于与后连机具配套。

图 12-11　滚筒式侧向搂草机

1. 滚筒　2. 传动机构　3. 机架　4. 升降机构

四、散长草收获工艺的机械设备

在散长草收获工艺中，当搂草机搂集成的草条干燥到一定程度时，需要用集草器将草条集成小堆，使牧草在堆内进一步干燥。然后再次用集草器将小堆集成大堆，再用垛草机堆成大垛。大草垛便于管理，并可减少牧草的损失。

（一）集草器

集草器分畜力和机力两种。机力又分前悬挂和后悬挂两种型式。

图 12-12 是前悬挂集草器，主要由集草台、左右推杆、支架和滑轮架组成。悬挂在拖拉机前面进行工作，构造简单，对地形适应性较好。

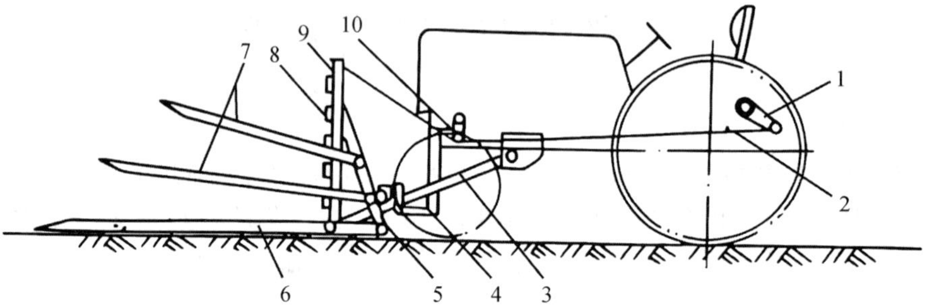

图 12-12　集草器

1. 液压机构升降臂　2. 钢丝绳　3. 推杆　4. 支架　5. 缓冲弹簧　6. 集草齿
7. 侧挡杆　8. 栅条后壁　9. 支承杆　10. 滑轮架

草台是它的主要工作部分，用钢丝绳通过滑轮与拖拉机后部油缸升降臂连接。

集草器工作时，集草齿倾斜地贴着地面滑行并靠两个缓冲弹簧的拉力使集草齿前端经常与地面紧贴。拖拉机前进时，草条便集在集草齿上，逐渐装满整个集草台。草满后，升降臂向上转动，直至集草齿尖端离开地面。然后将草推运到草垛处。卸草时放下集草台，拖拉机后退把牧草卸下。

(二)垛草机

垛草是劳动强度较大的一项作业环节。它所采用的垛草机种类很多,应用最广的是液压推举式垛草机(图 12-13)。

该机由主梁架、立柱、大臂、集草台、液压控制系统等部分构成。主梁架和立柱固定在拖拉机后部,大臂一端铰接在立柱顶部,另一端与集草台铰接。集草台由拔罩、推草板、集草齿、后壁等组成,用来装集牧草。液压控制系统为组合分配式,分别用来操纵集草台升降,以及拔罩和推草板的运动。

机器工作时集草齿插入草堆中,向集草台装草,然后大臂抬起,拔罩闭合,拖拉机移向草垛,拔罩打开,推草板向前移动将牧草推到草垛上,即完成一次垛草动作。

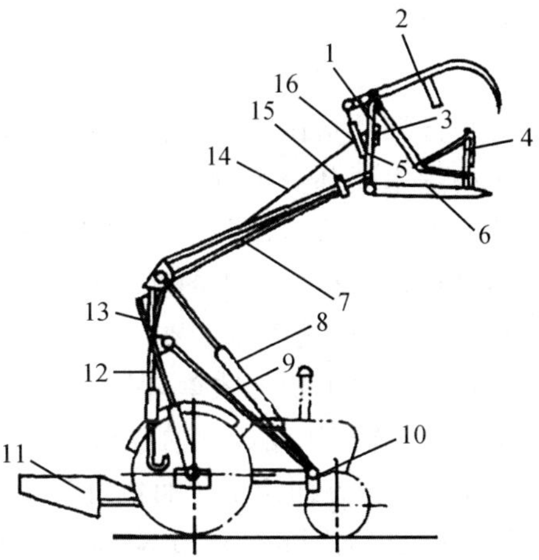

图 12-13 液压推举式垛草机

1. 集草台 2. 拔罩 3. 推草板油缸 4. 推草板 5. 后壁 6. 集草齿 7. 大臂 8. 升降油缸 9. 斜支杆 10. 主梁架 11. 料斗 12、14. 拉筋 13. 立柱 15. 连接管 16. 拔罩油缸

五、捡拾压捆收获工艺的机械设备

割后牧草搂集成草条后可用捡拾压捆机打成草捆,然后用草捆装载机具装车或直接用草捆运输车拉运到指定地点。

(一)捡拾压捆机

根据作业方式,压捆机可分为固定式压捆机和捡拾压捆机。

固定式压捆机一般是用来将收获好的干草或农作物茎秆压制成草捆,并根据需要可运到其他缺草地区。因此,要求草捆密度高、重量大,并用铁丝进行捆绑。

目前,在国内外牧草收获工艺中主要使用捡拾压捆机。根据压成的草捆形状,可分为方捆活塞式压捆机和圆捆卷压式压捆机。方捆活塞式压捆机按活塞运动形式又有直线往复式和圆弧摆动式之分。根据草捆密度,还可分为低密度压捆机、中密度压捆机、高密度压捆机和特高密度压捆机。它们所能达到的草捆密度见表 12-1。

表 12-1 各种方捆压捆机能达到的草捆密度

压捆机分类	草捆密度/(kg/m^3)
低密度压捆机	60～110
中密度压捆机	110～140
高密度压捆机	140～200
特高密度压捆机	200～500

低密度捡拾压捆机整机幅宽较小,机动灵活,重量轻,移动方便,但密度较低,使用较少,只用于多雨潮湿的森林草原地带。中、高密度捡拾压捆机具有较高的生产率,草捆外形尺寸可调,长途运输和搬运效率较高,也可进行固定作业,广泛用于生产中。特高密度压捆机具有很高的压缩密度,草捆运输效率更高,机械化饲喂方便,但是这种机器功率消耗很大,机器笨重,

价格较贵，使用操作不便，所以使用不多。

1. 方捆捡拾压捆机

各种方捆捡拾压捆机的构造基本相同，都由捡拾器、填充喂入机构、压缩机构、打捆机构和传动机构等主要部分组成。

捡拾器用来捡拾地面上的牧草并将其提升到一定高度后导向输送喂入器；输送喂入器的功用是将捡拾器捡拾起来的牧草横向输送并喂入压捆室内；压缩机构包括压捆室、活塞和曲柄连杆机构，牧草形成草捆主要在压捆室内进行，其喂入口处安装的固定切刀与活塞上的动刀配合切断喂入口处堆积的牧草，保证活塞运动畅通；打捆机构是压捆机主要工作部件之一，它能自动地供绳，并把压缩成型的牧草用捆绳自动围绕捆绑起来，打成一个完整的草捆。

9KJ-147 型方捆捡拾压捆机（图 12-14）为活塞往复运动的高密度捡拾压捆机，可把田间条放或铺放的牧草捡拾起来，压缩成型后用捆绳捆扎起来形成草捆。适合于在侧向搂草机或割草压扁机搂集成的草条上捡拾压捆牧草，也可根据用户要求与谷物联合收获机配套使用，捡拾铺放在田间的作物茎秆并压制成草捆。

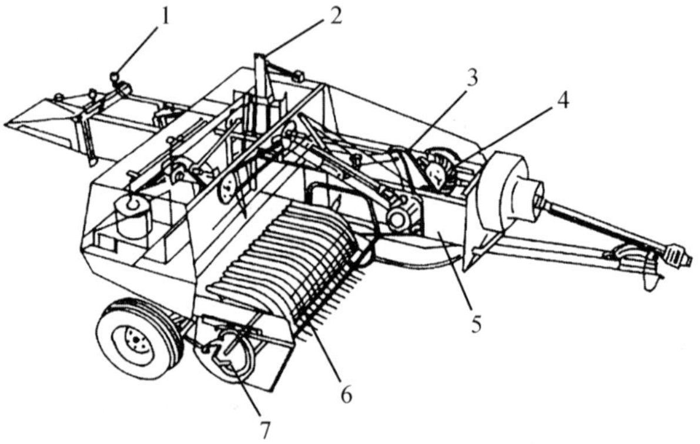

图 12-14　9KJ-147 型方捆捡拾压捆机

1. 草捆密度调节器　2. 输送喂入器　3. 曲柄连杆机构　4. 传动机构　5. 压缩室　6. 捡拾器　7. 捡拾器控制机构

工作时接通拖拉机动力输出轴，机器沿草条前进，在导向板的辅助作用下捡拾器弹齿将地面上的牧草捡拾起来并连续地输送到输送喂入器下面。在活塞空行时，输送喂入器把牧草从侧面喂入到压捆室。在曲柄连杆机构的作用下，活塞作往复运动，把压捆室内的牧草压缩成型。根据预先调好的草捆长度，打捆机构定时起作用，自动用捆绳将压缩成型的牧草打成草捆。捆好的草捆被后面陆续成捆的牧草不断推向压捆室出口，经过放捆板落在地面上或直接经过滑槽等装载机械进入拖车车厢内。

2. 圆捆捡拾压捆机

1945 年美国 Allis Chalmers 公司首先发明了利用卷压原理工作的圆捆压捆机。现在很多国家都在使用圆捆捡拾压捆机收获牧草和农作物秸秆。

圆捆捡拾压捆机按草捆成型过程可分为内卷绕式和外卷绕式两种；按卷压室结构型式又可分为皮带式、卷辊式和带齿输送带式。

内卷绕式捡拾压捆机，其卷压室由几根长皮带和两侧壁围成。卷捆时卷压室容积由小变大，对牧草始终保持有压力。所以也叫可变容积捡拾压捆机。这种压捆机的特点是，牧草以卷毡方式形成草捆，芯部坚硬，外层松软。草捆直径可根据需要任意调整。

外卷绕式捡拾压捆机，卷压室由几组短皮带或若干钢制卷辊加上两侧壁所组成。卷压室尺寸固定不变，开始卷捆时对牧草没有压力，等到牧草充满卷压室后开始加压。所以也叫不变容积捡拾压捆机。其特点是草捆的压实从外到里逐渐进行，草芯疏松，外部紧实，草捆直径不能任意改变，比内卷绕式压捆机草捆密度高，结构比较简单，制出的草捆适于制作袋装青贮饲料。

圆捆捡拾压捆机卷压成的圆柱形草捆直径和质量较大，卸下的草捆类似于小草垛，从运输到饲喂必须使用机械操作。与方捆捡拾压捆机比较，有以下特点：

(1)结构简单，调整方便，使用中不易出现故障。

(2)生产率高。

(3)草捆便于饲喂，损失较少。

(4)长期露天存放，不怕风吹雨淋，收获季节便于安排生产环节。

(5)对捆绳要求较低，用量也少，与方捆捡拾压捆机比较可节省 45%以上。

(二)草捆捡拾装载机具

草捆的装载运输和堆放需要大量的劳动。为了实现从收获到贮存过程的机械化，国内外研究和生产了各种草捆装载和运输机具。例如，牵引式垂直输送装载机、草捆滑槽、草捆抛掷器、草捆自动捡拾装卸运输车等。目前，常用两种方法装载和运输草捆。

第一种方法是使用直接连接在压捆机后面的草捆滑槽或草捆抛掷器，把从压捆机出来的草捆输送或抛扔到车厢内，待车厢装满后运回贮存地点。这种方法也叫草捆联合收获法。

第二种方法是将压捆机放置在田间的草捆用牵引式草捆垂直装载机、捡拾抛掷叉或自动捡拾装卸运输车捡拾输送，抛扔或装入车厢内，然后再运输到堆放场所。这种方法叫分段收获法。

使用牵引式垂直输送装载机时，可将装载机挂接在拖车或汽车车厢旁组成一个机组。当机组前进时方草捆被捡拾起来并提到一定高度，这时车上的人员用手搬动草捆码成垛。这种方法比较简单，适于草场面积不多、经营规模较小的牧场，但需要花费大量体力劳动。

草捆抛掷器(叉)能将方草捆直接扔进后面拖挂的车厢中，无需人力辅助就可使草捆无规则地装满车厢(高栏板车厢)。草捆抛掷器的一种常见形式是两层向上倾斜的平皮带所组成的输送带。它们以很高的速度相反连续运转，把进入上下皮带之间的草捆抛扔到车厢内。

对大型圆草捆，一般使用前(后)悬挂式装载机和草捆捡拾运输车进行装运。

1. 9JK-2.7 型垂直输送式方草捆捡拾装载机

该机与方草捆捡拾压捆机配套使用。主要由牵引架、升运架、传动机构和平台等部分组成(图 12-15)。

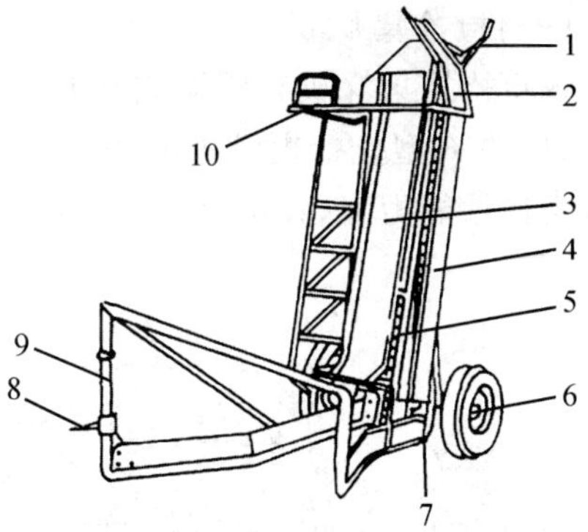

图 12-15　9KJ-2.7 型垂直输送式方草捆捡拾装载机

1. 牵引钩　2. 挡捆板　3. 压捆板　4. 侧挡板　5. 升运链条　6. 地轮　7. 调节弹簧　8. 牵引板　9. 牵引架　10. 平台

工作时牵引架喇叭口对准并集拢草捆，草捆进入压捆板下端时升运链爪刺钩住草捆并提升到平台上。站在平台旁的工人把草捆垛在车厢内。用这种方法装运草捆时需要二人操作，一人开车，一人堆垛，装满车厢后送到贮存地点卸捆。根据草捆大小，调整压捆板调节弹簧松紧度，使草捆顺利通过装载机内腔到达平台。

2. 7KY-4A 型圆草捆运输车

圆草捆无论体积和重量都很大，无法用人工装卸。

7KY-4A 型圆草捆运输车就是为了解决大型圆草捆的装卸和运输而设计的。主要与国产9JY-1800 型圆捆捡拾压捆机配套使用，构造简单，使用调整方便。主要由车架、传动机构、液压机构和捡拾器四部分组成(图 12-16)。

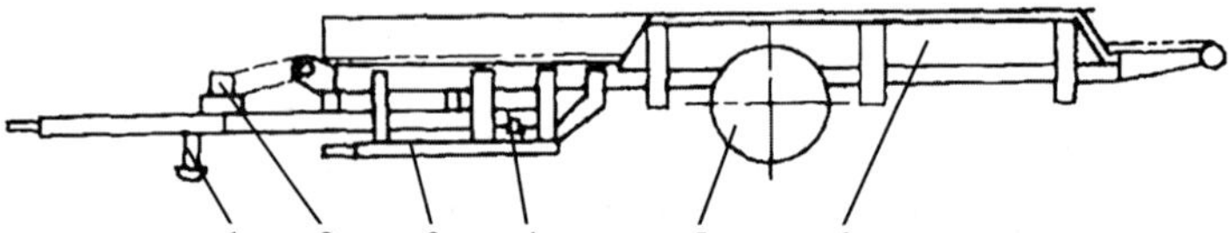

图 12-16 7KY-4A 型圆草捆运输车

1. 支承架 2. 液压马达 3. 捡拾器 4. 油缸 5. 车轮 6. 车厢

工作时，捡拾器下落与地面平行，再慢慢开动拖拉机，使捡拾器叉子与草捆母线平行并平稳地插入到草捆底下。当草捆完全进入捡拾器后提升捡拾器，到一定角度后草捆便自动滚到车厢内。这时，使液压马达转动，驱动车厢内的输送链条向后移动一个草捆的距离，然后再把捡拾器放到地面捡拾并装载第二个草捆。如此，装满四个草捆后提升捡拾器呈垂直位置，把草捆运输到指定地点。

卸草捆时，接通液压马达，再次驱动输送链条向后移动，同时使车厢后端着地慢慢使拖拉机向前移动，把草捆卸在地面上。

六、捡拾集垛收获工艺的机械设备

捡拾集垛工艺是国外 20 世纪 70 年代推广的一种牧草收获方法，具有生产效率高、牧草损失少等特点。除了割搂设备以外，该工艺的机械设备主要是捡拾集垛机、运垛车和切垛喂饲机。

(一)捡拾集垛机

牧草捡拾集垛机有压缩式和非压缩式两种。

9JD-3.6 型捡拾集垛机由 45～75 kW(55～100 马力)拖拉机牵引，形成的面包形草垛具有抗风雨侵蚀能力强，牧草可长期保存不变质等特点，适于收获各种牧草。

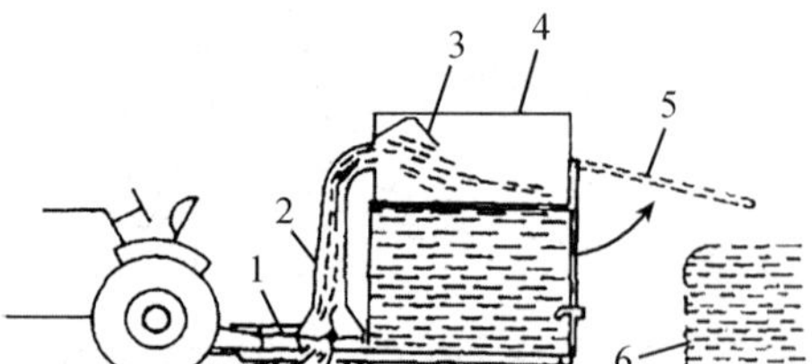

图 12-17 9JD-3.6 型捡拾集垛机

1. 动力轴 2. 送风管 3. 导板 4. 压盖 5. 后门 6. 车厢 7. 卸垛链 8. 仿形轮 9. 捡拾抛送器

如图 12-17 所示，该机由捡拾抛送器、抛送导管、压缩顶盖、顶盖后门、车厢、车厢后门、卸垛链以及传动装置等组成，动力来自拖拉机动力输出轴。

机器工作时，沿着草条方向前进，捡拾抛送器将牧草拾起，沿抛送导管抛送到车厢内。当牧草在车厢内充满到一定程度时，机器停止前进，顶盖在液压油缸作用下向下运动，对牧草进行压缩，然后再升起顶盖，继续进行牧草的捡拾抛送，这样重复2～4次，车厢被装满。此时，机器停止前进，升起顶盖，顶盖后门和车厢后门打开，结合卸垛链，将草垛卸出。等草垛接触地面时，机车前移，形成的草垛即落在地面上。

根据草场情况和要求，捡拾集垛机也可以将草垛运到贮垛点卸出。

(二)草垛运输车

草垛运输车用来将卸在地里的草垛运至贮存地点或喂饲点。

草垛运输车是支持在两轮上的大平台，平台上有两条由液压马达驱动的带爪的输送链，尾部有捡拾滚和支持滚，并设有能使平台向后倾斜或转平的液压油缸。

机器工作时，平台尾部退向草垛，平台倾斜，支承轮触地，并将捡拾滚插入草垛底部，由输送链向车上移动草垛。当草垛移上平台后，停止输送链，将平台转平，即可进行运输。卸垛时将平台倾斜，使输送链倒转，当草垛触地后，拖拉机以相等速度向前开动，即可将草垛卸下，草垛卸出后使平台转平。

(三)切垛喂饲机

切垛喂饲机用来将草垛逐层切碎，并将碎草用链板输送器输向一侧地面或饲槽中，进行喂饲。它一般和草垛运输车组成机组使用。

工作时草垛运输车挂在切垛机上，草垛间歇地向前移动，切垛机上与草垛等长的高速回转的切碎滚筒将牧草切碎，并抛入输送器，由输送器输向一侧进行喂饲。切碎滚筒利用油缸升降，以便逐层切碎，草垛运输车的输送链的间歇移动即为草垛的进给运动。

任务二 饲草加工机械

青绿多汁饲料与干草秸秆饲料统称为青粗饲料，或称饲草。饲草饲料营养丰富，含有大量蛋白质、维生素和矿物质等养分。无论从传统的意义，还是从现实的观点或未来的展望看，青粗饲料都是一类重要的饲料资源。目前，虽然我国以谷物及其加工副产品为主配制的配合饲料得到了充分发展，但从振兴草地畜牧业，开发蛋白质饲料资源，发展节粮型畜牧业和从全国生态大农业的观点来看，都必须充分发挥我国青粗饲料资源的优势。因此，研制青粗饲料加工处理机械设备，使青粗饲料加工技术现代化，是发展我国饲料工业不可缺少的环节。

一、青绿饲料加工机械

青绿多汁饲料是指新鲜的、含水量高的农作物根茎叶，如各种青饲料、块根茎类、水生植物、瓜菜类等。这类饲料可边采边喂，或密封青贮，以备冬春季使用。青绿多汁饲料的加工包括切碎、洗涤、打浆、蒸煮、混合等工序。常用的有打浆机、青绿饲料切碎机、块根洗涤机等。

(一)块根洗涤机

块根类饲料收获后，表面都粘有泥土和杂物，在加工饲喂前需要用洗涤机将其洗掉。对洗涤机的要求是：耗水量要少；要基本洗净，残留泥土量不超过本身重量的2%～3%。

块根洗涤机按其工作过程分为连续式和分批式两种；按其构造分为滚筒式、离心式和螺旋式三种；按作业方式分为洗涤机和洗涤切碎机两类。洗涤切碎机是目前国内外应用较多的一种机型。

图12-18是螺旋式块根洗涤切碎机，主要由水池、螺旋搅龙、漏泥筛、水泵、喷水系统和切

碎器等部分组成。螺旋搅龙和它下面的漏泥筛都倾斜地放在水池中，便于污水泥漏入池底。搅龙上部安装有滚刀式切碎器，中间有喷水阀，并由水泵供给压力水。水池后侧面设有排污管，用来排放污水和泥沙。

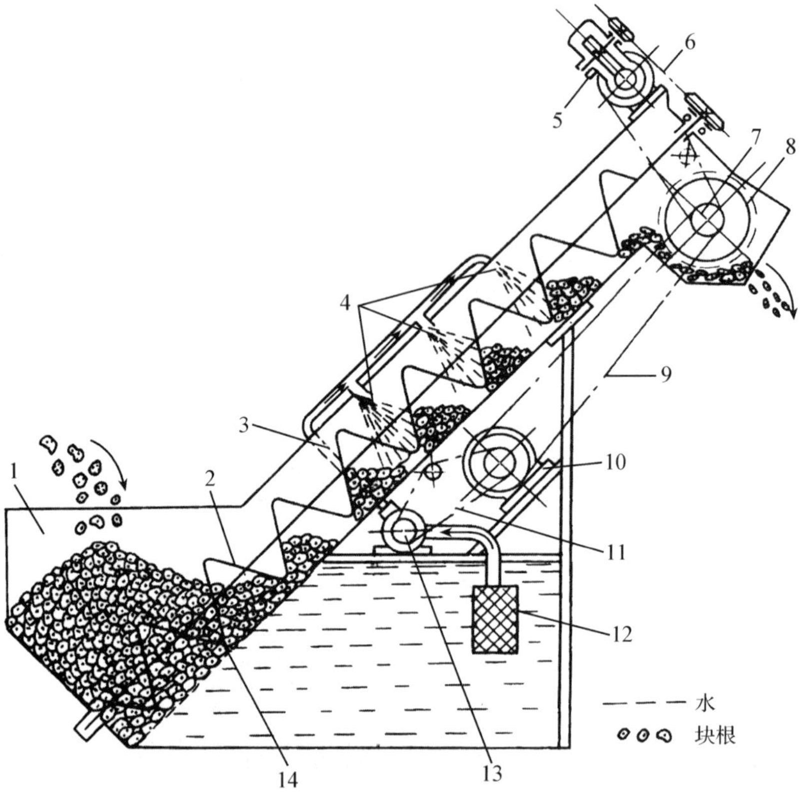

图 12-18　螺旋式块根洗涤切碎机

1. 装料斗　2. 螺旋洗涤升运器　3. 进水管　4. 喷水阀　5. 减速器　6. 传动链　7,9,11. 三角带　8. 切碎器　10. 电动机　12. 过滤器　13. 水泵　14. 漏泥筛

机器工作时块根饲料由喂料斗装入，并在搅龙下端向上端输送过程中，受到块根与搅龙壁、块根与块根之间的摩擦，以及冲水管中压力水由上向下运动的冲击作用，将泥沙洗去，泥沙随水流通过漏泥筛流入水池，再由排污管排出。洗净的块根饲料运动到搅龙上端时被切碎器切碎成片。

螺旋式块根洗涤切碎机的优点是通用性好，生产率高，耗水少，洗涤质量好，便于清理和切碎作业。

(二)青绿饲料切碎机

1. 青绿饲料切碎机

青绿饲料切碎机是用来将青绿多汁饲料切碎成碎块，以便满足饲养要求。

青绿饲料切碎机种类很多，目前常用的有以下六种(图 12-19)。

(1)立轴多刀式青绿饲料切碎机　立轴多刀式青绿饲料切碎机在立轴上端的圆盘顶部、侧面以及壳体内表面，分别装有很多把切刀，饲料被高速回转的切刀切碎成小块之后，从排料口排出。这种切碎机结构简单，生产率高，加工质量好，适于加工各种青绿饲料。

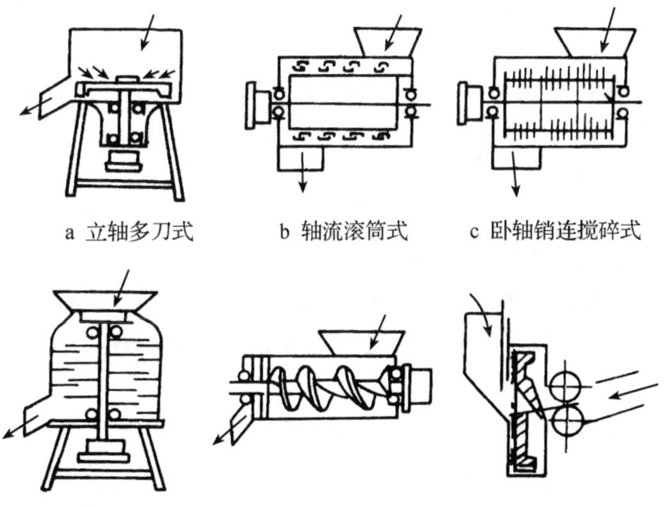

a 立轴多刀式　b 轴流滚筒式　c 卧轴销连搅碎式

d 立轴搅刀式　e 卧式搅碎式　f 圆盘多刀式

图 12-19　青绿饲料切碎机

(2)轴流滚筒式青绿饲料切碎机　轴流滚筒式青绿饲料切碎机在绕水平轴回转滚筒表面、钉壳内表面分别交错固定很多把切刀。饲料进入切碎室内，受动定切刀作用，一面向前运动，一面被切碎，最后从排料口排出。这种切碎机适于切碎含水率不高、纤维素较多的青饲料，生产率较高。

(3)卧轴销连搅碎式切碎机　卧轴销连搅碎式切碎机在水平轴回转的转子上，安装有 3～4 组螺旋排列的切刀。饲料在切碎室内一边向前移动，一边被切碎，并受叶片作用排出。这种切碎机适应性好，生产率高，应用较多。

(4)立轴搅刀式切碎机　立轴搅刀式切碎机在回转的立轴上和筒壳内侧，分别交错装有很多切刀，饲料在切碎室内由上向下的运动中，被切刀切碎和搅碎，最后由排出口排出。这种切碎机可切碎各种青饲料，也能对青饲料、瓜菜类饲料进行打浆，故称为干式打浆机。

(5)卧式搅碎式切碎机　卧式搅碎式结构与绞肉机相似，饲料受螺旋体推动挤压和搅切作用切碎，之后通过末端模板上模孔排出，再由专用切刀切断。这种切碎机加工饲料比较细碎，成糊状，但生产率低，汁水挤出多。

(6)圆盘多刀式切碎机　圆盘多刀式切碎机在圆盘右侧固定大刀片，用于加工纤维饲料；左侧固定小切刀，用于加工根茎瓜菜类饲料。切碎后的饲料由圆盘轮缘上的叶板抛出。该机可用于加工多种饲料。

2. 青绿饲料切碎机的使用

在使用青绿饲料切碎机时，应遵循以下原则。

(1)检查　机器工作前应对各部分技术状态进行检查，只有在符合要求的情况下才能起动。

(2)工作　机器起动后应空转 5 min 左右，运转正常后再加饲料。加料要均匀，注意排除杂质，要保持电机满负荷工作。停机前 2 min 停止喂料，以排出机内积存饲料。停机后应进行清理，必要时用水冲洗，防止机器生锈和积存饲料腐烂变质。

(3)主要工作部件磨损后应及时更换，更换时应注意保持转子的平衡要求。

(4)机器长期放置不用时应涂防锈油,并在通风干燥地方保存,以免锈损。

(三)青绿饲料打浆机

将各种青绿多汁饲料,特别是含纤维素多的青饲料,加工成可溶于水的糊状饲料,称为青饲料打浆。青饲料打浆可扩大猪饲料来源,便于和其他饲料混合,减少饲料抛撒,增加猪的采含量,提高饲料利用率,在我国养猪业中应用很广。青饲料打浆耗能较大,通常比青饲料切碎功耗大一倍以上。

青饲料打浆要求是:打浆时尽可能少加水,提高成品料含浆率;打浆后纤维长度要短。

青饲料打浆机按工作是否加水,分为干式和加水式(盆池式)两种;按安装方式,分为卧轴式和立轴式两种。目前应用较多的为卧轴盆池打浆机。现以这种机型为例说明青饲料打浆机的构造和工作过程。

图 12-20 为加水式青绿饲料打浆机的构造简图,该机主要由浆池、转子、护罩和机架等部分组成。

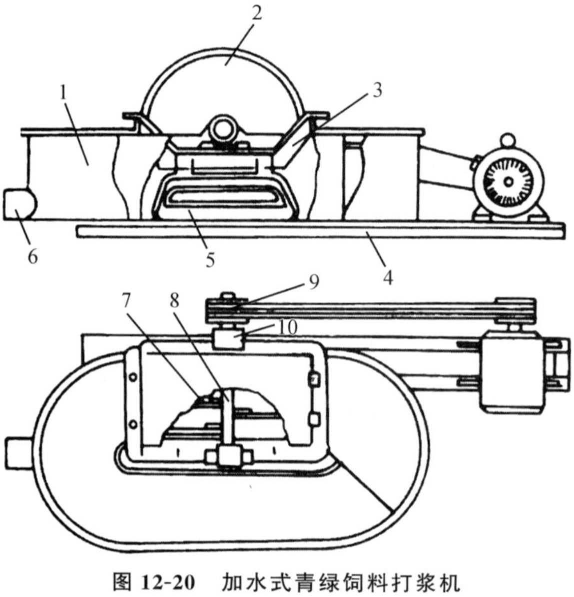

图 12-20 加水式青绿饲料打浆机

1. 浆池 2. 护罩 3. 轴承座架 4. 机架 5. 梯形架 6. 出浆管
7. 切刀 8. 主轴 9. 皮带轮 10. 轴承座

浆池由钢板焊接而成,也可采用砖混结构,形状为椭圆形。中间有一隔板,池底向一端有斜度,在浆池端部有出料口。

转子由主轴和刀片组成,刀片数为 8~12 片,分为 4 组,以螺旋线排列,固定在主轴的刀柄上。刀片为矩形,两侧开刃,转子轴由两个轴承支承在浆池隔板的一侧。转子上方有弧形罩,在刀片切碎方向前侧有部分盖板,以防止饲料飞溅,确保生产安全。

机器工作时,先将护罩盖好,往浆池内注入清水,使水面浸没刀片 2~4 cm。开动电动机,当达到正常转速后,向池内加入一份饲料,饲料加入量应以使浆料在池内均匀流动为准。由于转子高速回转,浆料环绕隔板作循环流动,每经过一次转子工作区域,就将受到一次打击和切碎作用,直至浆料达到足够粗细度,便可停机,并从出料口将浆料放出。

二、饲草切碎机

将各种植物秸秆饲料（如谷草、稻草、麦秸、干草、玉米秸等）切碎成段的机械，称为饲草切碎机或秸秆切碎机。饲草切碎机在我国生产和使用已有50多年的历史，是我国广大农村和农牧场应用较多、发展较快的一种机械。

（一）饲草切碎机分类及用途

饲草切碎机按机型大小可分为小型、中型、大型三种；按用途不同分为铡草机和青饲料切碎机两种；按切碎器型式不同分为轮刀（盘刀）式和滚刀（滚筒）式两种；按喂入方式不同分为人工喂入式、半自动喂入式和自动喂入式三种；按切碎段处理方式不同分为自落式、风送式和抛送式三种。

铡草机属于中小型切碎机，体小轻便，机动灵活，适合广大农村铡切谷草、稻草、麦秸、青草和青贮饲料用。

青饲料切碎机为大中型切碎机，结构比较完善，生产效率高，并能自动喂入饲料和抛送切碎段，适于养殖场铡切青贮饲料，是饲料青贮、青饲分段收获工艺中重要的机械之一。

（二）对饲草切碎机的技术要求

（1）饲草在饲喂前一定要切碎，而且切碎长度要符合饲养要求。不同的动物对青饲料或秸秆饲料的切碎长度要求不同。饲料切段太长，不利于牲畜咀嚼，损失浪费严重；饲料切段太短，不仅浪费动力，也加速了饲料中水分的蒸发和营养物质的损失，饲喂效果也不好。

（2）饲草的切碎质量要好。要求切碎长度均匀，切口平整，茎节压碎。

（3）铡切效率高、耗能少。

（4）通用性好。尽可能能够铡切各种植物秸秆饲料。

（5）结构和工作性能要求：机器结构简单，运转均匀，工作安全可靠，使用调整方便，能自动抛送饲料。

（三）饲草切碎机的一般构造及工作过程

1. 轮刀式切碎机

轮刀式切碎机主要由链板输送器、喂入辊、定刀片、动刀片、刀盘、抛送装置等部分组成（图12-21）。动刀片固定在刀盘上，随刀盘一起回转，其刀线回转平面与刀盘轴垂直，饲料在喂入辊作用下，将其压实并卷入机构，在动定刀片组成的切割副的切割下，被切碎成段，碎段由抛送装置抛出机外。

这种切碎机切碎质量好，刀片结构简单，便于安装、制造、磨修，另外有抛送装置，切碎体能自动抛出，省工省力。主要缺点是传动复杂，结构不紧凑，工作不连续，刀盘运转不均匀。该机应用较为广泛。

2. 滚刀式切碎机

如图12-22所示，滚刀式切碎机主要由喂入辊、定刀片、动刀片、回转滚筒（有的机器设有风扇）等部分组成。动刀片2～4个，固定在回转滚筒上，刀片刃线轨迹为圆柱曲面。饲料被相对转动的喂入辊压实，卷入机内，由动定刀片切碎成段，碎段通过排草槽（或者风机）排出。

这种切碎机传动方便，结构紧凑，但切碎性能不如轮刀式切碎机。当动刀片为螺旋形时，其制造、磨修都不方便。目前在小型切碎机和大型青饲料收获机上多采用滚刀式。

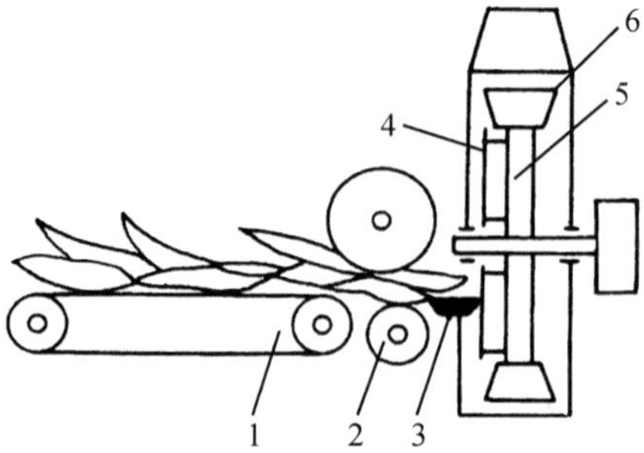

图 12-21　轮刀式切碎机

1. 输送链　2. 喂入辊　3. 定刀片
4. 动刀片　5. 刀盘　6. 抛送装置

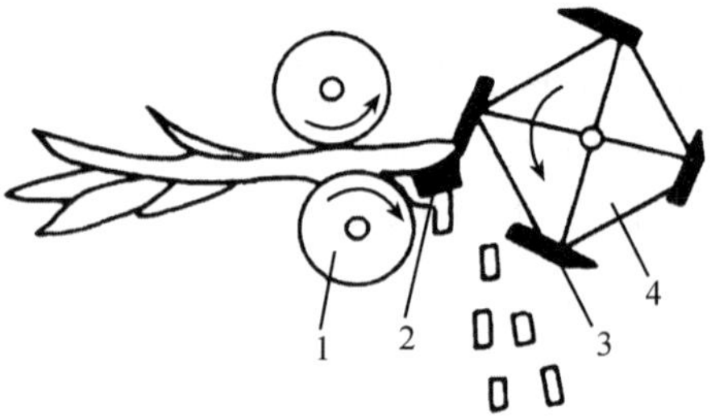

图 12-22　滚刀式切碎机

1. 喂入辊　2. 定刀片　3. 动刀片　4. 滚筒

3. 饲草切碎机喂入机构

切碎机喂入机构一般由喂入槽、输送链、上下喂入辊(大型切碎机上设有压草轮和压紧输送器等)和压紧装置等部分组成,其作用是将饲草以一定速度喂入切碎器,并在喂入的同时,将其夹住、压紧,无滑动,饲草不产生弯曲变形,以保证切碎质量,即切碎长度均匀,切口要平整。因此,对喂入机构提出如下技术要求。

(1)喂入辊卷入能力要强,并且卷入速度应大于输送器的输送速度,以免饲草在喂入槽上堆积或堵塞。

(2)喂入辊在配置位置上应尽量靠近刀片切割平面,避免饲草产生弯曲变形,保证切碎质量。

(3)上喂入辊应能上下移动(浮动),并要有一定的压紧力,以防止饲草打滑和适应饲草喂入量的变化要求。

(4)喂入辊的转速应能变化,便于调节切碎长度。

喂入辊是喂入装置最基本的工作部件,一般用 HT150 灰铸铁铸成。为增加卷入能力和防止饲草打滑,表面制成多种形式的凸起结构。工作时上下喂入辊的转速相同,旋转方向相反,在摩擦力的作用下将饲料卷入机内。

喂入辊形状很多,常见的有锯齿形、星齿形、沟齿形、圆辊形等四种(图 12-23)。其中前三种喂入辊卷入性能好,应用较多,并都可以作上下喂入辊。圆辊结构简单,多用作下喂入辊。锯齿辊用作上喂入辊时,锯齿指向应与回转方向一致,以保证更好地抓住饲料;用作下喂入辊时,锯齿指向与转向相反,防止饲草缠绕喂入辊。

压紧装置的功用是当上喂入辊随草层厚度改变而上下移动时,保证对饲草产生一定的压力。常见的压紧装置有重锤式、弹簧式和双弹簧式等。

重锤式,结构简单,不论草层厚度变化如何,压力不变,常用在小型切碎机上。弹簧式,一端固定在机架上,另一端通过弓形杆连接在上喂入辊两端轴承上,随草层厚度改变,压力随弹簧变形而改变,有利于切割,在轮刀式切碎机上应用较多。双弹簧式,两个弹簧在机架两侧,一端连接在上喂入辊轴上,另一端固定在机架上,性能与弹簧式相似,常用在滚刀式切碎机上。

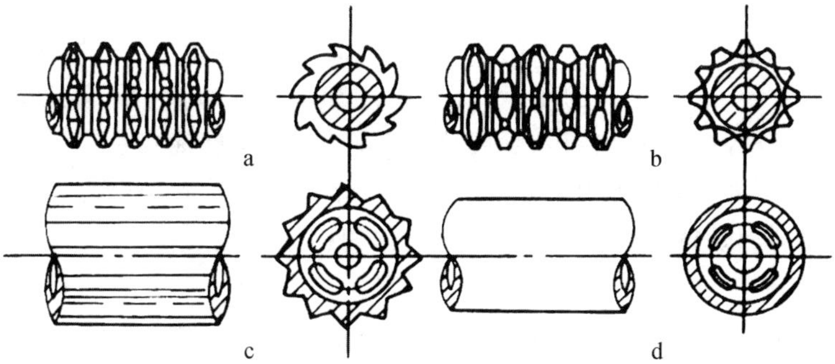

图 12-23　喂入辊的形状

a. 锯齿形　b. 星齿形　c. 沟齿形　d. 圆辊形

(四)饲草切碎机的使用

1. 工作前安装

固定式小型切碎机应固定在地基或长方木上,电动机与切碎机中心距为 1.2～1.4 m。

移动式大中型切碎机切碎青贮饲料时,应将一半轮子埋入土中。动力与切碎机中心距 3～6 m。切碎机出口处可安装弯槽(转向槽)和控制板,调节落料点位置。并应根据抛送距离的要求,配备和安装抛送筒数个。

2. 使用前的检查与调整

工作前检查机器状态是否良好,螺旋是否松动,润滑是否充足;检查调整切割间隙;根据饲养要求调整切碎段长度,更换齿轮,改变喂入辊转速;检查并磨锐刀片。

3. 启动和工作

先用手试转,再将离合器切离,开动电动机,空转 3～5 min。待运转正常后,接合离合器,使喂入部分正转,如机器正常,即可投料。

喂料要均匀,避免铁杂物质进入机器内;如喂入量过多而使切碎器转速降低时,应暂停喂入片刻,使其转为正常;如堵塞严重,应使喂入部分反转,并停止工作,打开机器进行修理。

严禁在不停车的情况下进行清理或调整,工作人员应穿紧袖服装。

工作结束时,在停机前停止进料片刻,以清出内部饲料,然后再停机进行清理。

4. 维护和保养

定期对动刀片进行磨刀维护,可在机器上用磨石或油石进行磨锐。底刃也可磨锐,有的定刀有 4 个棱刃线,可替换使用。

机器的润滑:无油嘴的主轴承可每工作 4～5 个月拆洗换 1 次黄油;有油嘴的应每天加 1 次黄油。小型切碎机中的齿轮和十字沟槽联轴节应每两小时浇注黄油 1 次。有传动箱的大中型机器应定期更换润滑油。

三、秸秆处理和草粉加工机械

(一)秸秆处理机械

我国农业每年可生产 5 亿～6 亿 t 农作物秸秆副产品,是发展草食动物重要的粗饲料资源。

从理论上讲,农作物秸秆所含的干物质中,80%以上的成分可以被动物消化和利用。但是，由于秸秆中的大量纤维素、半纤维素和木质素的表面，都被角质层和硅细胞壁所覆盖，形成了难以消化的木质化物质，不利于动物消化吸收，从而限制了农作物秸秆在饲养业中的应用。采用化学方法处理秸秆，通过强碱的化学作用，可使其木质化分解，质地变软，结构疏松，便于消化吸收，为粗饲料资源的开发利用和发展草食动物，开辟了新途径。

目前，秸秆的化学处理，按使用处理剂的不同，分为氢氧化钠处理法和氢化处理法两种。实际上这两种处理剂都是碱性物质，所以可以统称为秸秆碱化处理。

1. 秸秆调质机

秸秆调质机主要用来对各种农作物秸秆和干草捆进行碱化处理，使用的处理剂为氢氧化钠溶液。该机器主要由输送器、抓取轮、切碎器、药液箱、搅拌装置、风机等部分组成。

抓取轮的表面按螺旋线排列，焊有许多小齿，与下齿板配合，可起到松散草捆，保证秸秆喂入均匀的作用。

切碎器为滚刀式，由 12 把动刀片和 1 把定刀片组成，动定刀片间隙一定。

搅拌装置分为上、下两层，每层有 4 个搅拌杆，每个搅拌杆上焊有很多齿，用来使药液与秸秆充分搅拌，促进化学反应，提高处理效果。

机器工作时，秸秆或草捆由输送器向上输送，被抓取轮抓取、松散，并以均匀流量送至切碎器切成碎段。碎段落入搅拌室，由液泵从液箱泵出的氢氧化钠溶液，均匀地喷在其表面上，同时搅拌器进行强力搅拌，使药液得到全面渗透，最后由风机吹送到仓库内。经过约 7 d 的堆放和继续化学反应，使秸秆消化率达到最高值，氢氧化钠残留量降到最低值，即可饲喂。经过处理的饲料可存放一年以上时间。

使用氢氧化钠处理秸秆，效果比较显著，秸秆消化率可提高到 80%以上，但药液价格高，对土壤有污染，家畜食用后饮水量增加。目前，国内外一些大型养牛场应用较多。

2. 秸秆氨化处理设备

使用尿素、液氨、氨水和氢氧化氨作为处理剂对秸秆进行氨化处理，可以提高秸秆的消化率，增加其营养成分，从而提高饲用效果。

氨化秸秆的含氨量较低，秸秆的水分较高，处理过的秸秆消化率高，保存时间长。

目前，我国秸秆氨化处理的方法主要有小型容器法、堆垛法和氨化炉法三种。

小型容器法先将尿素溶于水再与秸秆均匀混合，然后装入窖、池、缸、塑料袋等容器内加以封闭。这种方法适于个体农户的小规模生产。

堆垛法是先在地面上铺上塑料膜，膜上堆放秸秆，上面再覆盖塑料膜，并将上下两层膜的搭边卷起来埋土密封。用通氨管插入垛的下部将液氨输入直至达到要求为止，再将管子拔出封闭。

由于氨与有机物的反应速度随环境温度的变化而变化，所以上述两种方法均受季节变化的制约。

氨化炉法主要使用大集装箱，或者土建结构的房屋，内设电热控制系统、输料车和轨道以及通氨设备。工作时，每次小车装满一定量的秸秆，进入房内，关门封闭，室内保持 60 ℃的温度。通氨枪从外面通过墙壁上的孔伸入秸秆中，通入液氨，达到规定的通入量时，停止供氨。秸秆在室内氨化 24 h 左右，取出便可饲喂。氨化炉处理秸秆不受季节影响，并能按工厂化方式做到有计划地进行生产，具有处理质量好，成本低，生产效率高的优点。

(二)草粉加工机械

牧草和青饲料经人工干燥,快速脱水,制作成草粉,可以保持丰富的营养。用于代替精料,喂饲各种畜禽,能够提高畜牧产品的生产率。近年来,许多国家大力发展青绿饲料高温干燥和制作干草粉,压制颗粒和干草饼。

青饲料制粉的主要技术是烘干。将含水量达70%～80%的青饲料放在干燥设备内,受高温介质作用,水分迅速蒸发,含水量降到8%～12%,青饲料变成色泽青绿、气味芳香的干燥饲料,再由草粉机加工成草粉。

青饲料烘干设备按其工作方式,分为分批干燥式和连续干燥式两种;按其干燥介质温度又分为低温干燥和高温干燥两种。低温干燥机的干燥介质温度一般在100～150 ℃,结构上有箱式(分批式)和输送链式(连续式)两种。高温干燥机也称为快速干燥机,干燥介质温度达500～600 ℃,分为气流管道式和气流滚筒式两种。

图12-24所示的是一种气流滚筒式干草粉生产成套设备的工艺流程。液体燃料由喷油器喷入汽化室,同鼓风机压入的空气混合成可燃气体,由电火花点燃,在燃烧室内燃烧,再同鼓风机泵入的另一股气体混合,形成干燥机的热介质。已经切碎的饲草由输送器和逐秸轮喂入干燥滚筒,在飘浮及热介质的裹挟、包围、翻动中逐渐被加热干燥。干燥的饲草碎段由热介质带入大沙克龙(旋风分离筒)中,两者得以分离。热介质废气由上部风机排到大气中,干饲草则下落,经关风机进入粉碎机中。粉碎的干草粉进入小沙克龙与空气分离,小沙克龙排出的干草粉,最后经关风机排出至卸料搅龙,送出装袋即得成品。

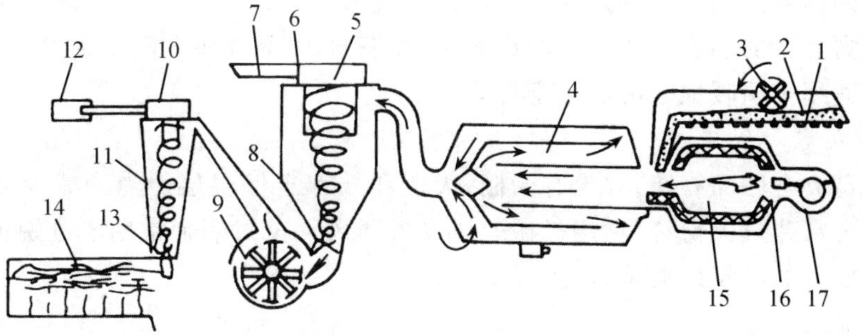

图12-24 干草粉生产工艺流程

1. 饲草输送器 2. 饲草 3. 逐秸轮 4. 干燥滚筒 5、10. 风机 6. 大沙克龙 7. 废气排出管 8、13. 关风机 9. 粉碎机 11. 小沙克龙 12. 集尘器 14. 卸料搅龙 15. 燃烧室 16. 喷油器 17. 鼓风机

在使用上述设备时应强调几点:一是在干燥前应将饲草切碎,以利于干燥、输送与粉碎,同时可清除饲草中夹杂的石块及金属等杂物;二是饲草段进入粉碎机时含水量应在17%以下,以12%为佳;三是饲草从收割到进入干燥机的时间不得超过1.5 h。此外,成套设备的工作规范应按使用说明执行。

生产出的草粉应装入纸袋或编织袋中,并置于黑暗室内,以减少贮存营养损失。

任务三 畜禽饲养设施与机械

畜禽饲养机械化是畜牧业机械化的重要组成部分,用以改善畜禽饲养过程各项作业环节的生产手段和生产条件，从而提高劳动生产率、降低劳动强度、改善畜禽生产性能、提高经济效益和社会效益。

畜禽饲养机械种类繁多，按照畜禽的种类来分，可分为养猪机械、养鸡机械、养牛机械等；按照用途来分，可分为喂饲机械、饮水设备、畜禽废弃物处理机械及畜禽舍环境控制设备。另外还有孵化设备、育雏设备、奶牛挤奶及牛奶冷却贮存设备、绵羊剪毛机械和防疫设备等。

饲养机械化得以迅速发展于20世纪50—60年代的欧美，至70年代，机械化饲养已比较普遍，使劳动生产率大大提高。由于多种原因，国内的畜禽饲养机械化程度比较低。随着我国经济的发展和人们生活的不断提高，一些饲养场的规模逐渐扩大，机械设备和工程设施不断完善，达到较高的水平。

本节主要介绍发展迅速、机械化水平较高的饲养设施、喂饲、饮水和环境控制设备。

一、畜禽饲养设施

畜禽舍是将畜禽与外界环境隔离的围护结构，以便在不同季节为畜禽饲养创造一个舒适的环境，通常在畜禽舍内设置畜栏、畜笼以及喂饲、饮水、清粪等设备。根据与外界隔离的程度，畜禽舍可分为敞开式、全封闭式和半封闭式三种。

1. 敞开式畜禽舍

敞开式畜禽舍的特点是冬季背风面全部敞开，其他三面有墙，在向风向的墙上设有可开闭的通风口用于夏季通风。敞开式畜禽舍的围护结构一般不设保温层，只在屋面部分设保温层，以减轻夏季太阳辐射热的影响和避免冬季的冷凝现象。

敞开式畜禽舍舍内的温度受外界的影响很大，只能减少风和太阳辐射的影响。这种建筑和通风方式只适用于温暖地区的成年畜禽舍。

2. 全封闭式畜禽舍

全封闭式畜禽舍四面有墙，并设有天棚，天棚和墙都有保温层。为了减少冬季的热损失，全封闭式畜禽舍常建成无窗舍，利用机械通风设备通风。全封闭舍常用于分娩舍和幼畜禽舍，也可用于寒冷地区的成年畜禽舍。

3. 半封闭式畜禽舍

半封闭式畜禽舍四周有墙，但墙内无保温材料，但屋面结构内必须加以保温材料，以防冬季冷凝和夏季的太阳辐射热。半封闭畜禽舍常采用自然通风，屋檐下和屋脊上有连续的通风口，以保证冬季通风换气。侧墙上有通风口，可用于暖季的通风换气。

有窗式畜禽舍是我国传统的、有一定保温性能的半封闭建筑，四周的墙常用砖砌，墙上有窗，也属于半封闭式畜禽舍。

二、畜禽的喂饲机械设备

喂饲是畜禽饲养的一项繁重作业，一般占总饲养工作量的30%～40%。人工喂饲不仅劳动强度大，而且喂入不均，饲料损失大。所以，用机器代替人工完成这项工作是非常必要的。

对喂饲机械的要求是能为畜禽提供相同的采食条件；饲料损失要少；能够防止饲料的污染；结构简单，操作使用方便；噪声小，可避免粉尘飞扬等。

国内外畜禽的饲料主要有三种类型，相应的机械化喂饲设备可分为干饲料（含水量20%以下）喂饲设备、湿饲料（含水量30%～60%）喂饲设备和稀饲料（含水量70%以上）喂饲设备三种类型。其中机械化水平较高、应用最为广泛的是干饲料喂饲设备，下面以干饲料喂饲设备为例介绍。

干饲料喂饲设备主要包括贮料塔、输料机、喂饲机、饲槽等。

贮料塔用来贮存饲料，常设在畜禽舍外的一侧或端部。多为镀锌钢板制造的方仓或圆仓，也有用仓房代替的。

输料机用来将饲料从贮料塔输送到畜禽舍内喂饲机的料箱内。常用的输料机有螺旋弹簧式和索盘式两种，其工作部件和相应形式的喂饲机类似。

喂饲机是在畜禽舍内将饲料分配到饲槽内的机械。有螺旋弹簧式、链板式、索盘式、轨道缆车喂饲机和人工手推喂料车等。

(一)螺旋弹簧式喂料系统

螺旋弹簧式喂料系统如图 12-25 所示，由贮料塔、输料机、内有弹簧螺旋的输料管、盘筒形饲槽、控制安全开关的接料筒及料箱等组成。

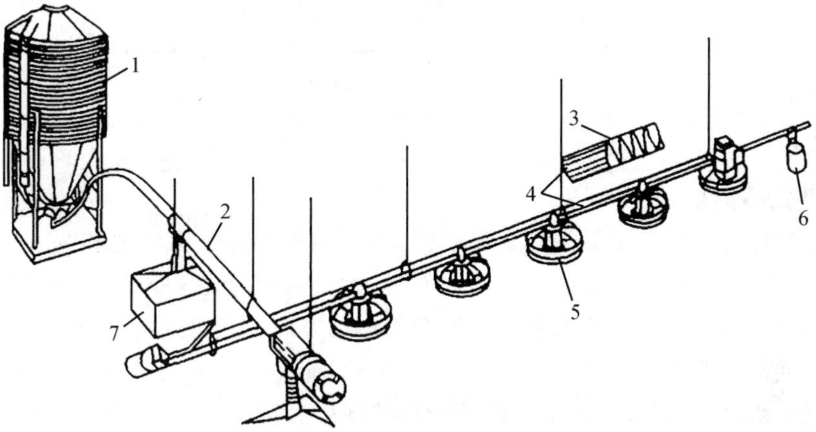

图 12-25　螺旋弹簧式喂料系统

1. 贮料塔　2. 输料机　3. 弹簧螺旋　4. 输料管　5. 盘筒形饲槽
6. 控制安全开关的接料筒　7. 料箱

工作时，饲料由舍外的贮料塔运入料箱，螺旋弹簧转动，将饲料向前推送，通过输料管上的开口经落料管或直接落入饲槽，饲槽装满后，饲料被继续往前推送到下一个开口，直至装满所有的饲槽为止。

该喂饲机主要用于鸡的平养，也可用于猪和奶牛的饲养。

(二)链板式喂饲机

链板式喂饲机适于鸡的平养和笼养，用于平养的链板式喂饲机由料箱、驱动机构、链板、长饲槽、转角轮等组成(图 12-26)。还包括用来清除落入饲槽的杂物的饲料清洁筛、支承饲槽的饲槽支架等。

工作时，驱动机构驱动链板，链板经过料箱并在饲槽底部运动，将料箱内的饲料均匀地分配到饲槽的全长度上。链板沿饲槽做环形运动，遇到转弯处由转角轮改变其运动方向。

链板式喂饲机与螺旋弹簧喂饲机相比，使用范围广，工作平稳，功率消耗低，饲料可回收利用，但饲料是敞开的，容易引起污染。链板在饲槽底部运动，导致饲槽底部磨损严重。

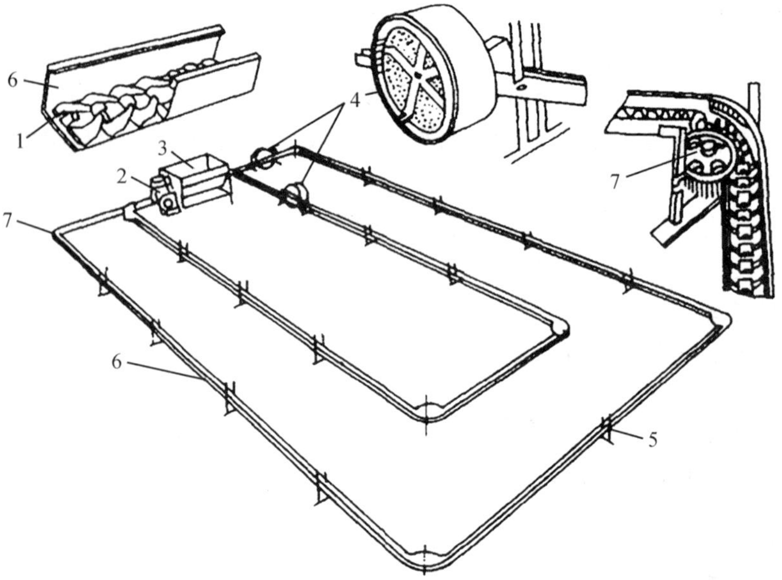

图 12-26　链板式喂饲机

1. 链片　2. 驱动装置　3. 料箱　4. 清洁筛　5. 饲槽支架　6. 饲槽　7. 转角轮

(三)索盘式喂饲机

索盘式喂饲机的主要工作部件是索盘,其他部分和螺旋弹簧喂饲机相同。索盘由钢丝绳和等距离压注在绳上的圆形塑料盘组成。工作时,索盘由驱动装置驱动,并推动饲料沿输料管运动,饲料依次进入饲槽,转弯处由转角轮改变其运动方向。索盘式喂饲机可用于各种畜禽。

索盘式喂饲机与螺旋弹簧喂饲机相比,工作灵活,能在不同方向输送饲料,噪声小,输送距离长。但钢丝拉断时不易修理,要求钢丝有较高的强度。

(四)轨道缆车喂饲机

轨道缆车喂饲机主要用于鸡的笼养和猪舍,是一个钢索牵引的小车。工作时喂饲机移到输料机的出料口下方,由输料机将饲料从贮料塔送到喂饲机的料箱,当喂饲机沿鸡笼或猪栏前运动时,将饲料分配到饲槽。

该机由料箱、牵引架、驱动装置、控制部分等组成,牵引架支承在轨道上,并在轨道上运动。该机的特点是结构简单,但要求饲槽与轨道水平,安装要求比较高,对饲料流动性的要求也比较高。

三、畜禽饮水设备

畜禽饲养的供水系统由水源、水泵、过滤器、减压装置、水塔(或气水罐)、水管网、饮水设备等组成(图 12-27)。水从水源被水泵送到水塔(或气水罐),并在水管网内形成压力,将水送到饮水设备,供畜禽饮用。

在畜禽饲养的供水系统中,饮水设备是畜禽直接接触的。畜禽饮水设备包括自动饮水器及其附属设备。自动饮水器按结构原理可分为水槽式、真空式、吊塔式、杯式、鸭嘴式、吸管式等;按用途又可分为鸡用、猪用、牛用等。

在机械化畜禽饲养场中,对畜禽饮水设备的技术要求是:能根据畜禽需要自动供水;保证

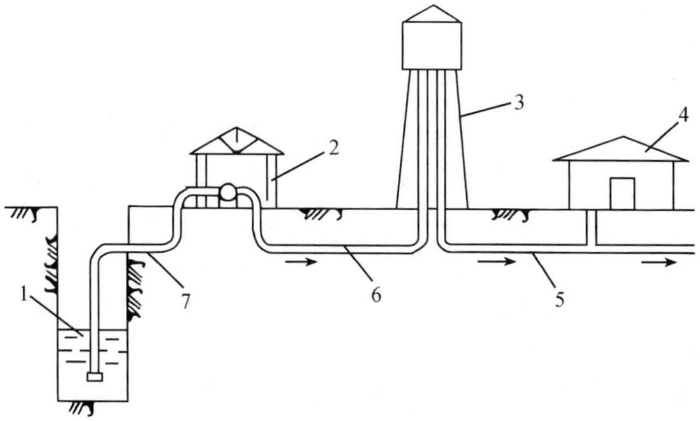

图 12-27　畜牧场供水系统

1. 水源　2. 水泵　3. 水塔　4. 畜舍及其他房舍　5. 配水管路　6. 扬水管　7. 吸水管

水不被污染;密封性好,不漏水,以免影响清粪等环节;工作可靠,使用寿命长。

(一)鸡用饮水设备

1. 水槽式饮水器

包括长流水式和浮子式两种,其中最常用的是长流水式饮水槽。

(1)长流水式饮水槽　在我国的养鸡场内应用较广,常用镀锌铁皮制成,水槽断面为 U 形或 V 形,长度常接近鸡舍长度。

长流水式饮水槽结构简单、工作可靠;但易传染疾病,耗水量大。

(2)浮子式饮水槽　是在输水管接到水槽的接头上安装了一个浮子装置,控制饮水槽中始终保持一定的水面高度。同时,水面的高度可以调节。

2. 真空式饮水器

真空式饮水器通常由聚乙烯制成,其结构如图 12-28 所示。由筒和盘组成,筒倒立安装在盘中部,并用销子定位,筒下部的壁上有小孔使水可以流到盘的环形槽内。当水面将小孔盖住,且筒内的压力与外部压力平衡时,水即停止流出。当鸡饮用水后,水面下降,小孔露出水面,有空气进入筒中,则筒内压力增大,水又流出来。

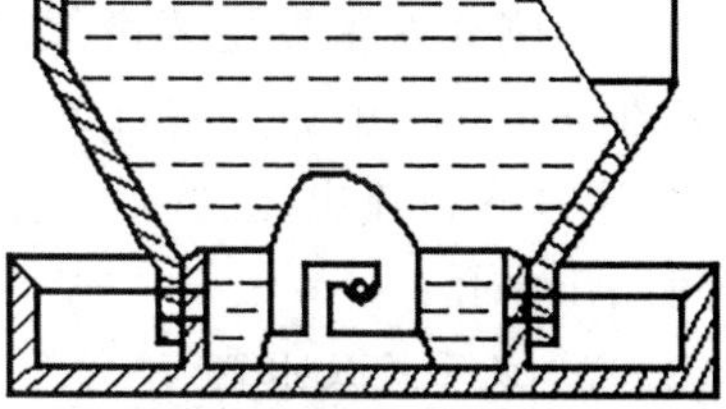

图 12-28　真空式饮水器

真空式自动饮水器主要用于平养雏鸡。其优点是结构简单,故障少,不妨碍鸡的活动;缺点是需要工人定期加水,劳动消耗较大。

3. 吊塔式饮水器

吊塔式饮水器又称自流式饮水器,图 12-29 为其外形图和阀门机构结构图。水从软管进入,通过滤网进入阀门体,当饮水盘体内无水或水量不足时,大弹簧通过螺纹套将饮水盘体上抬,将阀门杆顶开,水从阀门体流出,并通过四周的出水孔流入饮水盘体的环形槽内。当水达到一定水面时,其重量使水盘通过螺纹套将大弹簧压缩,使饮水盘下降,阀门杆在小弹簧的压力下关闭,水停止流出。拧动螺纹套可调节饮水槽内水面,螺纹套平时用锁紧螺帽锁紧。

吊塔式饮水器主要用于平养鸡舍。它的优点是不妨碍鸡的活动，工作可靠，不用人工加水；缺点是尺寸较大。

4. 杯式饮水器

杯式饮水器(图 12-30)的塑料杯体通过小轴销与触发浮板连接。杯体的后部有一带螺纹的空心阀座，阀座内的阀门杆一端穿过杯体后壁与触发浮板相靠，另一端伸出阀门座外，用来封闭阀座。整个杯体以其螺纹拧入主水管的鞍形接头上。平时在水的压力作用下，阀门杆压向阀座，将通路封闭。由于杯底有剩水，畜禽向杯底饮水，会触动触发浮板，使其绕小轴向后偏转，推动阀门杆，阀座打开，水即流入杯内。浮板用密度小于水的塑料板制成，随着水流入杯内，浮板即浮起，阀门座重新封闭。

杯式饮水器主要用于笼养，其优点是在畜禽需要饮水的时候，水才流入杯内，耗水少；缺点是阀门不严密时易溢水。

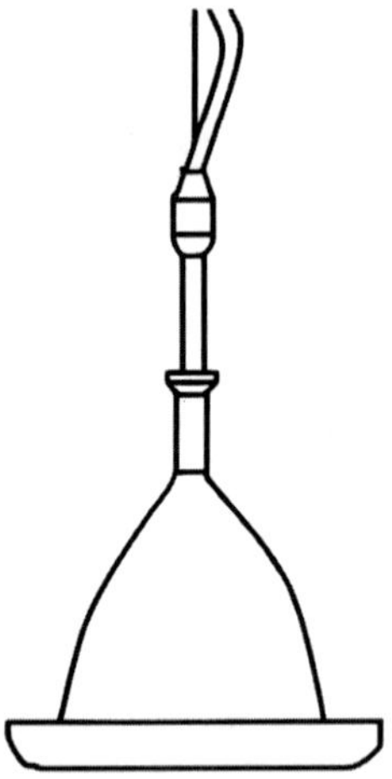

图 12-29 吊塔式饮水器

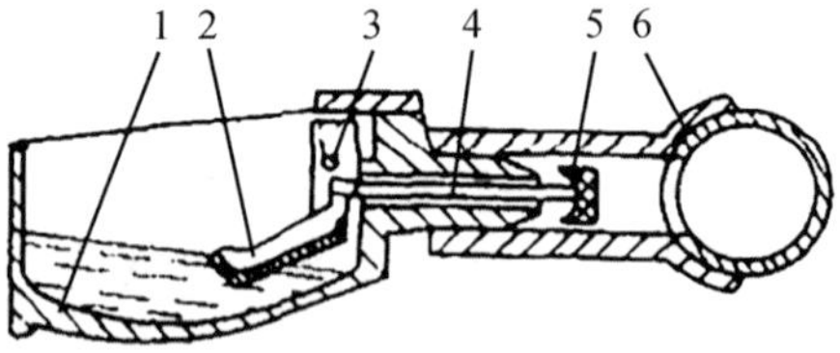

图 12-30 杯式饮水器

1. 杯体 2. 触发浮板 3. 小轴
4. 阀门杆 5. 橡胶塞 6. 鞍形接头

(二)猪用饮水设备

猪用饮水器主要是鸭嘴式饮水器，另外还有杯式和吸管式等。

1. 鸭嘴式饮水器

鸭嘴式饮水器主要由饮水器体、阀杆、弹簧、橡胶密封垫等部分组成(图 12-31)。平时阀杆在弹簧作用下紧压密封垫，封闭出水孔。当猪要饮水时，咬动阀杆，使阀杆偏斜，不能封闭孔口，水从孔口流出，经饮水器体尖端流入猪的口中。猪饮水完毕后停止咬阀杆，密封垫又重新封闭出水孔口。

2. 吸管式饮水器

吸管式主要用于养猪，盛行于澳大利亚和英国。

如图 12-32 所示，该饮水器利用一个统一的浮子水箱控制整个系统的液面高度。从水箱中接出一定直径的水管，横在猪栏上方距饲槽底高 300～600 mm 处。吸管从水管接出，在水管向上呈 30°～45°。浮子室控制的水面正好在吸管端部以上 12～18 mm 处。猪可以吸吮吸管来饮水。

吸管式饮水器具有鸭嘴式饮水器的优点，但漏水少。

(三)牛用饮水设备

在牛舍中使用的饮水器常为杯式饮水器，其结构与工作原理与鸡用杯式饮水器基本相同。

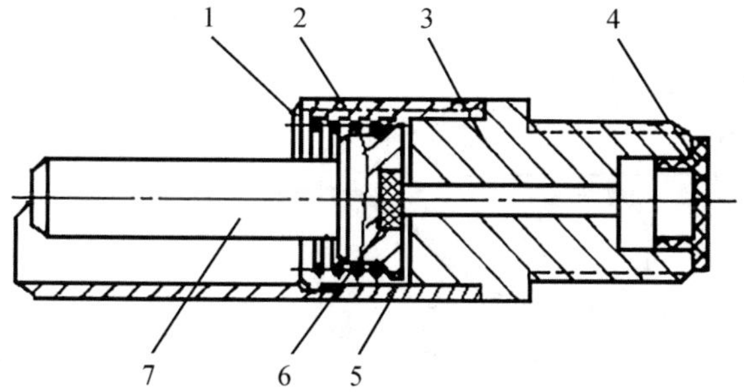

图 12-31　猪用鸭嘴式饮水器

1. 卡簧　2. 弹簧　3. 饮水器体　4. 滤网
5. 鸭嘴　6. 密封胶垫　7. 阀杆

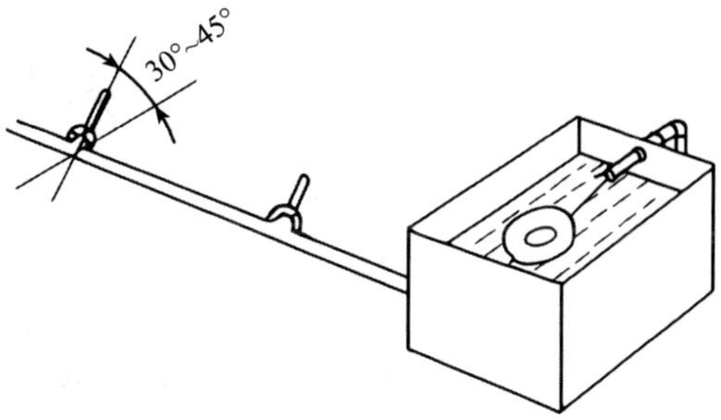

图 12-32　吸管式饮水器

四、畜禽环境控制设备

所谓畜禽环境从广义上讲是指影响畜禽生物体的形成、生长、发育、繁殖和生产的一切外界因素的总称。狭义的环境通常指畜禽所处的实际环境，如畜禽舍、设备、舍内小气候等。这些环境因子如温度、湿度、气流速度、气压、光照、各种有害气体、灰尘和微生物等，都是可控的。人们根据饲养需要对这些因素加以控制，为畜禽创造一个舒适的生活环境，以提高生产率，获得较高的经济效益，对于均衡畜禽产品的市场供应也具有重要意义。

畜禽环境控制系统包括畜禽舍、通风系统、供热设备、降温设备等。畜禽舍环境控制的简易或完善一般要取决于气候条件、畜禽舍的环境要求和经济条件，但随着工业化畜禽饲养场发展，畜禽舍环境控制设备日趋完善。

(一)通风系统

通风是畜禽环境控制的主要手段，是利用湿空气的温湿特性，不同温度的湿空气携带的热量和水分不同。舍外湿空气进入畜禽舍后被舍内空气加热而温度升高，可以吸收舍内的水分和热量，排出舍外后使舍内的环境温度和湿度保持在适宜的范围内。通风还可以控制有害气体成分、灰尘等空气污染物。

不同季节通风的目的不同，夏季通风主要是为了从室内带走大量的余热，以缓解高温对畜禽的不良影响，所以需要采用最大通风量；冬季通风则主要是为了引入室外新鲜空气，排除舍内污浊空气和多余水分，以改善舍内的空气环境。冬季通风会造成一定的热量损失，为节约能量，通常把冬季通风限制在最低水平上，采用冬季最小通风量。

畜禽舍的通风系统可分为自然通风和机械通风两种类型。

1. 自然通风系统

自然通风是一种比较经济的通风方式，是利用风力和温度差来实现舍内外空气交换的，常用于敞开式或半开式畜禽舍。图 12-33 所示的是温暖地区的平养鸡舍所采用的自然通风系统，其侧墙上有通长的滑窗，上下滑动时可以打开或关闭侧墙上的通风口。其作用原理是：舍内气温高于舍外气温，热空气上浮而从屋脊通风口排出，舍外空气则从侧墙上的通风口进入。有风时，根据风的方向，在畜禽舍的不同部位引起正压和负压，靠正压处的通风口进气，靠负压处的通风口排气，从而形成通风。夏季时打开侧墙上的连续式通风口，以增大通风量。

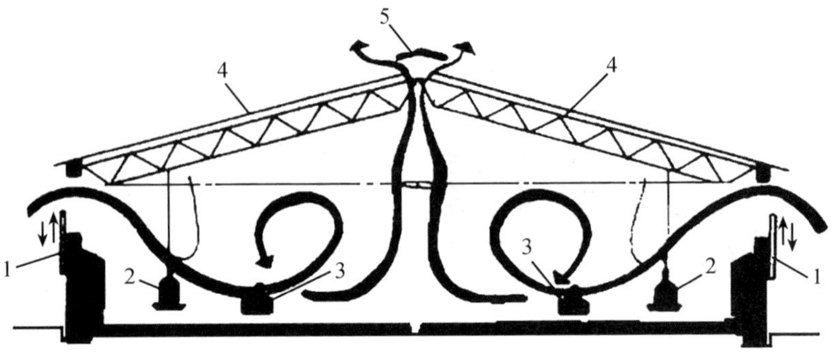

图 12-33　平养鸡舍自然通风系统

1. 滑窗　2. 触发浮板饮水器　3. 饲槽　4. 保温屋顶　5. 可提升的排气盖罩

自然通风的换气量和进气的分布不易控制，易受气候特点、地理位置、地势、风障等条件的影响，在应用时对这些因素应给予充分考虑。

2. 机械通风系统

机械通风利用风机作为动力来实现畜禽舍内外强制性通风换气。该系统由风机、进风口、排风口、通风管道、调节控制装置等组成。有正压式、负压式和联合式等几种。

(1)正压式通风系统　风机将新鲜空气通过舍内上方管道上的两排均布孔送入畜禽舍，使舍内形成一定压力，舍内污浊空气即在此压力下通过排气孔排出。正压式系统由于舍内有压力，冬季会使空气中的水汽渗入墙中，降低墙的保温能力，还会使水汽渗入门缝引起结冰，所以这种通风系统只用于改装的畜禽舍。

(2)负压式通风系统　排气风机将空气抽出舍外，舍内形成负压，舍外空气经由屋檐下长条形缝隙式进气口进入舍内。该系统设备简单可靠、施工方便，便于风机的维护，投资、运行费用较低，使用广泛。但对空气的预处理比较困难。

(3)联合式通风系统　该系统同时用风机进行进气和排气，常见的有管道进气式和天花板进气式两种。

管道进气式由进气风机将空气送入舍内，通过管道上的许多小孔将空气分布于舍内，污浊空气由排风机排出。天花板进气式由山墙上的进气风机将空气压入天棚上方，然后由均布于天花板上的进气孔进入舍内。

这种通风系统结构比较复杂，通风效果较好，适合于跨度较大、对环境要求较高的畜禽舍。

(二)供热系统

在严寒的冬季，通风换气保证不了畜禽所要求的环境条件，需要对畜禽舍进行供热。供热设备用来提高畜禽舍的温度和降低其相对湿度，以达到要求的舍内环境。它主要用于寒冷地区的挤奶间、产奶舍和幼畜禽舍。

供热设备有热水或蒸气式、热风式、局部供热三种方式。

热水或蒸气式供热设备即暖气，是以水或蒸气为媒体的采暖系统。

热风式供热系统由热源、风机、管道和出风口等组成。空气通过热源时被加热，再由风机通过管道送入舍内，常用于幼畜禽舍。

局部供热设备主要用于幼畜禽舍。有育雏伞、红外线灯和加热地板等三种。

育雏伞是在地上或网上平养雏鸡的局部加热设备，如图 12-34 所示，主要由伞面、热源、主管及上下接头、控温器、撑杆和伞架等组成。热源产生热量，使伞内温度升高，电子控温器控制伞内温度。根据热源的不同，育雏伞可分为电热式和燃气式两种。

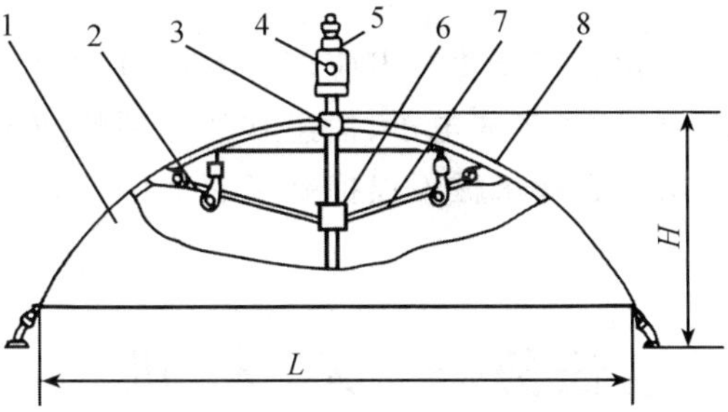

图 12-34　折叠式电热伞

1. 伞面　2. 热源　3. 主管上接头　4. 温控器　5. 主管
6. 主管下接头　7. 撑杆　8. 伞架

红外线灯主要用于产仔母猪舍的母猪栏中的仔猪活动区，不仅可以提高空气的温度，而且穿过空气辐射到仔猪身上，直接使仔猪体表变暖和。仔猪可以自由地接近或离开辐射加热器来调节舒适的程度。这种采暖方式既方便又清洁。

加热地板有热水管式和电热线式两种。主要用于产仔母猪舍和其他猪舍。加热地板容易引起水的蒸发而增加舍内湿度，所以应使饮水器远离加热地板。

（三）降温设备

降温设备用来消除或减轻高温对畜禽生产的不利影响。

1. 蒸发垫

蒸发垫又称湿帘，是最常用的降温设备，悬挂在畜禽舍内。

2. 喷雾降温设备

喷雾降温设备由过滤器、水箱、水泵、水管、喷头以及自动控制器等组成。

3. 畜体淋水器

畜体淋水器主要用于猪舍的降温。包括带浮子装置的水箱、水泵、管道、喷嘴以及包括恒温器和时间继电器在内的控制设备。

4. 局部冷空气供应系统

该系统主要用于限制产仔母猪的降温。包括空气冷却装置、主管道和分支管道。主管道往往进行隔热，分支管道直接引向母猪头部。这种局部冷却可防止影响需要较高温度的仔猪。空气可以是室外空气或经过蒸发垫冷却的空气。

5. 风扇

风扇降温是利用通风系统以外的大型轴流风机，引起舍内空气流动。轴流风机安在畜禽舍端部大门处或舍内。我国南方的奶牛舍内常将成排的吊扇安放在拴系奶牛的上方。

项目十三　智能机械

农业智能机械是指将自动化和智能化技术应用于农业机械化领域的产品，它们基于无线通信技术、多种传感装置、卫星导航、集成电子、信息软件等现代技术手段，建立了一套实时监测、统计、管理的复杂系统。这些智能机械不仅提高了农业生产效率，还促进了农业的现代化和可持续发展。

任务一　无 人 机

一、无人机相关概念

无人机：远程驾驶航空器是利用无线电遥控设备和自备的程序控制装置操纵的不载人飞行器，或者由车载计算机完全地或间歇地自主操作，也称为飞行器远程操控系统，简称无人机。

无人机系统：无人机及其配套的通信站、起飞（发射）/回收装置以及无人机的运输、储存和检测装置等的统称。事实上，无人机要完成任务除了需要无人机及其携带的任务设备外，还需要有地面控制设备、数据通信设备、维护设备，以及指挥控制和必要的操作、维护人员等，较大型的无人机还需要专门的发射/回收装置。完整意义上的无人机应称为无人机系统，如图 13-1 所示。

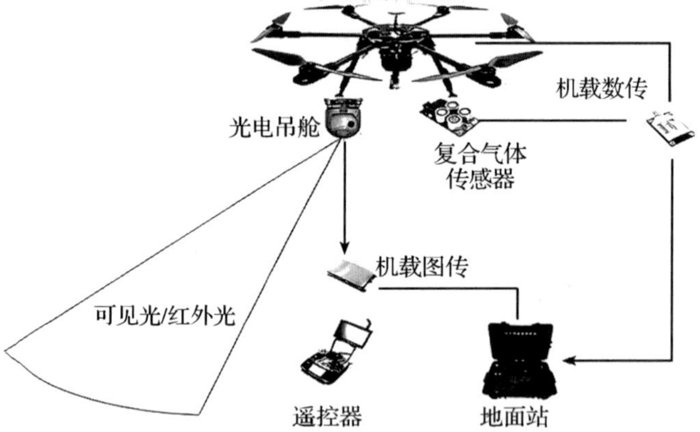

图 13-1　无人机系统

二、无人机的分类

近年来，国内外无人机相关技术飞速发展，形成了种类繁多、形态各异、丰富多彩的现代无人机家族，而且新概念还在不断涌现，其创新的广度和深度也在不断加大。通常情况下，无人机可按飞行平台构型、用途、尺度、活动半径、任务高度、飞行速度、使用次数等方法进行分类。

(一)按用途分类

按照无人机所能担负的任务或功用分类,可分为军用无人机和民用无人机。

(二)按飞行平台构型分类

按照飞行平台构型分类,无人机可分为固定翼无人机、旋翼无人机、无人飞艇、伞翼无人机、扑翼无人机等。其中固定翼无人机、旋翼无人机应用比较广泛。旋翼无人机可分为单旋翼无人机(即无人直升机)和多旋翼无人机。多旋翼无人机是一种具有三个及以上旋翼轴的特殊的无人驾驶旋翼飞行器。

(三)按活动半径分类

按照活动半径分类,无人机可分为超近程无人机、近程无人机、短程无人机、中程无人机和远程无人机。超近程无人机的活动半径在 15 km 以内,近程无人机的活动半径在 15～50 km 之间,短程无人机的活动半径在 50～200 km 之间,中程无人机的活动半径在 200～800 km 之间,远程无人机的活动半径大于 800 km。

(四)按尺度分类

按照尺度分类,无人机可分为微型、轻型、小型以及大型无人机。微型无人机是指空机质量小于或等于 7 kg 的无人机,如图 13-2 所示。轻型无人机是指空机质量大于 7 kg,但小于或等于 116 kg 的无人机,如图 13-3 所示。小型无人机是指空机质量大于 116 kg,但小于或等于 5 700 kg 的无人机。大型无人机是指空机质量大于 5 700 kg 的无人机。

图 13-2 微型无人机

图 13-3 轻型无人机

(五)按任务高度分类

按照任务高度分类,无人机分为超低空无人机、低空无人机、中空无人机、高空无人机和超高空无人机。

超低空无人机的任务高度一般在 0～100 m,低空无人机的任务高度一般在 100～1 000 m,中空无人机的任务高度一般在 1 000～7 000 m,高空无人机的任务高度一般在 7 000～18 000 m,超高空无人机的任务高度一般大于 18 000 m。

(六)按飞行速度分类

按照飞行速度分类,无人机可分为亚声速无人机、超声速无人机和高超声速无人机。

(七)按使用次数分类

按照使用次数分类,无人机分为单次使用无人机和多次使用无人机。单次使用无人机发射后不收回,也不需要在机上安装回收系统。多次使用无人机发射后要求回收,并重复使用。

三、无人机系统

(一)无人机系统组成

1. 机体平台分系统

该系统主要由结构系统及动力系统两部分组成。结构系统是其他所有机载设备、模块的载体,主要包括机架和起落架。动力系统主要包括螺旋桨、电动机、电调及电池。

2. 航电分系统

该系统主要由飞行控制系统和导航系统两部分组成,承担着无人机飞行控制、导航、数据通信管理、执行相关任务等工作,是无人机系统的核心组成部分。

3. 地面站分系统

该系统是整个无人机系统的指挥控制中心,通过地面站分系统可以对无人机的各种飞行数据和任务设备状况等进行实时的监控,以便发生紧急情况时能够及时地采取相应处理措施来保证无人机的安全,同时方便事前规划和事后分析处理。地面站分系统主要由通信链路、地面控制站和地面站软件组成。

4. 任务设备分系统

该系统主要由任务载荷及其相配套的系列机载和地面设备共同组成。任务设备分系统的具体组成和无人机所执行的任务相关。根据任务的不同,同一型号的无人机也可装载不同的任务设备,通常将军用无人机任务设备分系统分为侦察设备、电子战设备、攻击设备、通信中继设备等;民用无人机任务设备主要有数字航空照相机、可见光电视摄像机、红外热像仪和合成孔径雷达(SAR)。其中数字航空照相机、可见光电视摄像机主要执行昼间巡检任务,红外热像仪主要执行夜间巡检任务,合成孔径雷达(SAR)主要执行全天候巡检任务。此外,为了完成巡检目标定位、指示等任务,还可安装激光测距或目标指示设备等。

5. 地面保障设备分系统

该系统主要由无人机运输与发射或起飞保障设备和降落或回收保障设备组成,用于保证无人机顺利飞行和完成指定的任务。

四、无人机植保技术与原理

(一)植保无人机概念

植保无人机是无人机家族中一个重要的分支,是专门应用于农林植物保护作业的无人驾驶飞机,主要由飞行平台与喷洒系统两部分组成,通过地面人员遥控或飞控系统自主作业来实现植保作业,它可以进行农药喷雾作业、叶面喷雾作业、促进授粉作业等,具有效率高、环保、作业效果显著、智能化等特点。

(二)植保无人机结构与原理

农用无人机一般由机身(架)、飞行控制系统、动力系统、通信链路和喷洒等系统组成。无人机通过地面遥控或地面站导航控制来实现相关作业。

1. 机身

机身(架)是整个系统的骨架。在此支撑组件之上才能将整个无人机的各个组件连接组装在一起。机身(架)需要具有一定的强度和合理的架构,以保证整个无人机的稳定性。

2. 控制系统

控制系统包括飞控、遥控器、接收机、电子调速器(ESC)、GPS、差分模块等,植保无人机的控制系统包括无人机植保综合管理模块、高度控制子模块、航路导航控制子模块和喷洒控制子模块;其特点是:精准、高效、智能。

植保无人机飞控(图 13-4)相对于消费级无人机飞控来说,各项技术要求要高得多,必须稳定性强、环境适应性良好;按航路行进时保持相对作业的高度不变;抗磁干扰性能高;对障碍物进行自动规避;飞控能根据地面站规划好的航线进行自主巡航;地面站可以实现一对多,即一站多机,以最少的人力达到更高的效率。

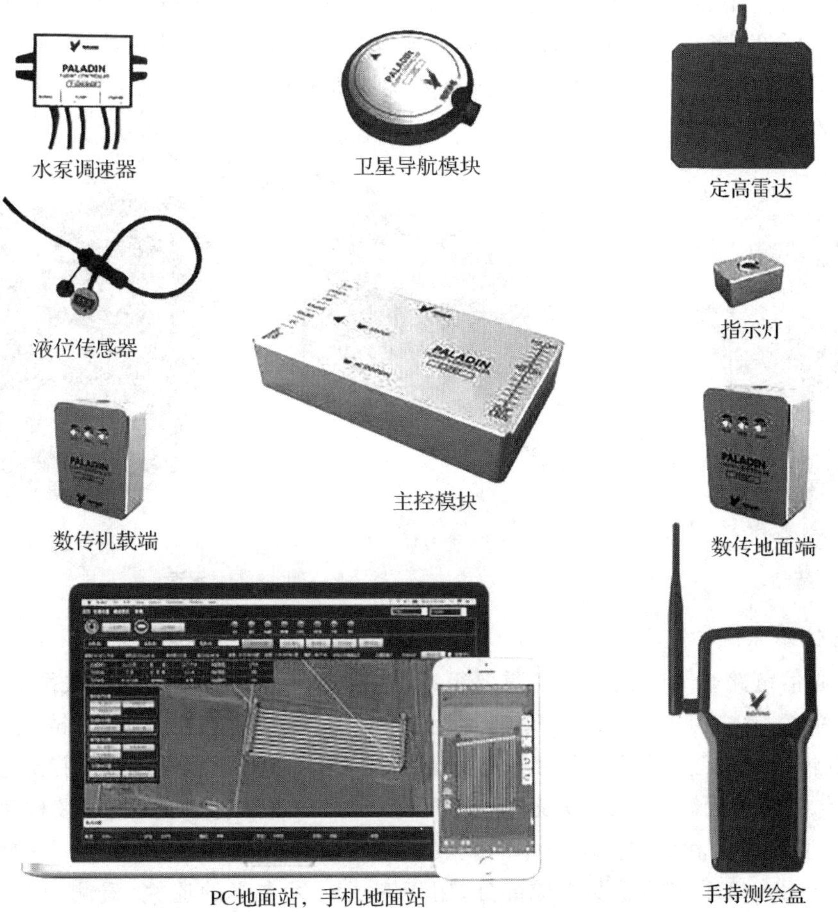

图 13-4　植保无人机专用飞控系统

3. 动力系统

动力系统由电动机(用于电动多旋翼无人机和电动直升机)或发动机(用于油动多旋翼无人机和油动直升机)、电力系统与其他组件构成,旋翼组件组成比较复杂,笼统来说旋翼组件由机臂座、机臂、电动机和螺旋桨 4 个部分构成。

4. 喷药系统

喷药系统包括高压喷头/离心喷头、药泵、流量计等,具有喷洒系统是植保无人机与其他用途无人机的本质区别。

喷洒系统包括继电器、电动泵和喷头组。继电器与电动泵连接，用于控制电动泵开关；电动泵通过药液管与喷头组连接；喷洒控制信息输出接口与继电器连接，飞控处理单元依据是否到达喷雾区域进行继电器开关的控制，从而控制电动泵是否进行喷雾作业。植保无人机喷洒系统主要包括药箱、水泵、软管和喷头，主要使用的喷头有两种：压力喷头和离心喷头。配好的农药装入药箱，水泵提供动力引流，再通过导管到达喷头，将农药均匀喷洒到作物表面。

药箱(图 13-5)设计的关键是要防止药液振荡，因为在植保无人机喷洒过程中，无人机稳定的飞行状态是喷洒均匀的关键。

植保无人机使用的水泵通常分为蠕动泵、齿轮泵和高压泵。齿轮泵也叫正排量装置，它像一个缸筒内的活塞，当一个齿进入另一个齿的流体空间时，因为液体压缩比很小，所以液体和齿就不能在同一时间占据同一空间。这样液体就被机械性地排开，水泵每转一转排出的液体量是一样的，如图 13-6 所示。

图 13-5　药箱

压力泵　　蠕动泵

图 13-6　水泵

5．通信链路系统

无人机通信链路是无人机系统的重要组成部分，是飞行器与地面系统联系的纽带，主要指用于无人机系统传输控制、无载荷通信、载荷通信 3 部分信息的无线电链路。根据 ITU-RM. 2171 报告给出的定义，无人机系统通信链路是指控制和无载荷链路，主要包括指挥与控制(C&C)、空中交通管制(ATC)以及感知和规避(S&A)这 3 种链路，也常被称为数据链。随着无线通信、卫星通信和无线网络技术的发展，无人机数据链的性能也得到了大幅提升。数据链传输系统是无人机系统的重要组成部分，用于完成对无人机的遥控、遥测、跟踪定位及传感器信息的传输，具有统一的消息格式和波形规范，有传输距离远、传输速度快和系统容量大的特点。

植保无人机的最高飞行速度不宜超过 7 m/s，超过这个速度植保无人机的风场就会与喷洒的药液产生脱节，无法形成对药液的下压力，从而造成药液飘移流失或蒸发，影响作业效果。

任务二 其他智能机械

一、无人驾驶拖拉机

(一)概述

无人驾驶拖拉机是一种革命性的农业机械,它通过集成先进的人工智能和自动化技术,实现了无人操控下的耕作、播种、喷药等农业作业。这种技术不仅提高了农业生产的效率,还降低了人力成本,使得农业生产更加智能化和环保。无人驾驶拖拉机的主要特点包括高精度作业、长续航能力以及能够适应各种复杂地形和工作环境。

(二)特点

1. 高精度作业

无人驾驶拖拉机通过高精度的导航系统和传感器,能够实现厘米级别的作业精度,确保了农业作业的准确性和效率。例如,中国一拖的无人驾驶拖拉机作业精度达到 2.5 cm,这在国际上也是一个先进水平。

2. 长续航能力

无人驾驶拖拉机通常拥有较长的续航能力,能够连续工作长达 24 h,减少了充电或加油的频率,提高了工作效率。例如,芬兰一家公司生产的无人驾驶拖拉机能够 24 h 不停地耕作,而国产无人驾驶拖拉机充电一次续航可达 4 h。

3. 适应复杂地形和工作环境

无人驾驶拖拉机设计灵活,能够适应各种复杂的地形和工作环境。它们通常具有较小的转弯半径和主动转向系统,使得在狭窄或不规则的地块上作业变得更加容易。此外,无人驾驶拖拉机还具备机器学习能力,可以自主执行各种任务,如犁地、播种、喷药和其他农业工作。

4. 降低人力成本和环保

通过减少对人力的需求,无人驾驶拖拉机显著降低了人力成本。同时,由于减少了不必要的能源消耗和碳排放,它们还有助于环境保护。例如,荷兰研发的智能拖拉机在测试中显示碳排放减少了约 1/3。

总之,无人驾驶拖拉机的出现是农业机械化的重大进步,它们通过提高作业精度、延长工作时间、适应各种环境以及降低人力和环保成本,正在改变传统的农业生产方式。

二、采摘机器人

(一)概述

智能采摘机器人的构造是一个高度集成化的系统,结合了机械设计、电子工程、计算机科学等多个领域的技术,旨在提高农业生产效率和质量。

(二)主要构造

1. 机械手结构

机械手是采摘机器人的核心部件,它需要具备灵活性和稳定性,以适应各种环境和工作条件。机械手结构通常由机械臂、抓手装置、驱动系统和控制系统组成。机械臂采用具有较强承重能力和灵活性的轻质材料制作,包括主臂和副臂,负责抓取和放置果实。抓手装置采用类似三指夹持的结构设计，内部装有传感器，能够感知果实的位置和大小，以实现自主调节握持力度。驱动系统采用电动驱动方式，由电机、减速器和制动器等组成，负责提供动力和制动。控制系统采用嵌入式设计，实现高精度控制和远程无线通信功能。

2. 行走机构和液压驱动系统

对于在特定环境中工作的采摘机器人，如林木球果采集机器人，还需要配备行走机构和液压驱动系统。行走机构允许机器人在工作区域内自由移动，而液压驱动系统则为机械手提供动力，使其能够执行各种动作。

3. 视觉识别系统

为了提高采摘的准确性和效率，许多采摘机器人还配备了视觉识别系统，包括深度相机和其他传感器。这些系统能够识别果实的成熟程度和位置，帮助机器人精准地定位和采摘果实。

4. 智能控制系统

智能控制系统是机器人的"大脑"，负责接收、处理和传输指令，实现高精度控制和远程无线通信功能。它采用嵌入式设计，能够根据果实的具体情况调整机器人的动作，确保采摘过程的效率和安全性。

5. 人形机器人设计

对于某些特定应用，如伟景人形采摘机器人，其上半身采用人形机器人设计，具备升降、旋转功能，并配备了灵巧的机械手，能够精确模拟人类采摘各种蔬果的动作。这种设计不仅提高了采摘效率，也降低了人工成本。

参考文献

[1] 李宝筏．2003. 农业机械学．北京:中国农业出版社．

[2] 高焕文．2002. 农业机械化生产学(上册). 北京:中国农业出版社．

[3] 罗锡文．2002. 农业机械化生产学(下册). 北京:中国农业出版社．

[4] 高连兴,王和平,李德洙．2000. 农业机械化．北京:中国农业出版社．

[5] 尹大志．2007. 园林机械．北京:中国农业出版社．

[6] 陈艳．2000. 畜禽及饲料机械与设备．北京:中国农业出版社．

[7] 东北农学院．2001. 畜牧业机械化．北京:中国农业出版社．

[8] 赵新民．1999. 汽车构造．北京:人民交通出版社．

[9] 华中农业大学,南京农业大学．2000. 农业生产机械化(农业机械分册). 北京:中国农业出版社．

[10] 袁栋,丁艳,彭卓敏．2010. 播种施肥机械巧用速修．北京:中国农业出版社．

[11] 胡霞．2010. 玉米播收机械操作与维修．北京:化学工业出版社．

[12] 东北农学院．1988. 农业生产机械化．北京:中国农业出版社．

[13] 肖兴宇．2011. 农用作业机械使用与维护．北京:中国劳动社会保障出版社．

[14] 黄涛．2008. 畜牧机械．北京:中国农业出版社．

[15] 李长河．2000. 农副产品加工机械使用技术问答．北京:人民交通出版社．

[16] 李烈柳．2009. 畜牧饲养机械使用与维修．北京:金盾出版社．

[17] 李显旺．1999. 收获机械的使用与维修．南京:江苏科学技术出版社．

[18] 李显旺,袁建宁,李元珍．1999. 收获和场上作业机械的作用与维修．北京:机械工业出版社．

[19] 方部玲．1999. 蔬菜,园艺保护地机械的使用与维修．南京:江苏科学技术出版社．

[20] 南京农业大学．1996. 农业机械学(上册). 北京:中国农业出版社．

[21] 南京农业大学．1996. 农业机械学(下册). 北京:中国农业出版社．

[22] 庞声海．1983. 饲料加工机械．北京:农业出版社．

[23] 高连兴,吴明．2009. 拖拉机汽车学(上册). 北京:中国农业出版社．

[24] 高连兴,师帅兵．2009. 拖拉机汽车学(下册). 北京:中国农业出版社．

[25] 曹爽乐．2008. 农机驾驶与维修实用技术．北京:中国农业大学出版社．